CAD/CAM 技术系列案例教程

CAXA 线切割应用案例教程

主编　王卫兵
参编　王金生　管敏策　马朝晖
　　　蒋珍霞　郭　梅　吴丽萍　王　涛

机械工业出版社

本书以应用为主线，由浅入深、循序渐进地介绍了 CAXA 线切割软件的应用。主要内容包括：CAXA 线切割软件的应用基础、基本曲线绘制、曲线编辑、线切割轨迹生成与代码生成、高级曲线绘制以及相关知识，全面介绍了 CAXA 线切割软件的功能，并辅以相对应的实例操作进行讲解。

本书结构合理、实例丰富、可操作性强。按照最新的“工作过程导向”编写模式，采用虚拟课堂的讲解形式，把工作环境和教学环境有机地结合在一起。采用单元讲解形式安排章节。每一讲中，先讲解相关技术要点，再结合典型的实例按步骤进行详细讲解，并附带精心开发的多媒体视频教程，手把手教读者应用，读者可以边学边做，轻松学习。在每讲后配有“复习与练习”。

本书可作为职业院校机械类专业和培训机构的线切割自动编程教材，同时适用于 CAXA 线切割软件初学者和线切割应用设计人员的 CAD/CAM 技术自学教材和参考书。

图书在版编目（CIP）数据

CAXA 线切割应用案例教程/王卫兵主编．—北京：机械工业出版社，2008.6（2023.9 重印）
（CAD/CAM 技术系列案例教程）
ISBN 978-7-111-24083-9

Ⅰ.C…　Ⅱ.王…　Ⅲ.数控线切割—计算机辅助设计—软件包，CAXA—教材　Ⅳ.TG481

中国版本图书馆 CIP 数据核字（2008）第 064979 号

机械工业出版社（北京市百万庄大街 22 号　邮政编码 100037）
责任编辑：王英杰　王佳伟　崔占军　版式设计：霍永明
责任校对：姜　婷　封面设计：张　静
责任印制：郜　敏
北京富资园科技发展有限公司印刷
2023 年 9 月第 1 版第 10 次印刷
184mm×260mm · 15.5 印张 · 328 千字
标准书号：ISBN 978-7-111-24083-9
　　　　　ISBN 978-7-111-89482-655-8（光盘）
定价：43.00 元（含 1CD）

电话服务
客服电话：010-88361066
　　　　　010-88379833
　　　　　010-68326294

网络服务
机　工　官　网：www.cmpbook.com
机　工　官　博：weibo.com/cmp1952
金　　书　　网：www.golden-book.com
机工教育服务网：www.cmpedu.com

前　言

CAXA 线切割是 CAXA 系列软件中用于线切割编程的 CAM 软件，是目前应用最广泛的线切割自动编程软件之一。CAXA 线切割可以为各种线切割机床提供快速、高效率、高品质的数控编程代码，极大地简化了数控编程人员的工作；CAXA 线切割可以交互方式绘制需切割的图形，生成带有复杂形状轮廓的两轴线切割加工轨迹并输出程序。CAXA 线切割采用全新的基于 Windows 的操作界面，全中文界面，易学易用。

本书全面介绍了 CAXA 线切割软件的应用基础、基本曲线绘制、曲线编辑、线切割轨迹生成与代码生成、高级曲线绘制以及相关知识，并辅以相对应的实例操作进行讲解。

本书体现了职业教育所特有的基础性、可操作性和实用性等特点。理论知识以够用为度，加大操作标准、操作技巧、模拟训练等操作性内容的比重。做到以技能定目标，以目标定内容，学以致用，以用促学。按照最新的"工作过程导向"编写模式，采用虚拟课堂的讲解形式，把工作环境和教学环境有机地结合在一起。

本书从读者的需求出发，充分考虑初学者的需要。在编写及讲解过程中，从读者最易于学习软件的角度进行课程讲解方式、结构、顺序的安排和书本内容的编写，体例编排与版式设计新颖独特，保证读者学得会、学得快、学得通、学得精。书中对各功能的应用及参数解析以实例操作的方式进行讲解，而非软件的菜单功能列举。本书通过技巧、关键、警告、提示等特色段落，使一些重点、难点问题一目了然。

本书每一讲都配有典型的实例。对实现过程步骤的讲述，多辅以图示和图片，直观形象，图文并茂，并配有多媒体视频教程。读者只要按书中的指示和方法做成、做会、做熟，再举一反三，就能扎扎实实地掌握 CAXA 线切割软件的应用。

本书由台州职业技术学院王卫兵主编。参编有台州职业技术学院王金生、管敏策，椒江职业中专马朝晖，温岭太平职业技术学校蒋珍霞，台州市路桥职教中心郭梅、吴丽萍、王涛。

由于编者水平有限，书中错漏之处在所难免，恳请读者对不足之处提出宝贵意见和建议，可以通过卫兵工作室的网站（http：//www. WBCAX. com）或者 E-MAIL：wbcax@ sina. com 与作者联系。

王卫兵

目　　录

前言

第 1 讲　CAXA 线切割入门 ……… 1

1.1　CAXA 线切割简介 ……… 3

1.2　CAXA 线切割的操作界面 ……… 3

1.3　CAXA 线切割的常用工具条介绍 ……… 4

1.4　工具栏定制 ……… 7

1.5　CAXA 线切割入门示例 ……… 8

复习与练习 ……… 12

第 2 讲　CAXA 线切割基础 ……… 13

2.1　绘图环境的设置 ……… 15

2.2　立即菜单的使用 ……… 17

2.3　图素的拾取 ……… 18

2.4　CAXA 线切割基础应用示例 ……… 19

复习与练习 ……… 24

第 3 讲　直线绘制 ……… 25

3.1　两点线 ……… 27

3.2　平行线 ……… 28

3.3　角度线 ……… 30

3.4　角等分线 ……… 31

3.5　切线/法线 ……… 31

3.6　直线绘制示例 ……… 32

复习与练习 ……… 37

第 4 讲　圆弧和圆绘制 ……… 39

4.1　圆弧 ……… 41

4.2　圆 ……… 43

4.3　圆弧绘制示例 ……… 44

复习与练习 ……… 49

第 5 讲　曲线编辑 ……… 51

5.1　曲线裁剪 ……… 53

5.2　齐边 ……… 55

5.3　拉伸 ……… 56

5.4　曲线打断 ……… 58

5.5　曲线编辑应用示例 ……… 59

复习与练习 ……… 65

第 6 讲　曲线过渡 ……… 67

6.1　圆角过渡 ……… 69

6.2　尖角过渡 ……… 70

6.3　倒角过渡 ……… 71

6.4　曲线过渡应用示例 ……… 72

复习与练习 ……… 78

第 7 讲　点工具与点捕捉 ……… 79

7.1　屏幕点方式 ……… 81

7.2　点工具 ……… 83

7.3　点工具应用示例 ……… 84

复习与练习 ……… 90

第 8 讲　线切割轨迹生成 ……… 91

8.1　线切割基础 ……… 93

8.2　轨迹生成步骤 ……… 93

8.3　轨迹生成的参数设置 ……… 93

8.4　拾取轮廓与指定穿丝点 ……… 97

8.5　轨迹生成示例 ……… 99

复习与练习 ……… 103

第 9 讲　代码生成 ……… 105

9.1　生成代码 ……… 107

9.2　校核代码 ……… 109

9.3　查看/打印代码 ……… 109

9.4　代码生成示例 ……… 109

复习与练习 ……… 116

第 10 讲　轨迹操作 ……… 117

10.1　轨迹跳步与取消跳步 ……… 119

10.2　轨迹仿真 ……… 120

10.3　查询切割面积 ……… 121

10.4　轨迹操作应用示例 ……… 121

复习与练习 …………………………… 129

第 11 讲 矩形与多边形 ……………… 131

11.1 矩形 …………………………… 133

11.2 多边形 ………………………… 134

11.3 矩形与多边形应用示例 …… 136

复习与练习 …………………………… 142

第 12 讲 几何变换 ………………… 143

12.1 平移 …………………………… 145

12.2 旋转 …………………………… 147

12.3 镜像 …………………………… 147

12.4 比例缩放 ……………………… 148

12.5 阵列 …………………………… 148

12.6 几何变换应用示例 ………… 150

复习与练习 …………………………… 157

第 13 讲 辅助功能 ………………… 159

13.1 数据接口 ……………………… 161

13.2 查询工具 ……………………… 162

13.3 属性修改 ……………………… 164

13.4 辅助功能综合应用示例 …… 166

复习与练习 …………………………… 171

第 14 讲 轮廓线与等距线 ……… 173

14.1 轮廓线 ………………………… 175

14.2 等距线 ………………………… 176

14.3 轮廓线与等距线应用示例 …… 178

复习与练习 …………………………… 183

第 15 讲 齿轮与花键 ……………… 185

15.1 齿轮 …………………………… 187

15.2 花键 …………………………… 189

15.3 齿轮与花键应用示例 ……… 190

复习与练习 …………………………… 195

第 16 讲 位图矢量化与轮廓文字 ……………………………… 197

16.1 位图矢量化 …………………… 199

16.2 轮廓文字 ……………………… 201

16.3 位图矢量化与轮廓文字应用示例 …………………………… 202

复习与练习 …………………………… 206

第 17 讲 复杂曲线 ………………… 207

17.1 样条 …………………………… 209

17.2 椭圆 …………………………… 209

17.3 公式曲线 ……………………… 211

17.4 复杂曲线应用示例 ………… 212

复习与练习 …………………………… 217

第 18 讲 CAXA 线切割综合应用示例 ……………………………… 219

复习与练习 …………………………… 231

附录 ………………………………… 233

附录 A CAXA 线切割的常用快捷键 ……………………………… 233

附录 B CAXA 线切割的键盘命令 ……………………………… 234

参考文献 …………………………… 242

第1讲 CAXA线切割入门

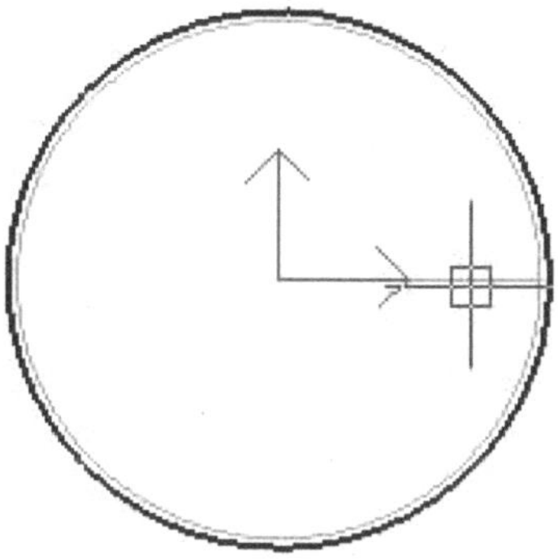

本讲要点

- CAXA线切割简介
- CAXA线切割的操作界面
- CAXA线切割的常用工具条
- CAXA线切割的一般步骤

本讲主要目的是初步认识CAXA线切割。熟悉CAXA线切割的操作界面，并且对常用工具的操作有所了解。

1.1　CAXA 线切割简介

线切割 CAD/CAM 集成软件是最有效的线切割编程方法。它融绘图和编程于一体，可以按加工图样上标注的尺寸在计算机屏幕上作图输入，自动完成线切割代码的生成，输出 3B 或者 ISO 格式的线切割程序。目前常用的线切割 CAD/CAM 软件有以下几种：YH、AUTOP、YCUT、CAXA 等。另外，大多大型的 CAD/CAM 软件也都包含有线切割模块，如 Mastercam、Cimatron、UG NX 等。

CAXA 是我国 CAD/CAM/PLM 技术与市场的领导者，CAXA 已成为我国自主知识产权软件的优秀代表和知名品牌。CAXA 线切割是在 CAXA 电子图板的基础上开发的，包含了 CAXA 电子图板的二维绘图功能，在绘图功能、操作方便性上都占有优势，已经成为数控线切割编程软件中使用最普遍的 CAD/CAM 软件之一。CAXA 线切割当前普遍使用的版本有 CAXA 线切割 V2 和 CAXA 线切割 XP 版。

CAXA 线切割内置的电子图板功能提供了一种方便的图形绘制方式，其功能包括有基本曲线绘制、高级曲线绘制，并提供了方便快捷的曲线编辑与几何变换功能。CAXA 线切割的绘图功能同时也支持工程标注、图样输出、查询操作等。

CAXA 线切割加工系统为您提供了功能强大、使用简洁的轨迹生成手段，可按加工要求生成各种复杂图形的加工轨迹，并可实现跳步及锥度加工。通用的后置处理模块使 CAXA 线切割可以满足各种机床的代码格式要求，可输出 G 代码及 3B、4B/R3B 代码，并可对生成的代码进行校验及加工仿真。

1.2　CAXA 线切割的操作界面

CAXA 线切割采用全中文界面，其操作界面类似于 Office 软件。该界面在使用者与计算机之间架起了一座友好的桥梁，可以方便地进行交互，提高软件的可操作性。

CAXA 线切割的操作界面如图 1-1 所示，主要包括以下几个部分。

（1）标题栏　显示软件名称与当前正在操作的文件。

（2）主菜单　主菜单在操作界面的上方，它主要由文件、编辑、显示、绘制、线切割等 10 个菜单组成。当单击主菜单的任一个菜单选项时，系统会将菜单下拉，并显示出所有与该菜单有关的指令选项。

（3）常用工具栏　常用工具栏位于操作界面的左边。以图标的形式直观地表示每个工具的作用，相当于菜单中某些指令的快捷按钮。

（4）绘图工作区　绘图工作区占据了操作界面的大部分空间，它是创建和修改几何模型以及生成刀轨的显示区域。

（5）立即菜单　在执行命令时，在绘图区下方显示，显示当前命令的选项，选择或设置选项后即可得到响应。

(6) 提示状态栏　在操作界面底部，左侧提示当前需要的操作，右侧显示当前的状态。

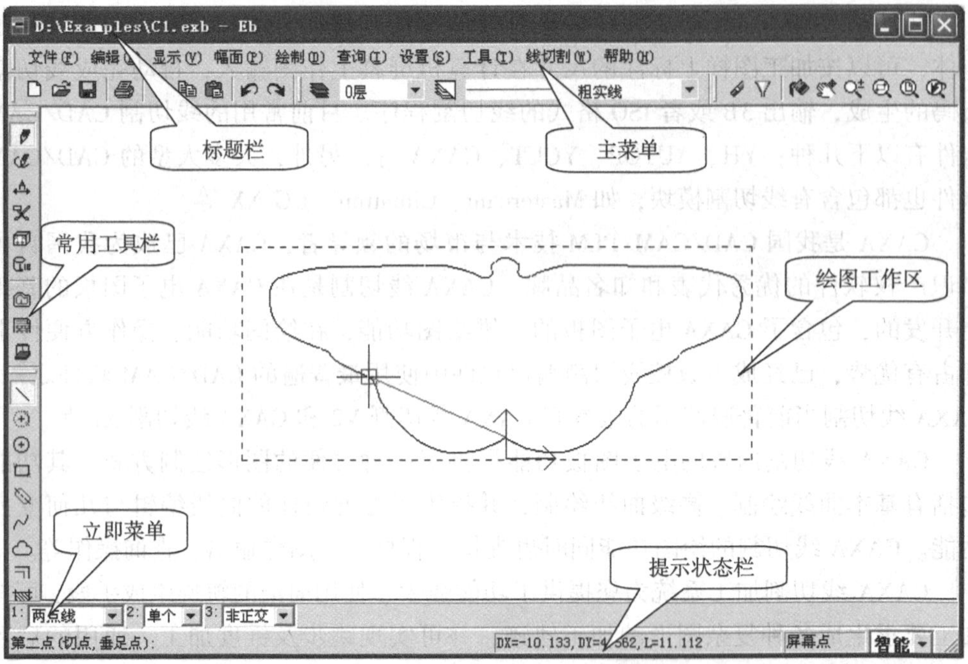

图 1-1　CAXA 线切割的操作界面

@提示

CAXA 线切割的操作界面会因为使用环境的不同而稍有差别。对操作界面还可以进行用户定制，如工具栏的内容和位置。

1.3　CAXA 线切割的常用工具条介绍

1. 标准工具条

标准工具条与其他 Windows 应用软件（如 Word）的标准工具条相同，主要是文件操作工具以及剪切、复制、粘贴操作工具，并可以进行取消操作或者重复操作的操作。标准工具条如图 1-2 所示。

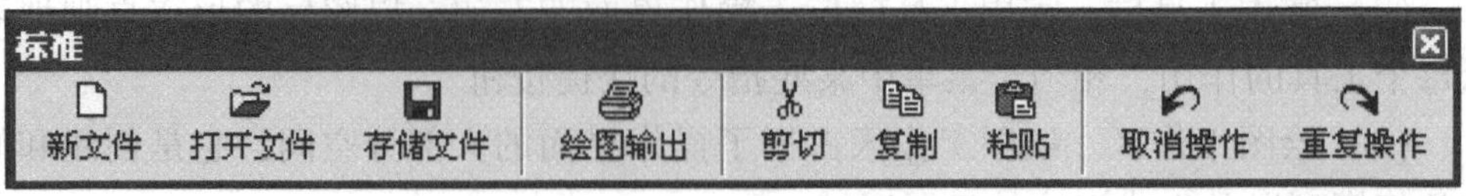

图 1-2　标准工具条

2. 属性工具条

属性工具条如图 1-3 所示，用于设置绘图环境，即设置当前绘制图形的图层、颜色、线型等。

在绘制图形前可以按需要在下拉选项选择图层或线型。

单击层控制图标将弹出一个【层控制】窗口，可以进行图层的创建、编辑、删除。

单击颜色按钮将弹出【颜色设置】窗口，可以选择基本颜色，或者进行自定义颜色的指定。

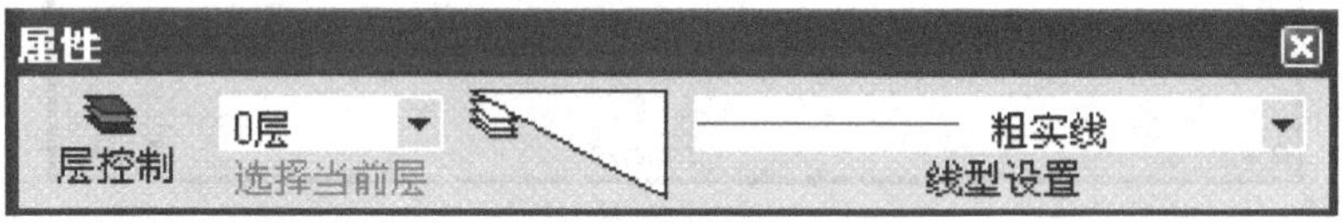

图 1-3　属性工具条

3. 常用工具条

常用工具条如图 1-4 所示，用于删除图素，以及进行拾取设置和显示范围设置。以下介绍显示范围设置的常用工具。

图 1-4　常用工具条

（1）重画　刷新当前屏幕所有图形，清除屏幕垃圾，使屏幕变得整洁美观。

（2）动态显示平移　根据用户输入的点作为屏幕显示的中心，将显示的图形移动到所需的位置。

（3）动态显示缩放　按照固定的比例将绘制的图形进行放大或缩小。

（4）显示窗口　指定一个窗口的上角点和下角点，系统将两角点所包含的图形充满屏幕绘图区加以显示。

（5）显示全部　将当前绘制的所有图形全部显示在屏幕绘图区内。

（6）显示回溯　取消当前显示，返回显示变换前的状态。

图形绘制过程中经常需要进行显示变换，如图 1-5 所示为变换操作示例。

4. 绘制工具工具条

绘制工具工具条如图 1-6 所示。它可以调用常用的绘制工具与线切割工具，其实质是一个其他绘制工具条的开关。当选择某一工具时将显示对应的工具条，如打开“基本曲线”将显示基本曲线工具条，如图 1-7 所示。

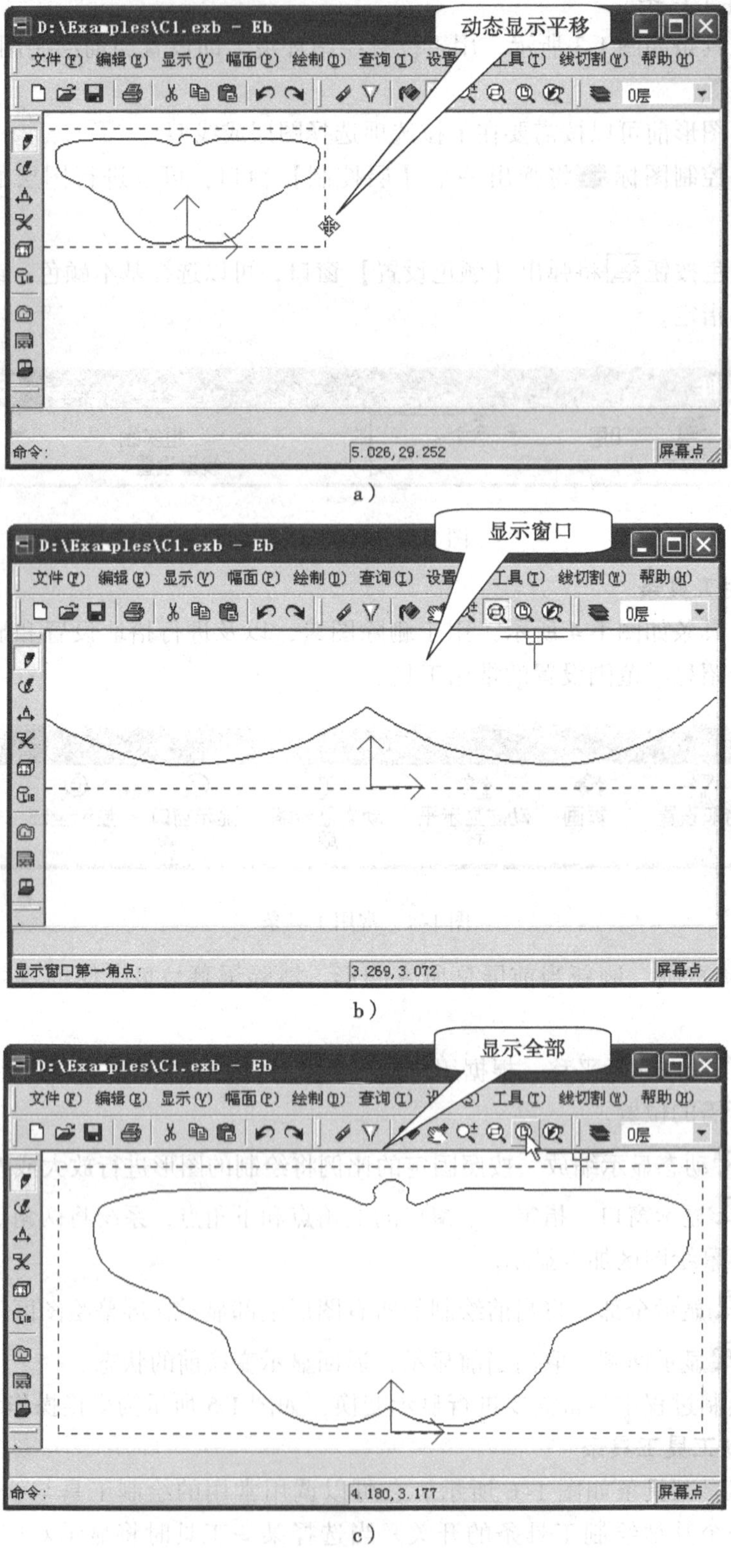
D:\Examples\C1.exb - Eb
动态显示平移
文件(F) 编辑(E) 显示(V) 幅面(P) 绘制(D) 查询(I) 设置 工具(T) 线切割(W) 帮助(H)
0层
命令:
5.026,29.252
屏幕点
a)
D:\Examples\C1.exb - Eb
显示窗口
文件(F) 编辑(E) 显示(V) 幅面(P) 绘制(D) 查询(I) 设置 工具(T) 线切割(W) 帮助(H)
0层
显示窗口第一角点:
3.269,3.072
屏幕点
b)
D:\Examples\C1.exb - Eb
显示全部
文件(F) 编辑(E) 显示(V) 幅面(P) 绘制(D) 查询(I) 工具(T) 线切割(W) 帮助(H)
0层
命令:
4.180,3.177
屏幕点
c)

图 1-5　显示变换示例

图 1-6　绘制工具工具条

图 1-7　显示基本曲线工具条

1.4　工具栏定制

在【设置】菜单中选择【自定义】命令，弹出【自定义】对话框，在对话框中选择“工具栏”属性页，如图 1-8 所示。

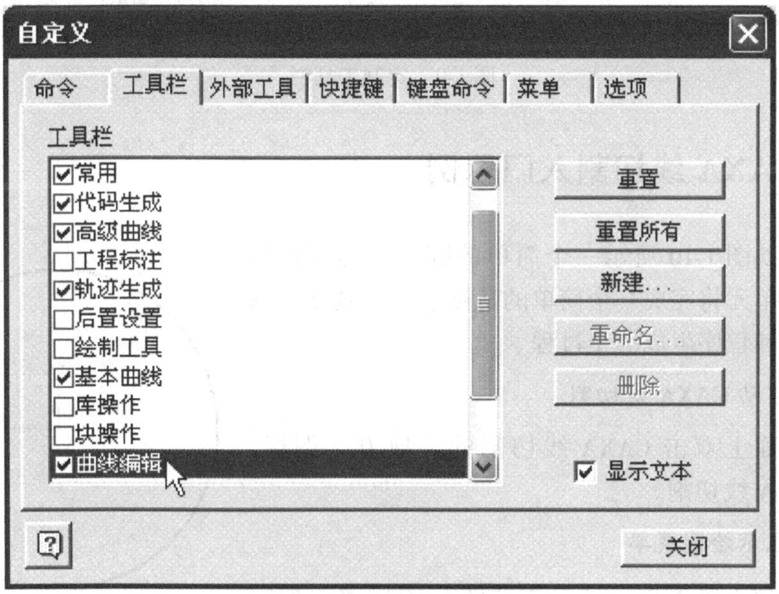

图 1-8　自定义工具栏

在工具栏列表中列出了可用的工具栏，激活打开即显示该工具栏。在选择工具栏后，还可以选择激活“显示文本”选项，在该工具栏按钮图标的下方就会显示出文字说明。

在工具栏中选择代码生成、高级曲线、轨迹生成、基本曲线、曲线编辑等，并在选择每一菜单后，选择“显示文本”。再取消“绘制工具”，将常用的工具都直接显示在屏幕上，如图 1-9 所示。

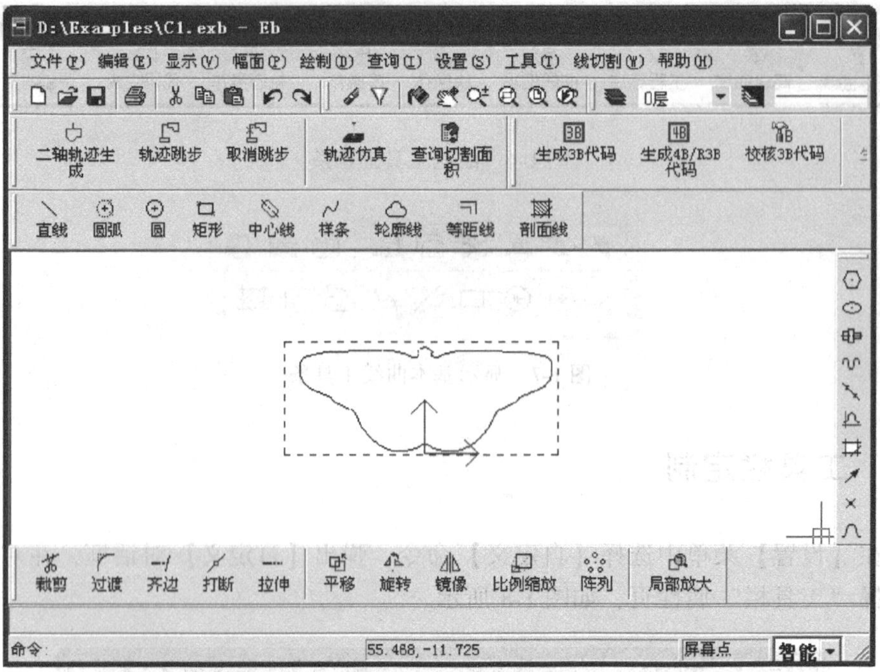

图 1-9 定制工具栏

1.5 CAXA 线切割入门示例

完成如图 1-10 所示一个简单的圆的线切割程序创建。本单元将完成一个简单的从图形绘制到线切割轨迹生成和程序生成的全过程。

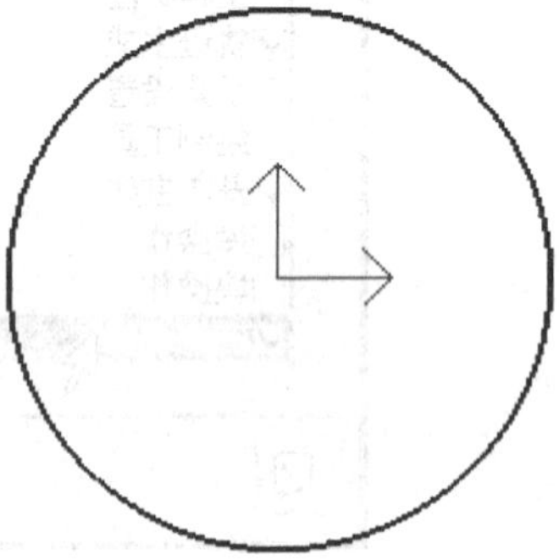

图 1-10 示例

步骤 1 启动 CAXA 线切割

在桌面上双击 CAXA 线切割的快捷方式图标，启动 CAXA 线切割。

步骤 2 显示绘图菜单

在绘制工具上选择【基本曲线】图标，如图 1-11 所示，则将显示基本曲线工具条，如图 1-12 所示。

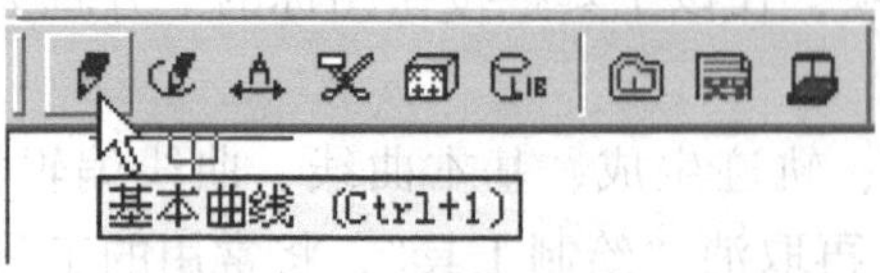

图 1-11 选择基本曲线工具

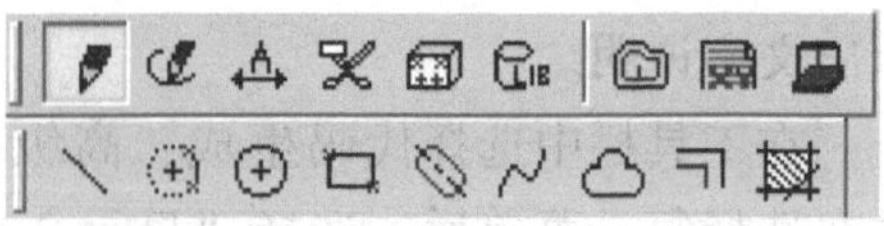

图 1-12 基本曲线工具条

步骤 3　绘制圆

单击基本曲线工具栏上的【圆】图标，如图 1-13 所示。

移动光标到原点附近，单击鼠标左键拾取原点为圆心，如图 1-14 所示。

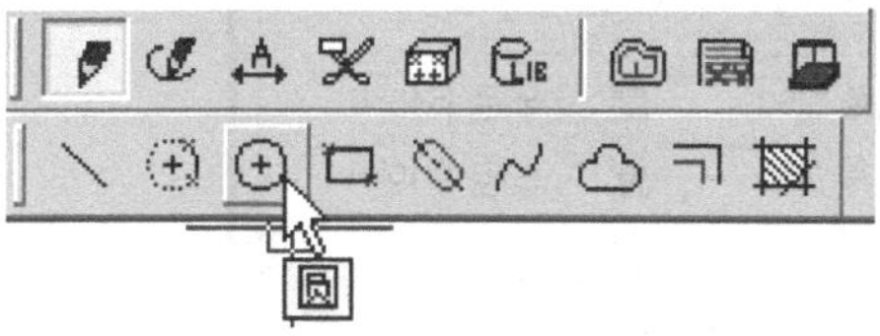

图 1-13　选择圆指令

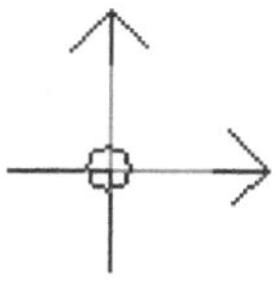

图 1-14　拾取原点

移动光标到左侧指定一点，如图 1-15 所示。生成一个圆，同时自动提示生成下一个圆，如图 1-16 所示。

单击鼠标右键完成圆的绘制，如图 1-17 所示。

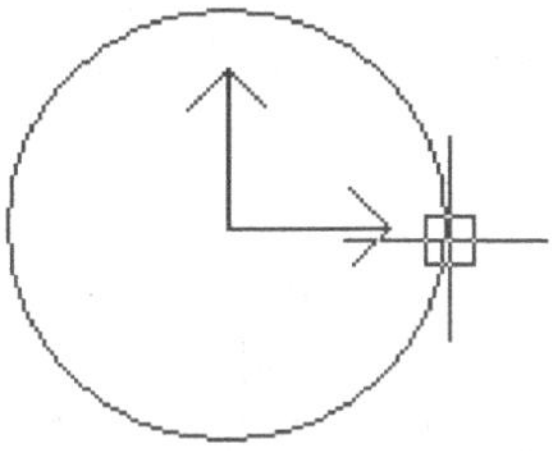

图 1-15　指定点

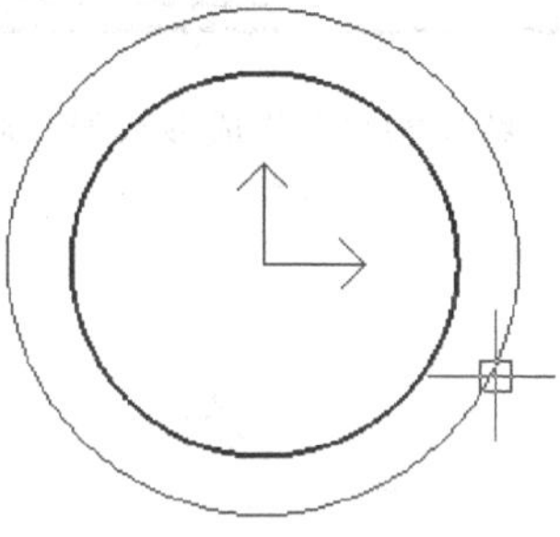

图 1-16　绘制一个圆

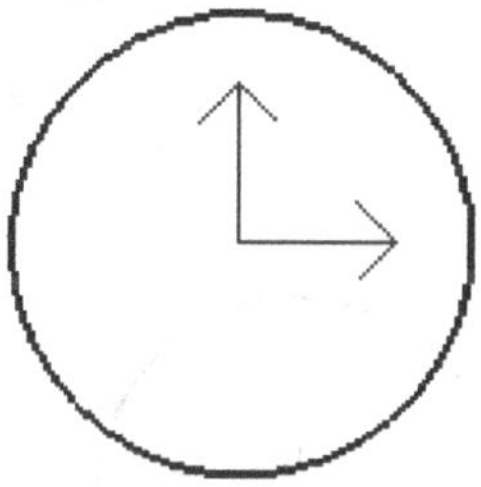

图 1-17　完成绘制圆

步骤 4　轨迹生成

在主菜单选择【线切割】→【轨迹生成】。系统弹出“线切割轨迹生成参数表”对话框，如图 1-18 所示。直接单击“确定”按钮，使用默认的切割参数。

步骤 5　拾取轮廓

系统提示拾取轮廓，单击圆上的一点选取圆，如图 1-19 所示。

此时在轮廓上出现一对反向的着色箭头，选择逆时针方向的箭头作为切割的方向，如图 1-20 所示。

切割方向确定后，在轮廓法线方向出现一对反向的箭头，要求选择补偿的方向，选择轮廓内侧的箭头方向作为补偿方向，如图 1-21 所示。

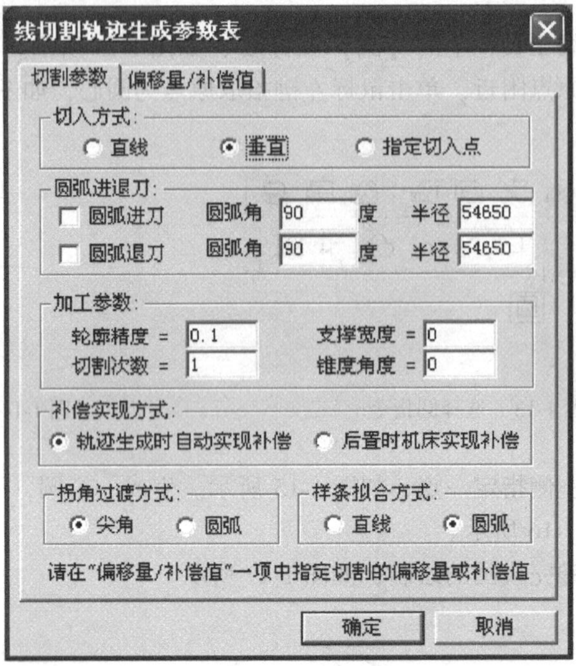

图 1-18　“线切割轨迹生成参数表”对话框

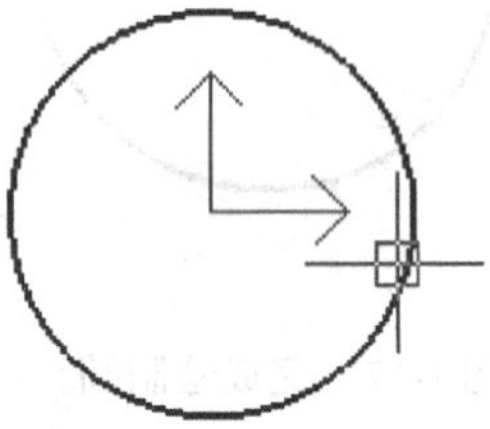

图 1-19　拾取轮廓

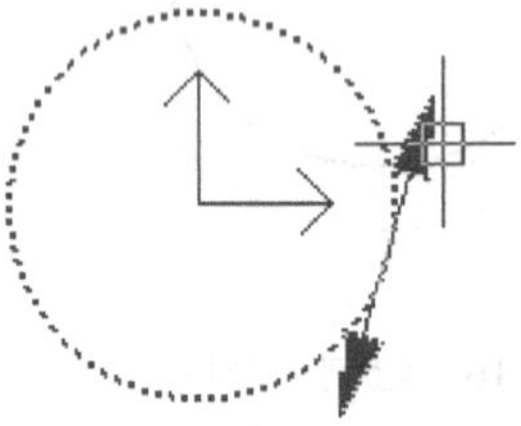

图 1-20　指定切割方向

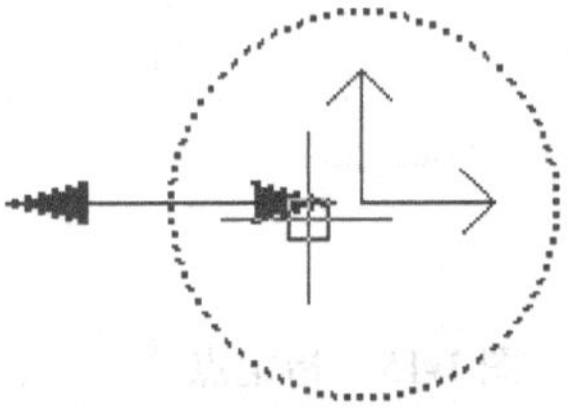

图 1-21　指定补偿方向

步骤 6　指定穿丝点与退出点

系统提示输入穿丝点，移动光标到原点附近，单击左键拾取穿丝点，如图 1-22所示。系统提示输入退出点，按回车键，使退出点与穿丝点重合。

步骤 7　生成轨迹

系统通过计算生成切割轨迹，如图 1-23 所示。

步骤 8　保存文件

单击工具栏上的【保存】图标，输入文件名为“T1”，如图 1-24 所示，单击“保存”按钮保存文件。

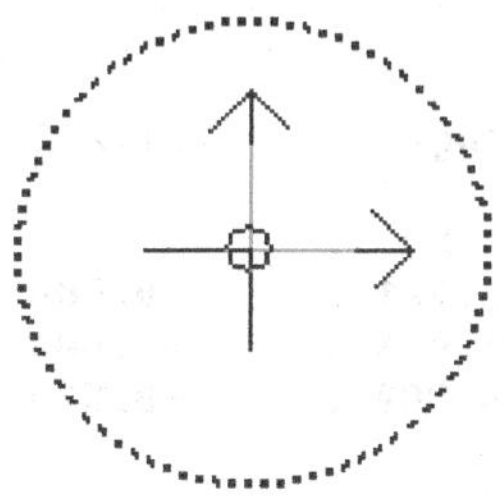

图 1-22　拾取穿丝点

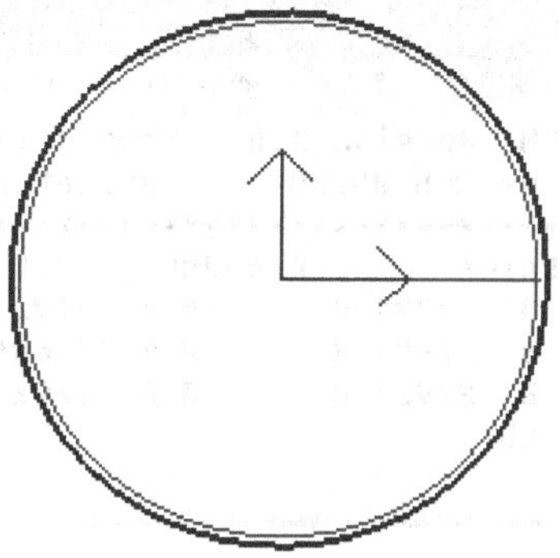

图 1-23　切割轨迹

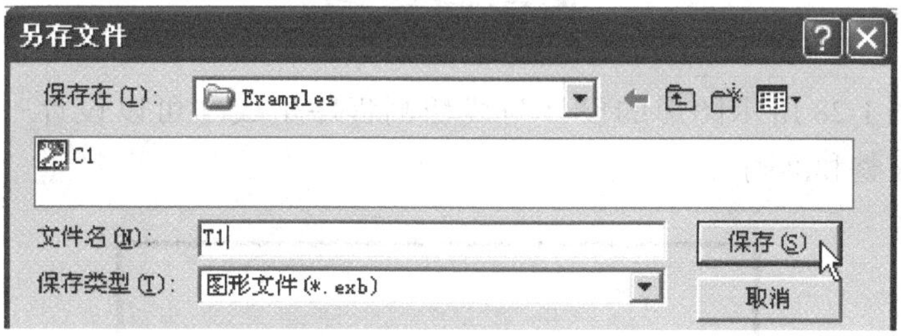

图 1-24　保存文件

步骤 9　生成 3B 代码

单击主菜单【线切割】→【生成 3B 代码】，在系统弹出窗口中输入文件名为 T1. 3B，如图 1-25 所示，单击“保存”按钮确认文件名。

选取刚生成的切割轨迹，如图 1-26 所示，按回车键完成轨迹的选择。系统将生成并保存 3B 格式的文件 T1. 3B，并在屏幕上以记事本打开显示文件，如图 1-27 所示。

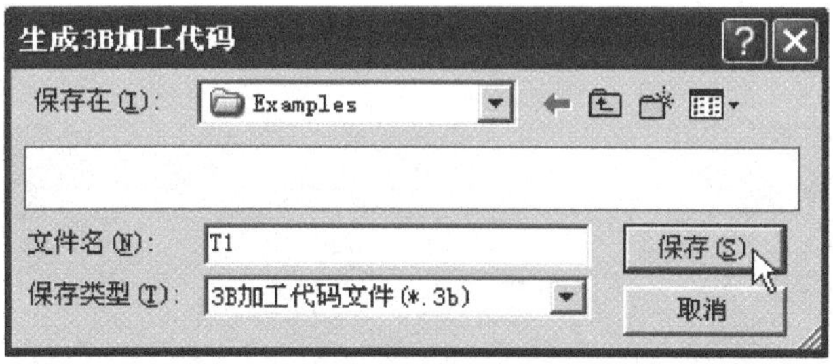

图 1-25　生成 3B 加工代码

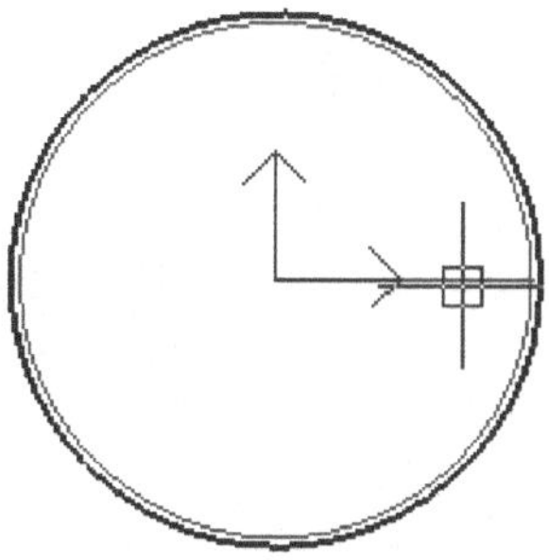

图 1-26　选取轨迹

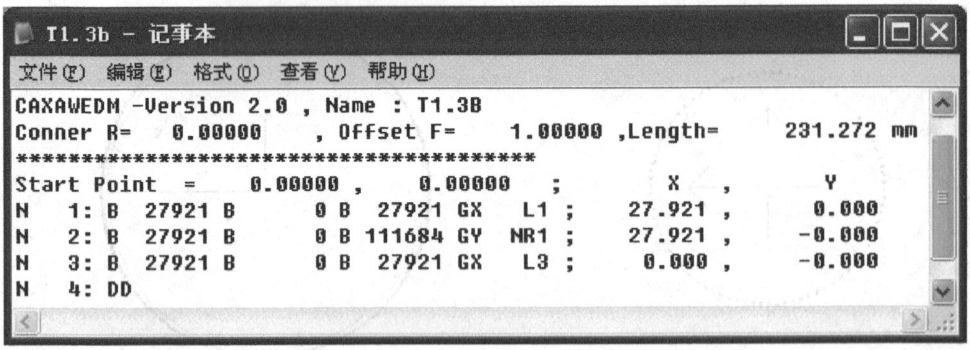

T1.3b - 记事本
文件(F) 编辑(E) 格式(O) 查看(V) 帮助(H)

```
CAXAWEDM -Version 2.0 , Name : T1.3B
Conner R=   0.00000    , Offset F=    1.00000 ,Length=     231.272 mm
****************************************
Start Point  =     0.00000 ,     0.00000    ;        X   ,       Y
N    1: B  27921 B      0 B  27921 GX    L1 ;    27.921 ,     0.000
N    2: B  27921 B      0 B 111684 GY   NR1 ;    27.921 ,    -0.000
N    3: B  27921 B      0 B  27921 GX    L3 ;     0.000 ,    -0.000
N    4: DD
```

图 1-27　显示 3B 代码

复习与练习

完成如图 1-28 所示图形的设计与线切割程序生成（可以设计一个大致的形状，不要求完整和准确）。

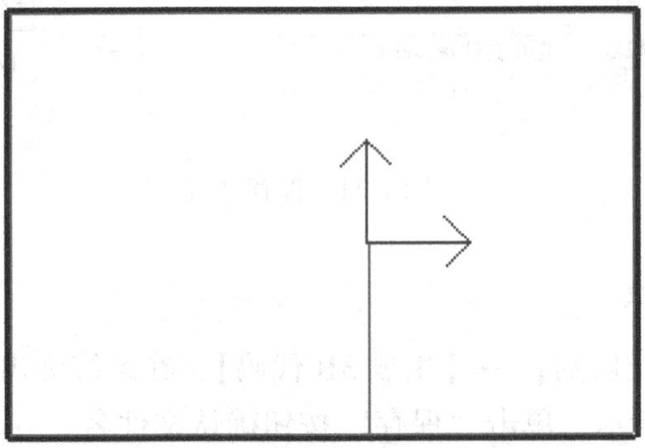

图 1-28　练习题

第2讲　CAXA线切割基础

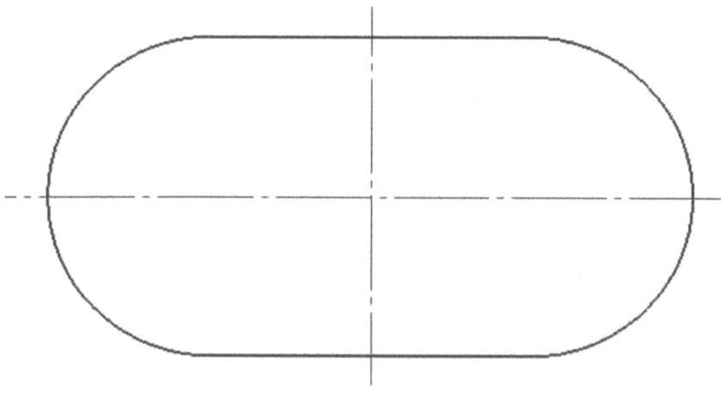

本讲要点

- 图层、颜色与线型设置
- 立即菜单的使用
- 命令的应用
- 物体的选择

本讲介绍CAXA线切割的绘图环境设置与立即菜单的使用方法。通过本讲讲解，对CAXA线切割的一些常用操作有所了解。

2.1　绘图环境的设置

1. 图层

在操作界面顶部的属性工具条上显示有图层工具。当前层是指系统正在使用的图层，生成的图素均属于当前层。当前层可以直接单击边上的下拉三角形，从下拉选项中可以选择当前的图层，如图 2-1 所示。

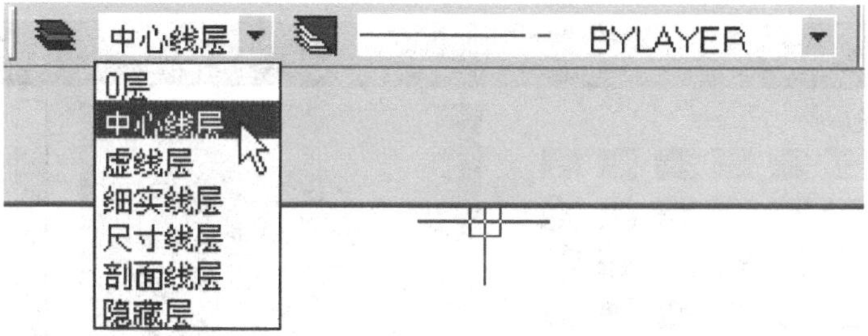

图 2-1　层选择

单击【层控制】按钮可以查看并进行图层管理，如图 2-2 所示。

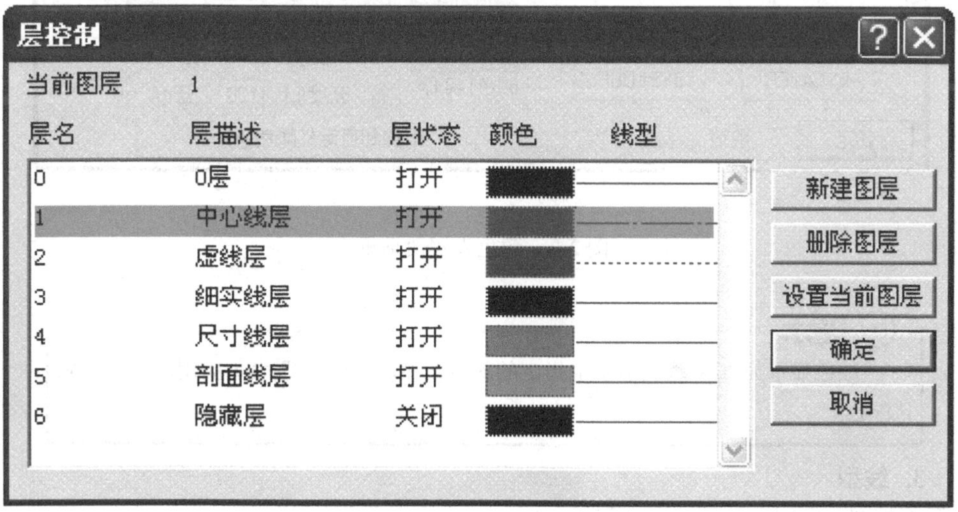

图 2-2　层控制

图层列表中可以显示当前层的图层名称、状态与相关属性。双击颜色块或者线型，可以更改这一图层的颜色与线型属性。

图层的状态可以选择“打开”或者“关闭”。关闭图层时可以实现整个图层上的图素的不可见。

通过右边的操作按钮可以新建或删除图层。

2. 颜色

在属性工具条上有颜色块按钮，生成的曲线取当前颜色。

单击颜色按钮，将弹出如图 2-3 所示的颜色设置对话框，可以选择不同的颜色。不同的图素选用不同的颜色，也是造型中常用的手法，这样可容易看清不同图素之间的关系。

当前颜色可设定为当前层的颜色（BYLAYER），此时属性工具条上显示为半边的颜色块。

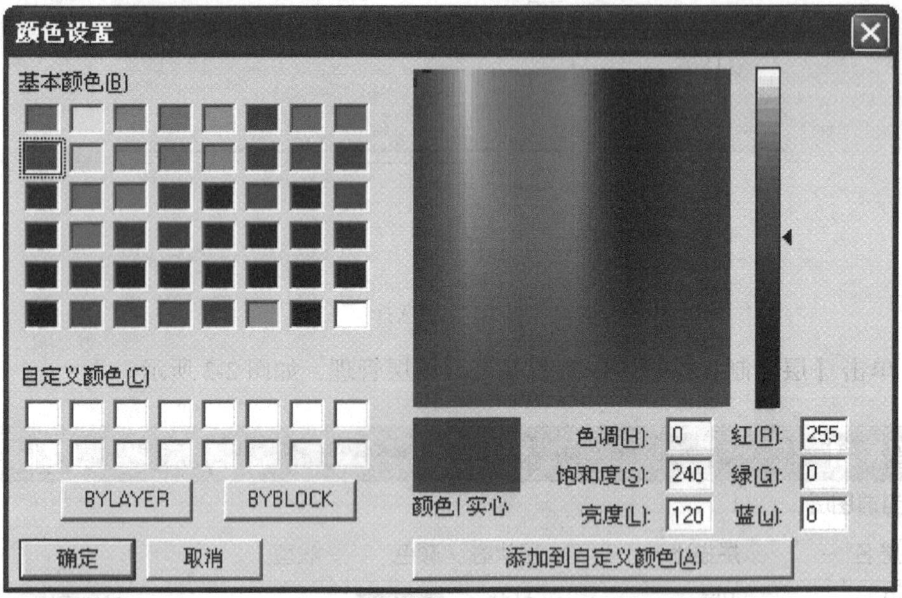

图 2-3　颜色设置对话框

@ 提示

颜色显示为方块表示手工指定的颜色，显示为半边表示应用层设置的默认颜色。

3. 线型

在属性工具条上还可以选择线型。

单击线型设置边上的下拉三角形，从下拉选项中可以选择当前的线型，如图 2-4 所示。

@ 提示

在线切割中，一般都只加工实际图形的实线部分。但可以使用不同的线型来生成轨迹。

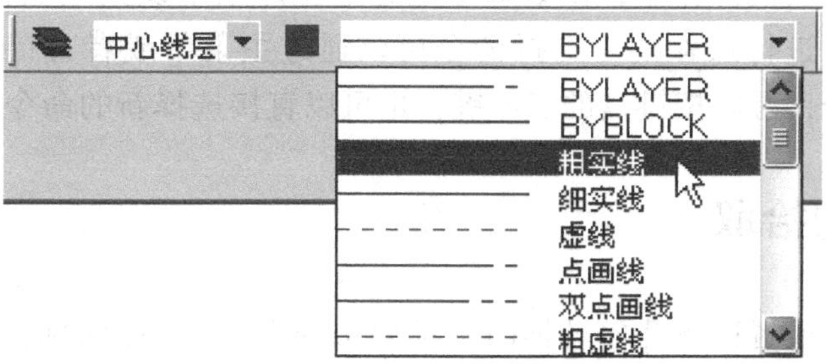

图 2-4　线型设置

2.2　立即菜单的使用

立即菜单是 CAXA 软件提供的独特的交互方式。立即菜单的交互方式大大改善了交互过程。传统的交互方式是完全顺序的逐级问答式的，用户需按系统设定的交互路线逐项输入。在未选择命令时，立即菜单区域显示为空。

在交互过程中，如果需要随时修改立即菜单中提供的默认值，就可打破完全顺序的交互过程。立即菜单的另一个主要功能是对功能进行选项控制，它得益于立即菜单的这种机制，可以实现功能的紧密组织。例如，在“直线”的功能中，提供了如图 2-5 所示的立即菜单选项。

图 2-5　立即菜单（一）

在直线的生成方式中有两点线、平行线、角度线、切线/法线和角平分线。如果需要作平行线，只需简单地通过立即菜单中的第一个选项切换到“平行线”选项，此时立即菜单变成如图 2-6 所示，即可进行“两点方式”的平行线绘制。单击第 2 个选项切换到“偏移方式”选项，此时立即菜单变为图 2-7 所示。

图 2-6　立即菜单（二）

图 2-7　立即菜单（三）

@ 技巧

按键盘的［Alt + 数字键］可设置或者切换立即菜单上对应的选项。

在 CAXA 线切割操作中，多数命令是通过立即菜单设置选项，再按提示指定点或者选择对象进行操作的。选择命令可以通过主菜单或者直接选择工具图标。要取消当前命令，可以按键盘的 Esc 键，也可以直接选择新的命令来结束原命令。

2.3 图素的拾取

在删除图形或者进行几何转换时，都要选择图素。图素的拾取方法有以下几种。

1. 直接点选

单击某图素，则该图素会变色表示已经选择，可以依次拾取需处理的各条曲线，如图 2-8 所示。

2. 窗选

可以用窗选方式一次性选择多个图素。

使用窗选，窗口由左向右拉时，窗口要包容整个对象才能拾取到；从右往左拉时，只要拾取对象的一部分在窗口中就可以选取到。如图 2-9 所示，使用窗选方式选择图素，如果先点 P1 点，再点击 P2 点，则图形中只有圆弧被选取；如果先点 P2 点，再点击 P1 点，则图形中的直线、圆弧都被选取。

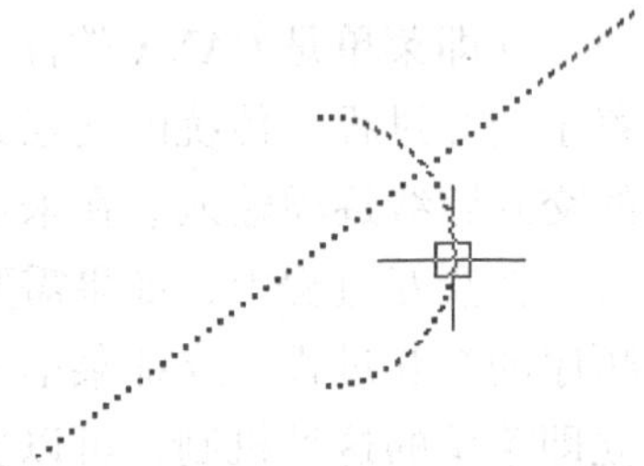

图 2-8 直接点选

3. 拾取工具

在拾取时，按键盘的空格键，将弹出如图 2-10 所示的拾取工具。

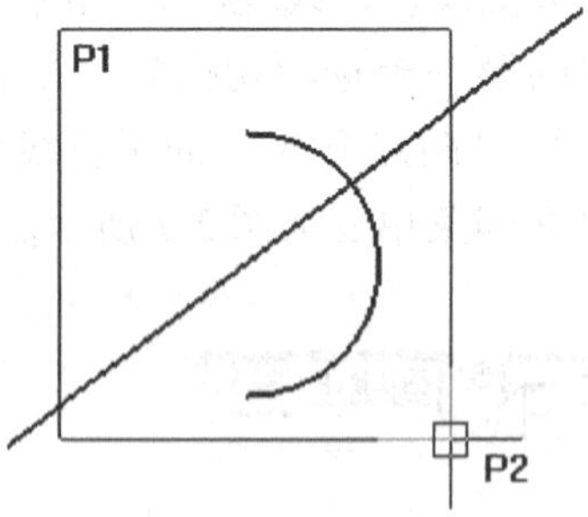

图 2-9 窗选

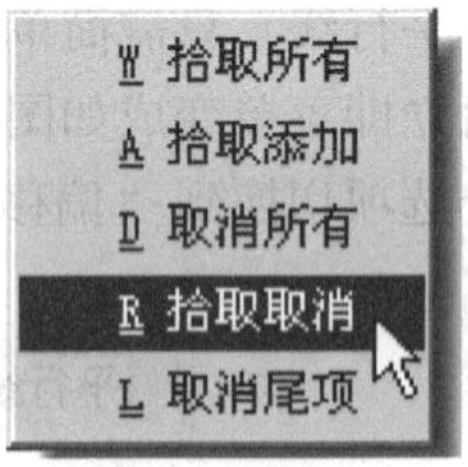

图 2-10 拾取工具

（1）拾取所有 可以快速选中所有图素。

（2）拾取添加 以点选或者窗选方式添加图素。

（3）取消所有 取消拾取的所有图素，所有的图素都成为未选择的。

（4）拾取取消 从拾取的图素，选择排除的图素。

（5）取消尾项 取消最后一个拾取的图素。

2.4　CAXA 线切割基础应用示例

完成如图 2-11 所示一个简单的圆角矩形的绘制。绘制过程为先绘制中心线，再绘制矩形与圆弧，最后删除两条多余的直线。

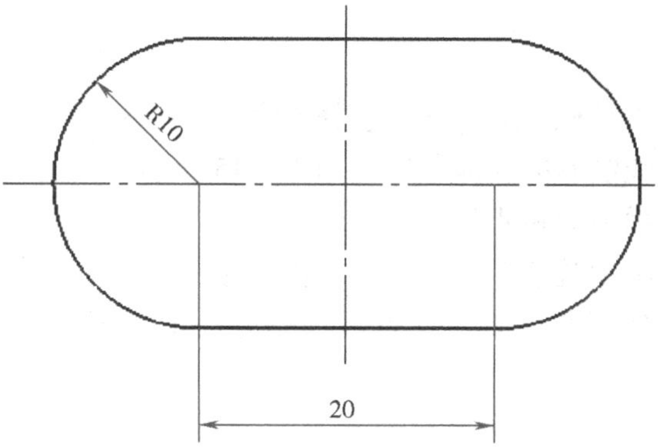

图 2-11　示例

步骤 1　启动 CAXA 线切割

在桌面上双击 CAXA 线切割的快捷方式图标，启动 CAXA 线切割。

步骤 2　选择图层

在属性工具条的图层边上的下拉三角形，从下拉选项中选择当前的图层为“中心线层”，如图 2-12 所示。

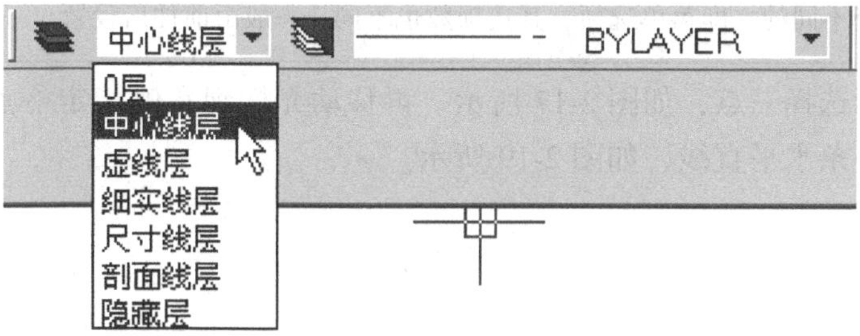

图 2-12　层选择

> **@关键**
> 选择中心线层，该层设置的线型为点画线。

步骤 3　显示绘图菜单

在绘制工具上选择基本曲线图标，如图 2-13 所示，则将显示基本曲线工具条，如图 2-14 所示。

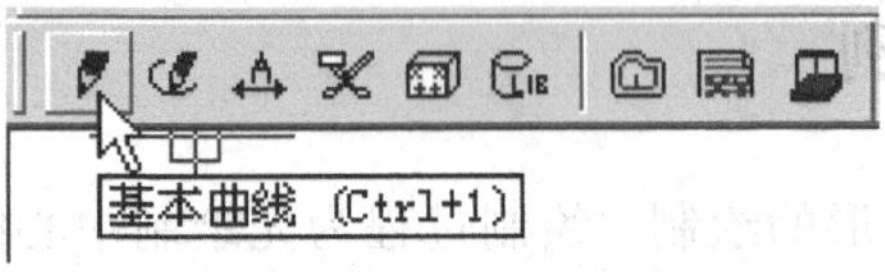

图 2-13　选择基本曲线工具

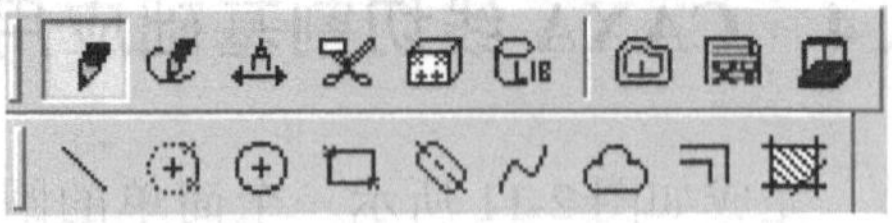

图 2-14　基本曲线工具条

步骤 4　绘制直线

单击基本曲线工具栏上的【直线】图标。

在底部出现直线绘制的立即菜单，如图 2-15 所示。

确认第 1 个选项为“两点线”。

单击第 2 个选项“连续”，改变为“单个”；

单击第 3 个选项“非正交”改变为“正交”。改变后的立即菜单如图 2-16 所示。

图 2-15　直线绘制的立即菜单

图 2-16　更改选项的立即菜单

@ 关键

选择不同的立即菜单选项，其选项数也不同，一般由前往后设置。

移动光标选择一点，如图 2-17 所示。再移动光标到右侧指定一点，如图 2-18 所示，生成一条水平直线，如图 2-19 所示。

图 2-17　指定起点

图 2-18　指定终点

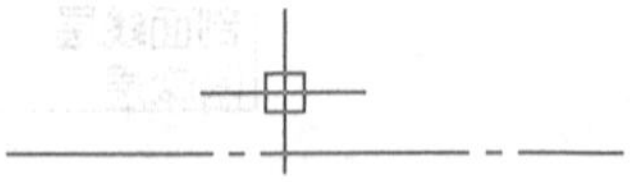

图 2-19　绘制水平线

移动光标在直线上方选择一点，再移动光标到下方指定一点，生成一条竖直方向的正交直线，如图 2-20 所示。

@ 关键

绘制的直线为红色的中心线（点画线）。

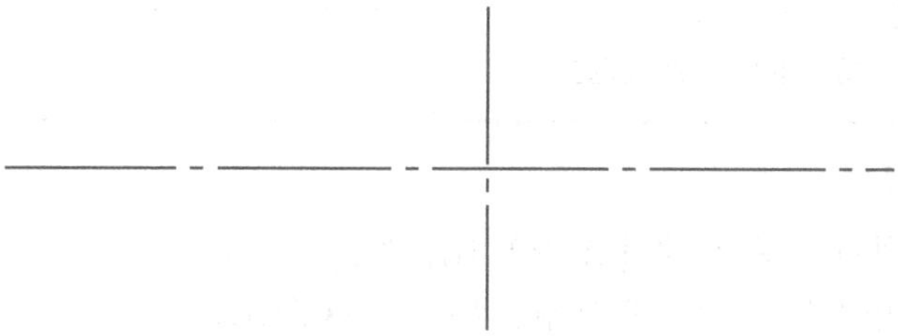

图 2-20　绘制直线

步骤 5　设置颜色

在属性工具上选择【颜色设置】图标，弹出如图 2-21 所示的颜色设置对话框。选择蓝色，再单击“确定”按钮设置颜色。

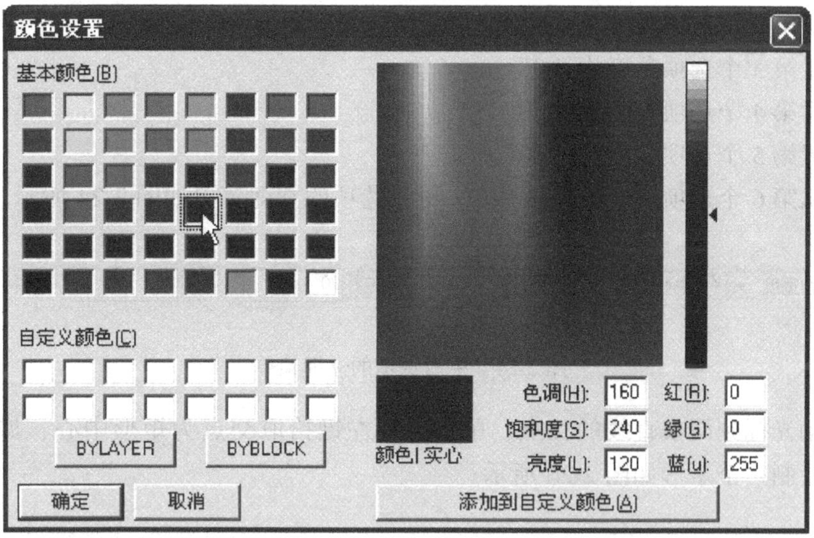

图 2-21　颜色设置对话框

步骤 6　选择线型

在属性工具条的单击线型“BYLAYER”，从下拉选项中选择“粗实线”，如图 2-22 所示。

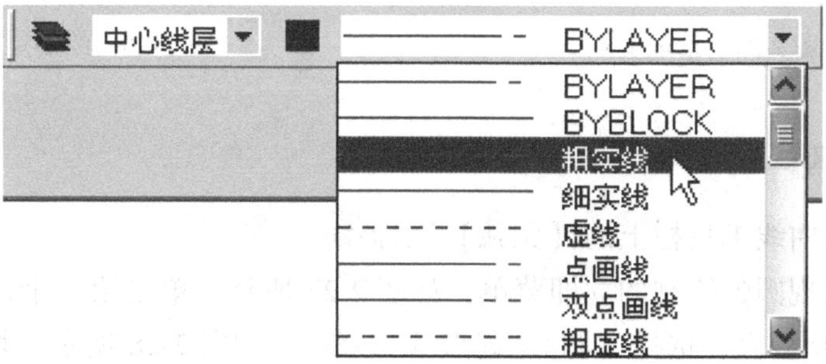

图 2-22　选择线型

> **@关键**
>
> 要绘制实线，也可以直接选择 0 层。

步骤 7　绘制矩形

单击基本曲线工具栏上的【矩形】图标。

在底部出现矩形绘制的立即菜单，如图 2-23 所示。

图 2-23　矩形绘制的立即菜单

单击第 1 个选项“两角点”，切换到“长度和宽度”。

确认第 2 个选项为“中心定位”。

设置第 3 个选项角度为“0”。

设置第 4 个选项长度为“20”。

设置第 5 个选项宽度为“20”。

确认第 6 个选项为“无中心线”。更改选项的立即菜单如图 2-24 所示。

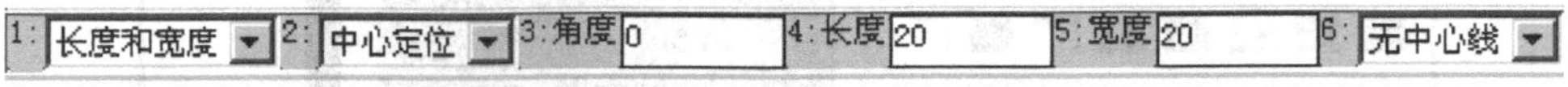

图 2-24　更改选项的立即菜单

移动光标到两条直线的交点，单击鼠标左键拾取交点为矩形中心，如图 2-25 所示。绘制一个矩形如图 2-26 所示。

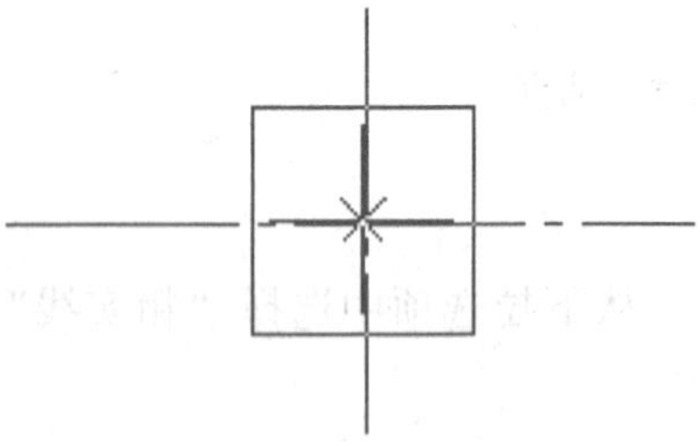

图 2-25　拾取交点

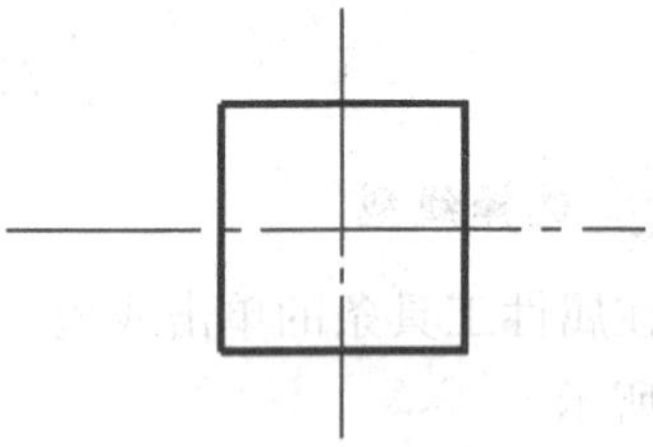

图 2-26　绘制矩形

步骤 8　绘制圆弧

单击基本曲线工具栏上的【圆弧】图标。

在底部出现圆弧绘制的立即菜单，如图 2-27 所示。单击第 1 个选项“三点圆弧”，弹出选项列表，选择“圆心_起点_圆心角”，如图 2-28 所示。切换选项后的立即菜单如图 2-29 所示。

图 2-27 圆弧立即菜单

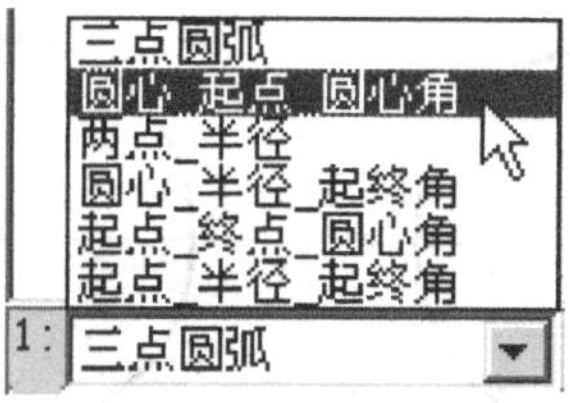

图 2-28 选项 1

图 2-29 改变选项 1

移动光标拾取矩形左边线的中点为圆心，如图 2-30 所示。

拾取矩形的左上角点为起点，如图 2-31 所示。

拾取矩形的左下角点为圆心角，如图 2-32 所示。

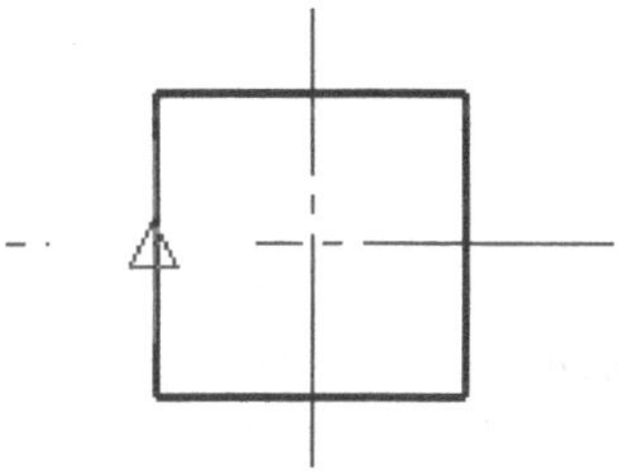

图 2-30 拾取中点

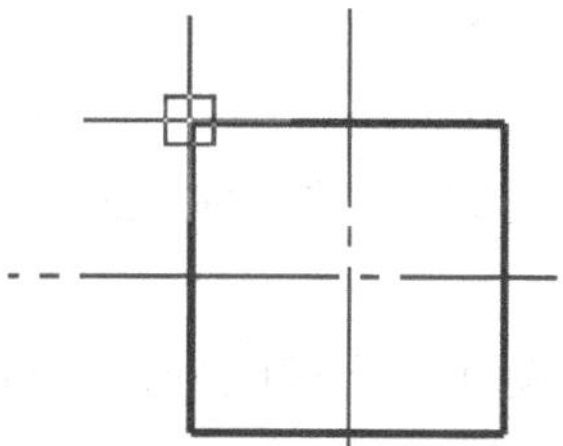

图 2-31 拾取左上角点

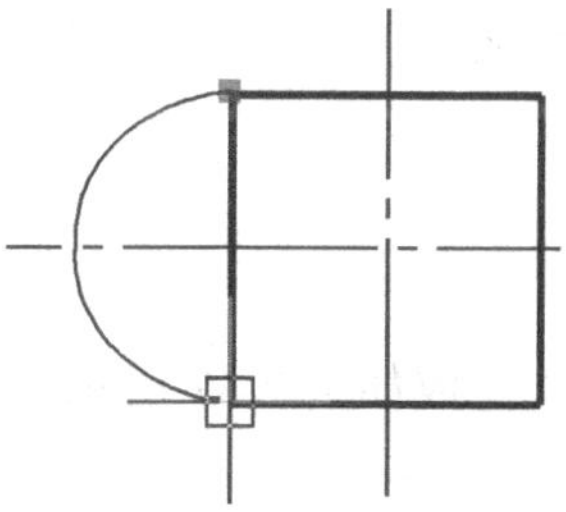

图 2-32 拾取左下角点

绘制一个圆弧如图 2-33 所示。

再依次拾取矩形右边线的中点、右下角点、右上角点绘制圆弧，如图 2-34 所示。

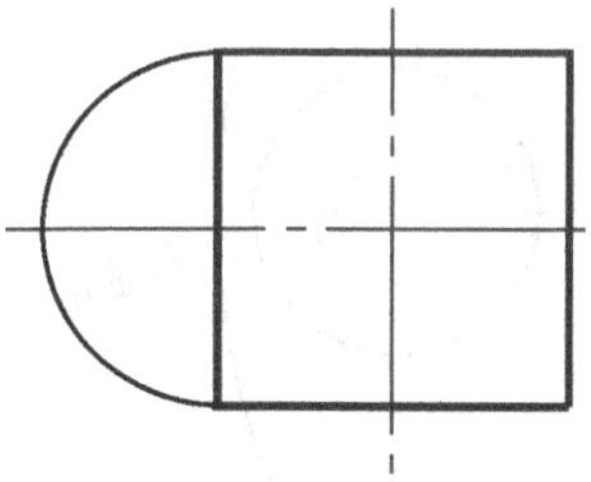

图 2-33 生成的圆弧

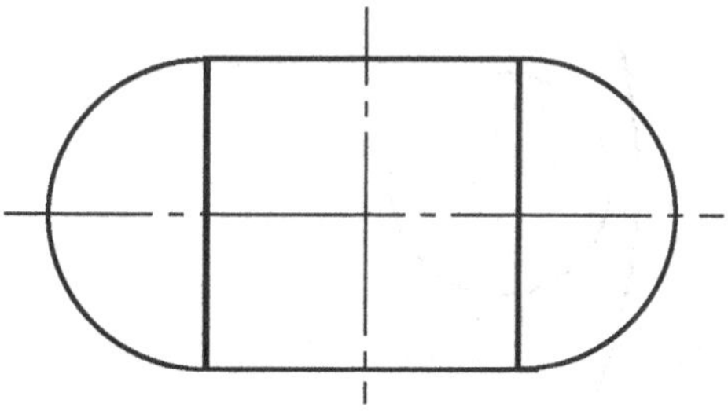

图 2-34 绘制圆弧

@ 关键

拾取点要注意选择的顺序。

步骤 9 删除直线

单击常用工具栏上的【删除】图标，移动光标到竖直直线上，单击鼠标左键拾取直线，再拾取另一条直线，如图 2-35 所示。单击鼠标右键进行删除，删除直线后如图 2-36 所示。

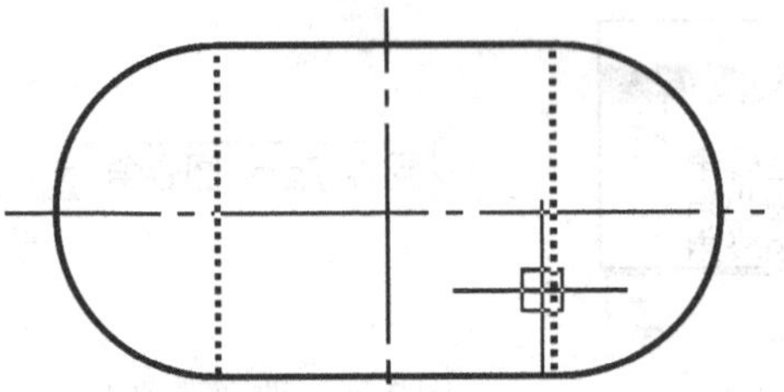

图 2-35　拾取直线

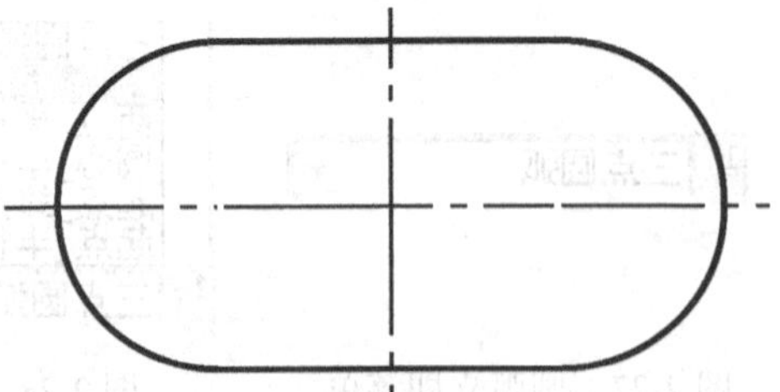

图 2-36　删除直线

步骤 10 **保存文件**

单击工具栏上的【保存】图标，输入文件名为“T2”，单击“保存”按钮保存文件。

复习与练习

完成如图 2-37 所示图形的设计，要求区分线型与颜色。

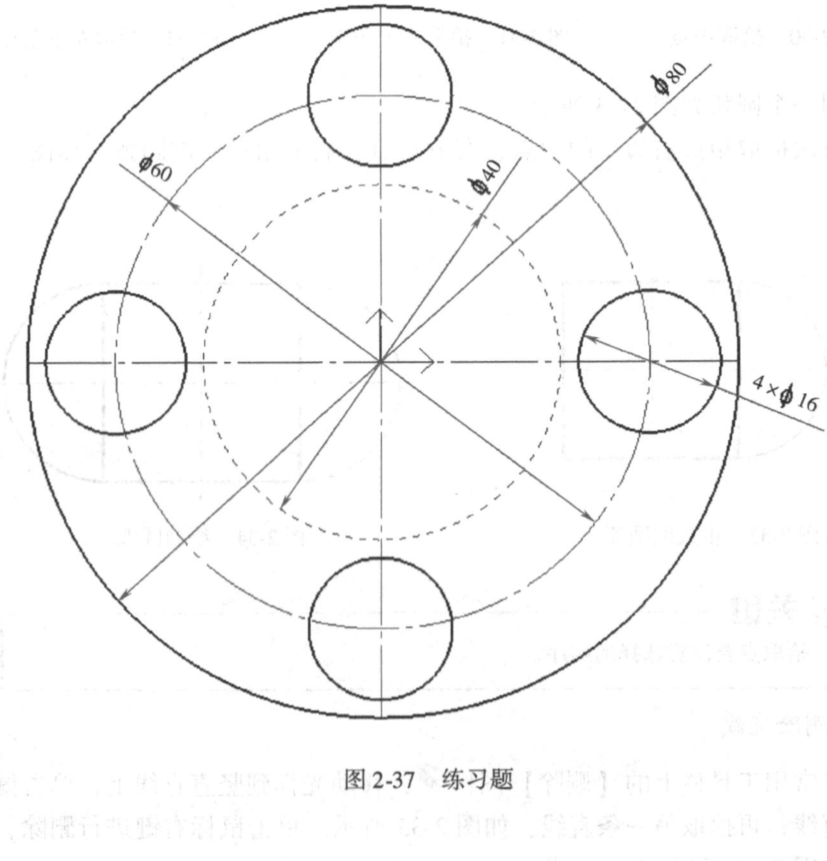

图 2-37　练习题

第3讲　直线绘制

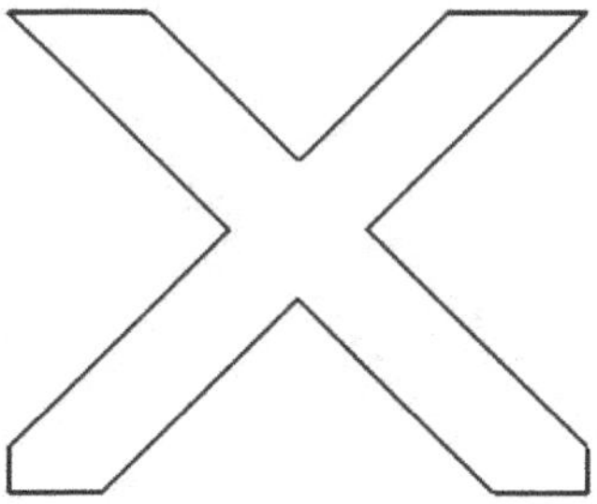

本讲要点

- 直线绘制方式
- 两点线
- 平行线
- 角度线与角等分线
- 切线/法线

直线是最常用的图素，在CAXA线切割中，有5种直线绘制方式，并且在每一种绘制方式中还可以设置不同的选项。本讲重点讲解不同直线绘制方式的立即菜单设置与直线绘制。

在 CAXA 线切割中提供了 5 种直线绘制方式。在菜单上选择【绘制】→【基本曲线】→【直线】或者在基本曲线工具条上选择【直线】图标，开始直线绘制，系统将出现立即菜单，如图 3-1 所示。首先选择直线绘制方式，单击立即菜单顶部的选项 1，从下拉选项中选择直线绘制方式，如图 3-2 所示。再指定相关参数，并根据提示选择点或者其他图素，完成直线的绘制。

图 3-1　立即菜单

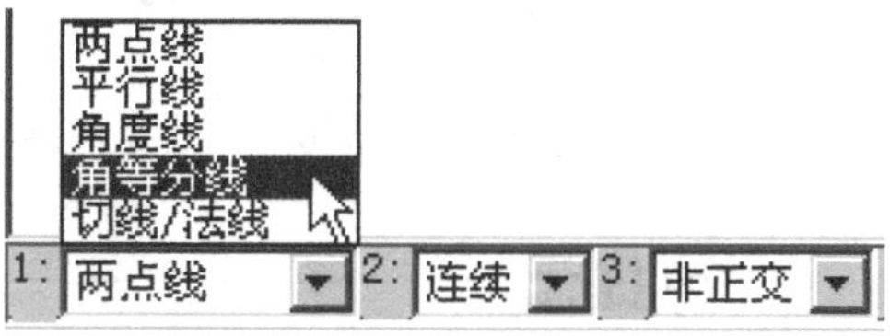

图 3-2　直线绘制方式

3.1　两点线

两点线就是在屏幕上按给定两点画一条直线段或按给定的连续条件画连续直线段。

给出第一点和第二点，两点线生成，如图 3-3 所示。

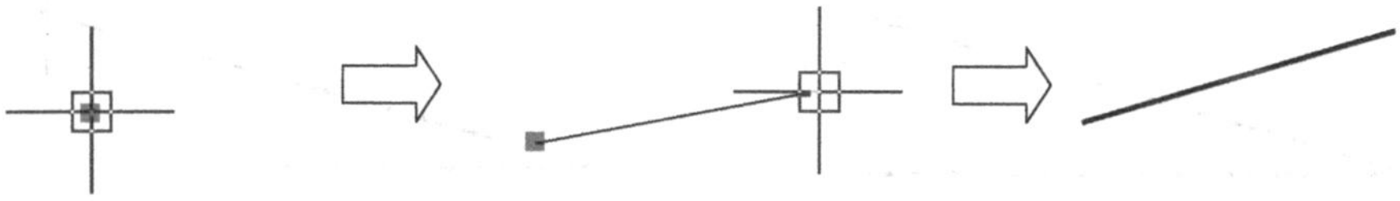

图 3-3　绘制两点线

绘制直线时，在立即菜单中可以设置以下选项。

1. 连续/单个

（1）单个　指定两点完成一条直线，指定的第 3 点将重新作为直线起点，如图 3-4 所示。

（2）连续　前一段直线段的终点为下一段直线段的起点，指定下一点直接作为终点，如图 3-5 所示。如果完成一组连续线绘制，可以按回车键或者单击鼠标右键，可以重新选择直线起点。

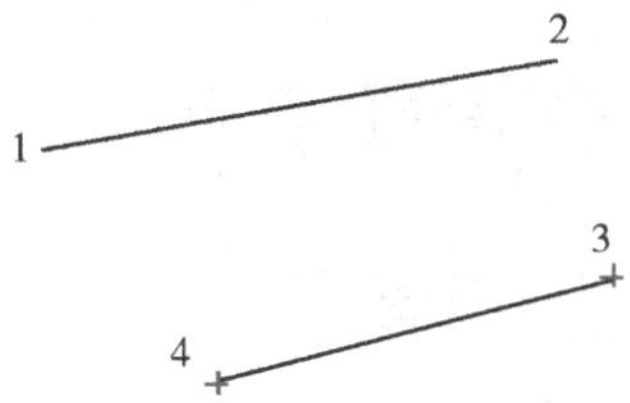

图 3-4　单个

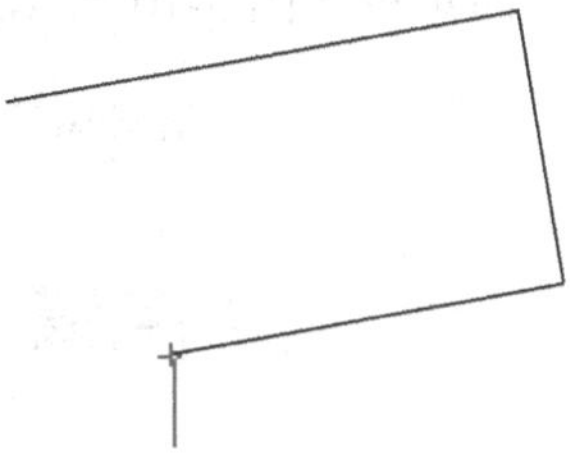

图 3-5　连续

2. 正交/非正交

（1）非正交　按指定点的位置，可以画任意方向的直线，如图 3-6 所示。

（2）正交　是指所画直线与坐标轴平行，将绘制水平线或者竖直线，如图 3-7 所示。

图 3-6　非正交

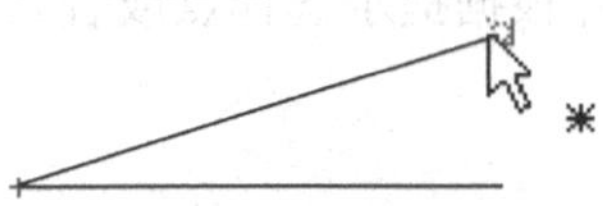

图 3-7　正交

@提示：

正交直线绘制时的水平或铅垂将由线条长的方向决定。

3. 点方式/长度方式

在指定为正交时，可以选择点方式或者长度方式来绘制正交直线。

（1）点方式　指定终点将决定直线长度，如图 3-8 所示。

（2）长度方式　由起点按指定长度画出正交直线，指定终点将决定直线的方向，如图 3-9 所示。

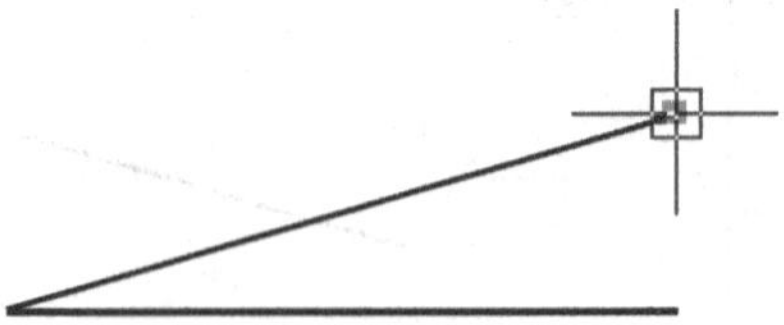

图 3-8　点方式

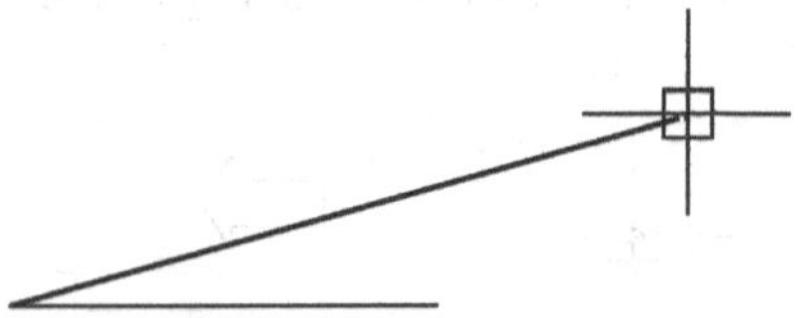

图 3-9　长度方式

@提示：

使用点方式时，可以直接用键盘输入长度值。

3.2　平行线

按给定距离或通过给定的已知点绘制与已知线段平行的直线。在直线绘制的立即菜单中将选项 1 选择为“平行线”，就可以进行平行直线的绘制，平行直线绘制时的立即菜单如图 3-10 所示。

a）

b）

图 3-10　平行线的立即菜单

1. 两点方式

两点方式即指定平行直线的起点与终点。决定直线终点可以选择“到点”或“到线上”，在选项3中设置。到点的平行线终点为指定位置到平行线的垂足；“到线上”的平行线终点为平行线与指定线的交点。平行线绘制的步骤如下：

1）选取一条直线。

2）指定平行线的起点。

3）指定平行线的终点，按选项3指定拾取点或者直线生成平行线。两点方式绘制平行线的过程如图3-11所示。图3-12所示为使用“到线上”方式绘制的平行线。

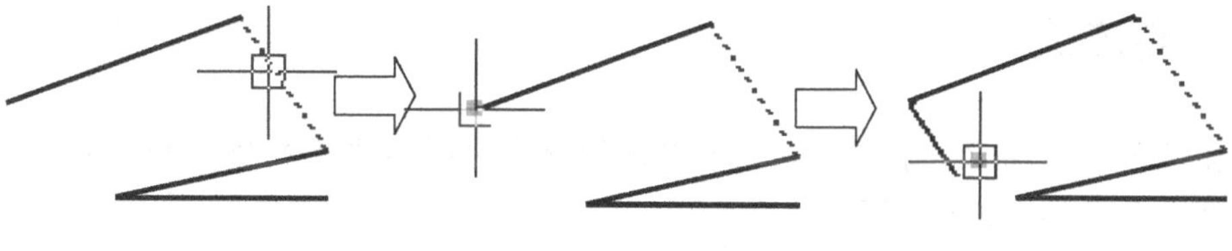

图3-11　到点

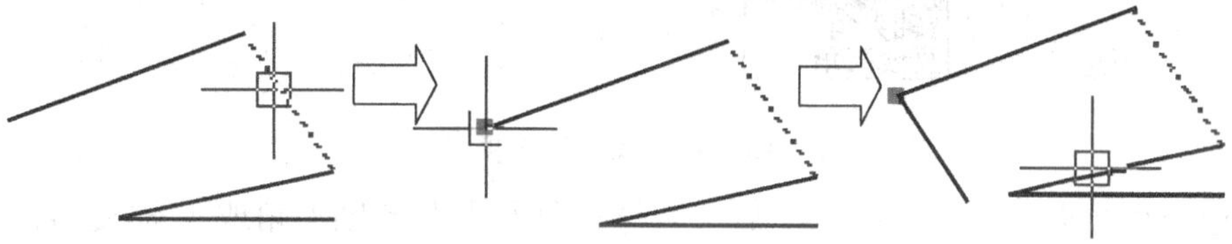

图3-12　到线上

> **@提示**
> 使用到点方式时，可以输入长度绘制平行线。

2. 偏移方式

选择直线绘制方式为平行线，并设置选项2为“偏移方式”。按给定距离绘制与已知线段平行，且长度相等的单向或双向的平行线段。

用鼠标左键选取一条已知直线，然后用鼠标拖动生成的平行线到所需位置时单击鼠标左键确定，或用键盘输入一个距离数值即可，如图3-13所示。

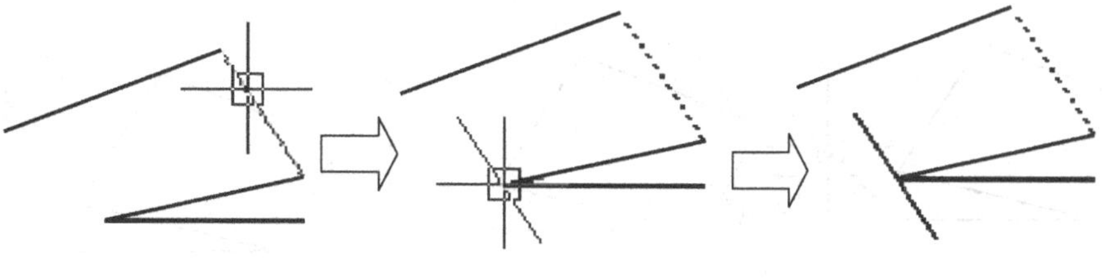

图3-13　偏移方式绘制平行线

偏移方式绘制平行线时，可以选择“双向”在两边同时生成平行线，如图3-14所示。

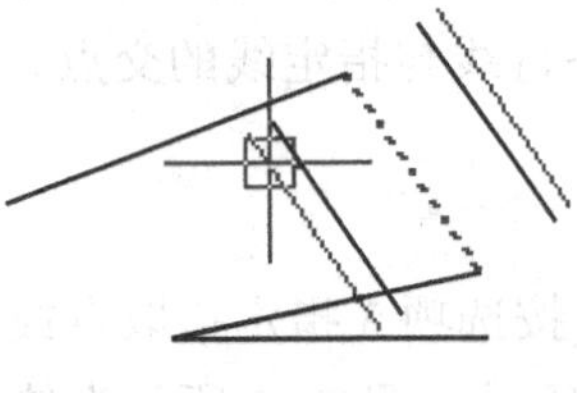

图 3-14　双向

3.3　角度线

生成与坐标轴或一条直线成一定夹角的直线。可以选择 X 轴夹角、Y 轴夹角或直线夹角，如图 3-15 所示。

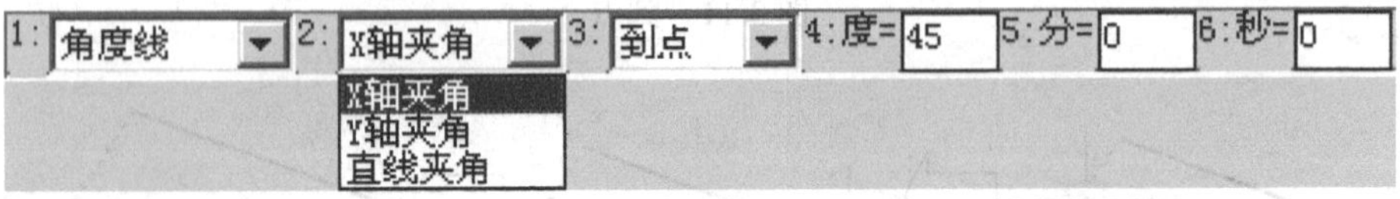

图 3-15　角度线选项

选择直线类型为“角度线”后，选择夹角方式为 X 轴夹角或 Y 轴夹角，指定角度值，给出第一点，给出第二点或长度，生成角度线，如图 3-16 所示。

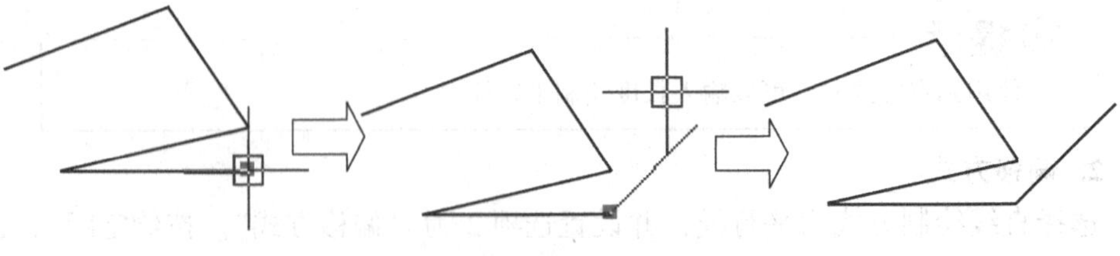

图 3-16　角度线

选择“直线夹角”时，先选择一条直线，再指定第一点，给出第二点或长度，生成角度线，如图 3-17 所示。

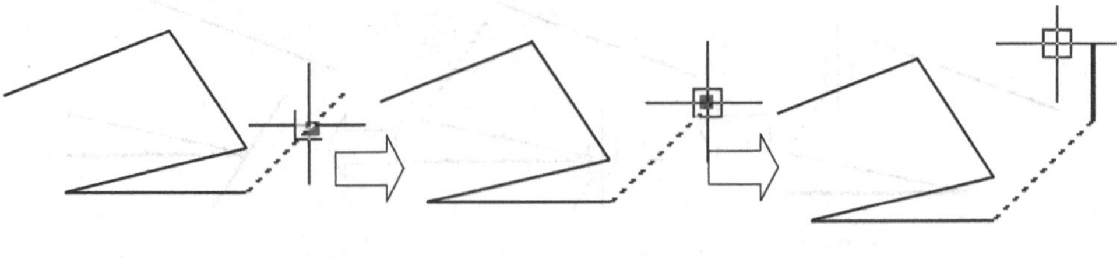

图 3-17　与直线夹角

@提示

选择的起点可以不在选择的直线上。

3.4　角等分线

按给定等分份数、给定长度绘制一条直线将一个角等分。

选择直线类型为角等分线，立即菜单选项如图 3-18 所示。在立即菜单上输入份数和长度值。拾取第一条曲线和第二条曲线，生成角等分线，如图 3-19 所示。

图 3-18　角等分线选项

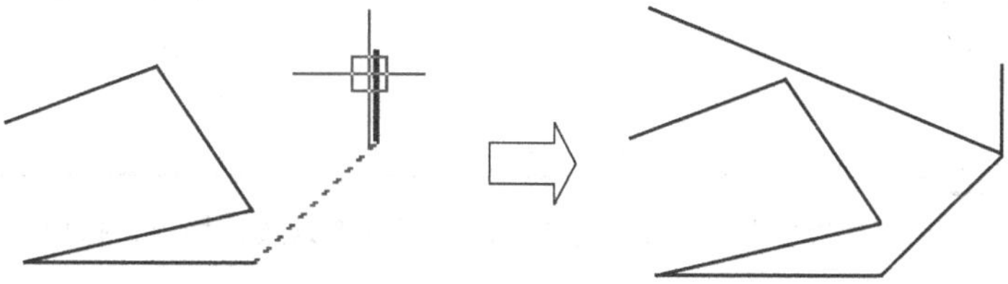

图 3-19　绘制角等分线

3.5　切线/法线

过给定点作已知曲线的切线或法线。选择直线类型为“切线/法线”，其立即菜单选项如图 3-20 所示。

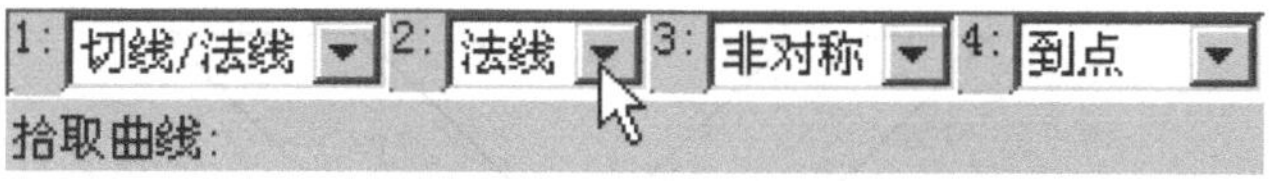

图 3-20　切线/法线选项

选择直线绘制方式为“切线/法线”，再选择法线/切线，并设置选项；然后在图形上选择一条曲线，再指定直线起点，指定直线终点绘制一条切线或者法线，如图 3-21 所示。

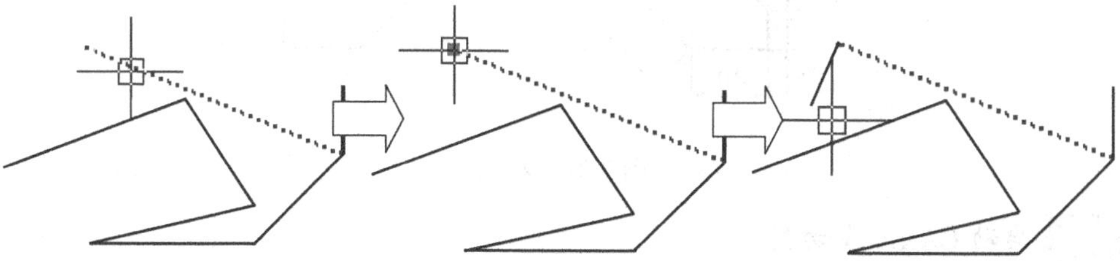

图 3-21　绘制法线

选项 3 可以选择“对称”／“非对称”，选择“对称”方式将可以产生两边的法线/切线，如图 3-22 所示。

@提示

选择一条直线并作“切线”时，将绘制与所选直线平行的直线，如图 3-23 所示。

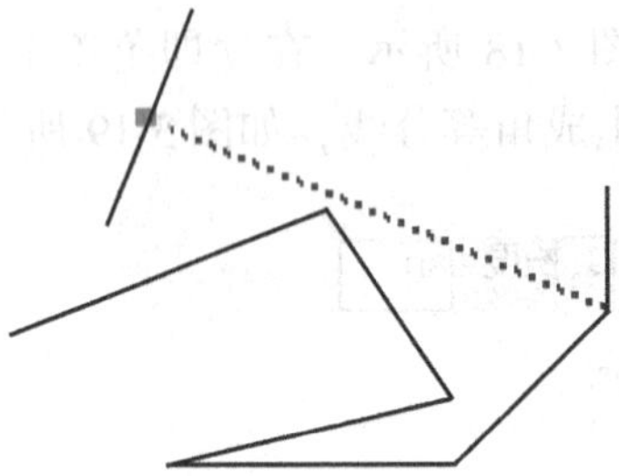

图 3-22　对称

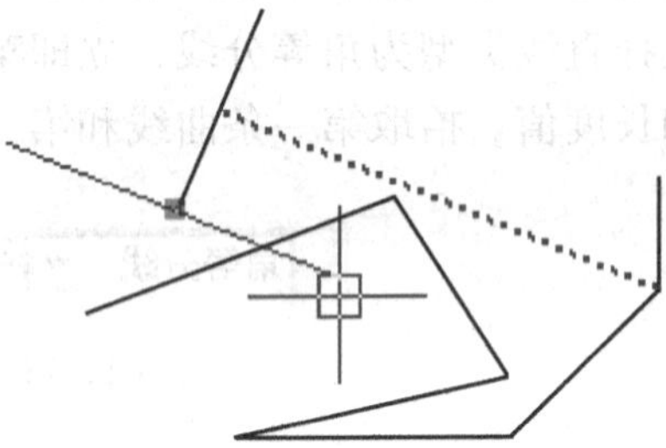

图 3-23　直线的“切线”

@警告

通过一点绘制切线时，以两点线绘制，使用点工具选择切点，拾取一条曲线决定切点。

3.6　直线绘制示例

完成如图 3-24 所示图形的绘制。该图形由多段直线所组成，将可以使用不同的直线绘制方式进行绘制。

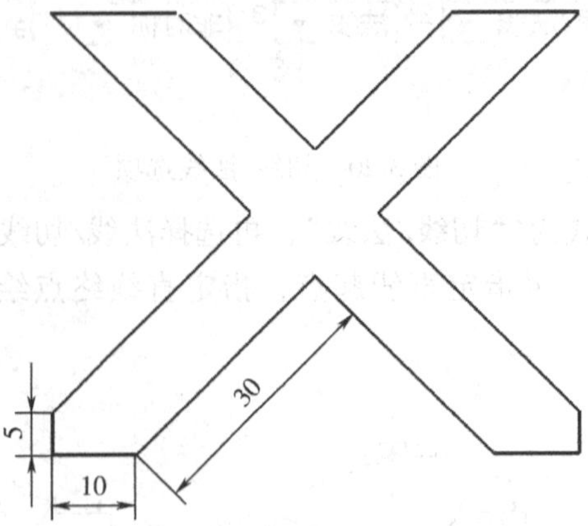

图 3-24　示例

步骤 1　启动 CAXA 线切割

在桌面上双击 CAXA 线切割的快捷方式图标，启动 CAXA 线切割。

步骤 2　选择直线指令

单击主菜单的【绘制】→【基本曲线】→【直线】指令。

在底部出现直线绘制的立即菜单，如图 3-25 所示。

图 3-25　直线绘制的立即菜单

步骤 3　绘制角度线

在立即菜单上更改第 1 个选项为“角度线”，再设置选项如图 3-26 所示。

图 3-26　设置角度线选项

在屏幕上指定任意一点，再移动光标到左下方，并使用键盘输入“30”，生成一条倾斜直线，如图 3-27 所示。

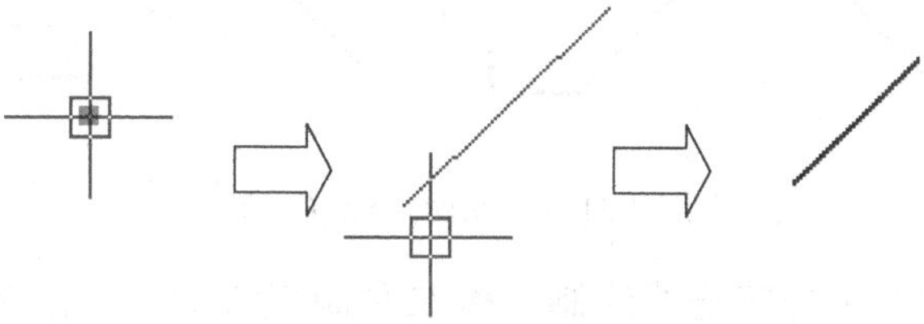

图 3-27　绘制角度线

> **@ 关键**
> 输入长度时，光标一定要在左下方。

步骤 4　绘制角度线

在立即菜单上更改第 2 个选项为“直线夹角”，设置选项如图 3-28 所示。

图 3-28　设置角度线选项

拾取前面绘制的直线，再拾取直线的上端点，再移动光标到右下方，并使用键盘输入“30”，生成一条倾斜直线，如图 3-29 所示。

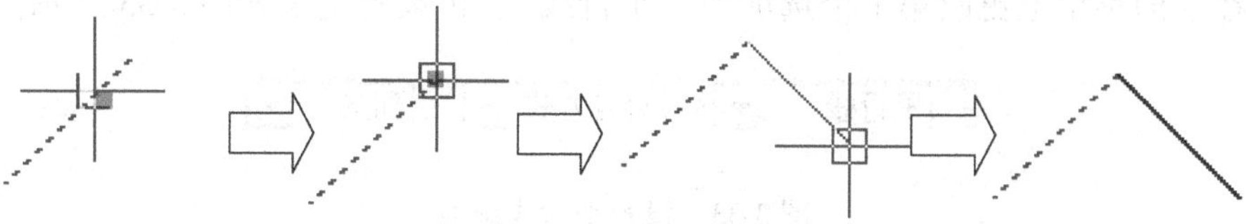

图 3-29　绘制角度线

步骤 5　绘制两点线

在立即菜单上更改第 1 个选项为“两点线”，再设置选项，如图 3-30 所示。

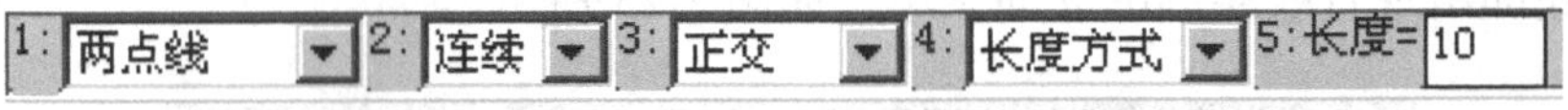

图 3-30　设置两点线选项

拾取右侧直线的下端点，再移动光标到右方拾取一点，生成一条水平直线。在立即菜单上更改长度值为“5”，然后在上方指定一点，生成一条竖直的直线，如图 3-31 所示。

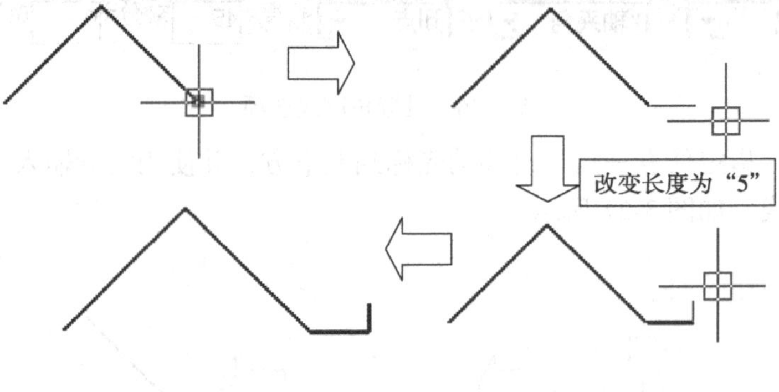

图 3-31　绘制两点线（一）

单击鼠标右键结束连续直线绘制。拾取左侧直线的下端点为新的起点，修改长度值为“10”，在左侧指定一点，生成一条水平直线。更改长度值为“5”，然后在上方指定一点，生成一条竖直的直线，如图 3-32 所示。

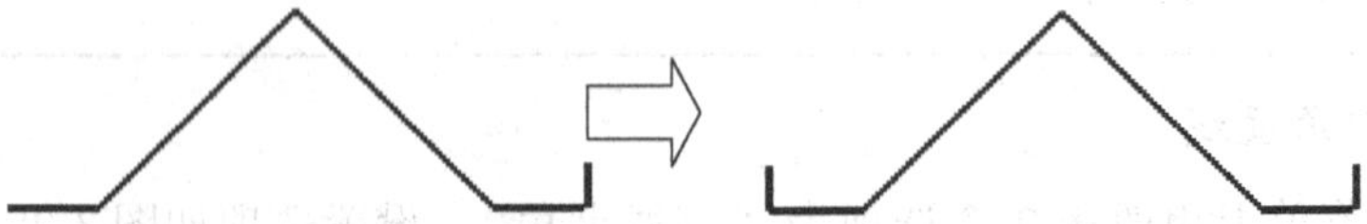

图 3-32　绘制两点线（二）

@ 关键

完成一组连续线绘制后，单击右键重新选择起点。

步骤 6　绘制平行线

在立即菜单上更改第 1 个选项为“平行线”，再设置选项如图 3-33 所示。

图 3-33　设置平行线选项

拾取左侧倾斜直线为平行的直线，再移动光标到左侧竖直线的上端点，再拾取两条倾斜直线的交点，生成一条平行直线，如图 3-34 所示。

图 3-34　绘制平行线（一）

单击鼠标右键，拾取右侧倾斜直线为平行的直线，再移动光标到右侧竖直线的上端点，再拾取两条倾斜直线的交点，生成一条平行直线，如图 3-35 所示。

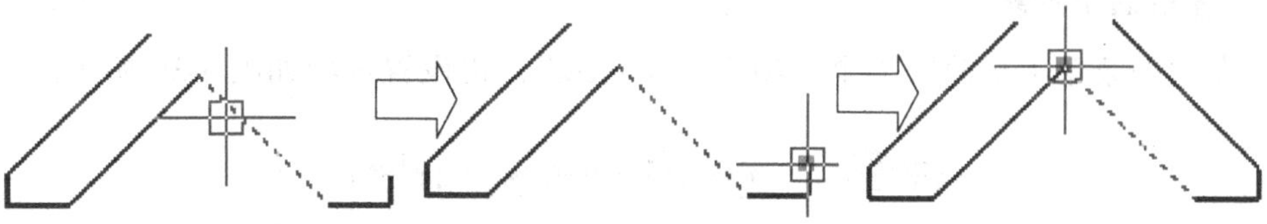

图 3-35　绘制平行线（二）

步骤 7　绘制切线

在立即菜单上更改第 1 个选项为“法线/切线”，设置选项如图 3-36 所示。

图 3-36　设置切线选项

拾取右侧倾斜直线为相切的线，拾取左侧线的端点，再拾取左侧的竖直线为直线延伸到的直线，生成一条直线，如图 3-37 所示。

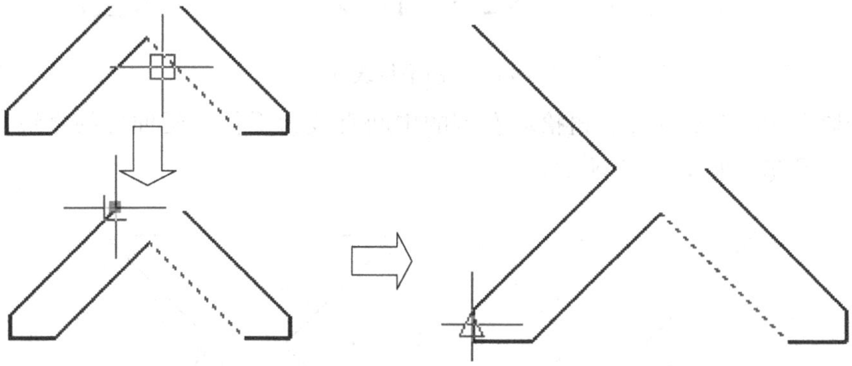

图 3-37　绘制切线

步骤 8　绘制法线

在立即菜单上更改第 2 个选项为“法线”，拾取右侧直线的上端点，再拾取右侧的竖直线为直线延伸到的直线，生成一条直线，如图 3-38 所示。

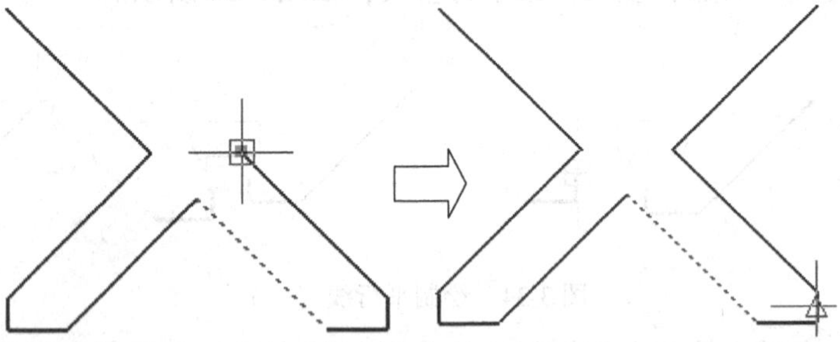

图 3-38　绘制法线

步骤 9　绘制平行线

在立即菜单上更改第 1 个选项为“平行线”，再设置选项如图 3-39 所示。

图 3-39　设置平行线选项

拾取底部的水平直线为平行参考直线，拾取左上方开放端点，再拾取右侧的中间直线为平行线延伸到的直线，生成一条平行直线，如图 3-40 所示。

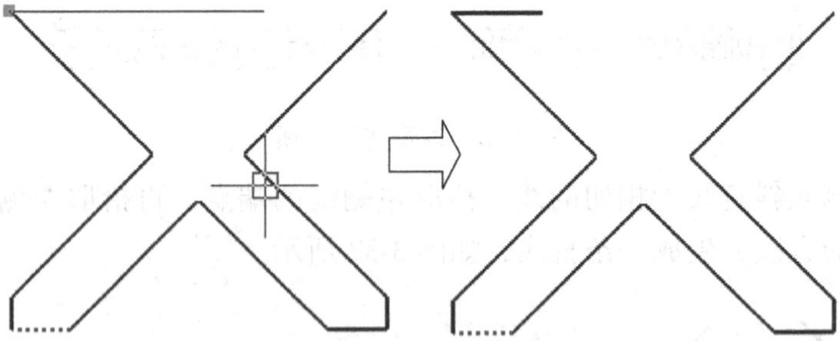

图 3-40　绘制平行线（一）

拾取右侧的开放端点，再拾取左侧的中间直线为平行线延伸到的直线，生成一条平行直线，如图 3-41 所示。

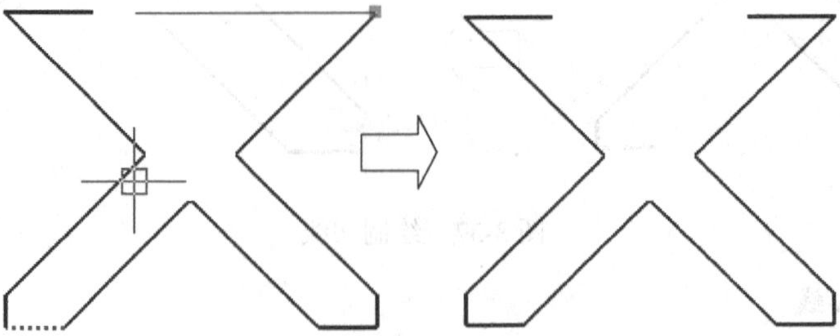

图 3-41　绘制平行线（二）

单击鼠标右键，再拾取右上侧的倾斜直线为平行的直线，再移动光标到右上方水平线的开放端点，再拾取右侧的中间直线为平行线延伸到的直线，生成一条平行直线，如图 3-42 所示。

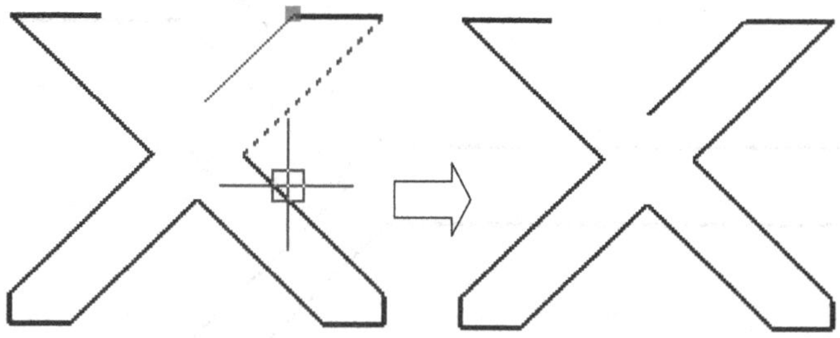

图 3-42　绘制平行线（三）

步骤 10　绘制两点线

在立即菜单上更改第 1 个选项为“两点线”，再设置选项，如图 3-43 所示。

图 3-43　设置两点线选项

拾取两个开放的端点绘制一条直线，如图 3-44 所示。

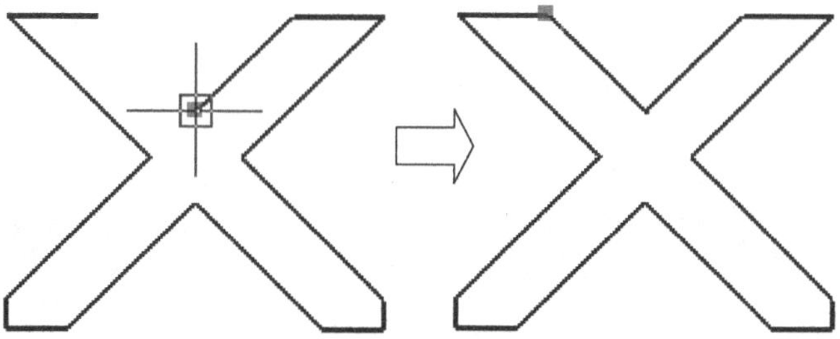

图 3-44　绘制两点线

步骤 11　保存文件

单击工具栏上的【保存】图标，输入文件名为“T3”，单击“保存”按钮保存文件。

复习与练习

完成如图 3-45 所示图形的绘制。

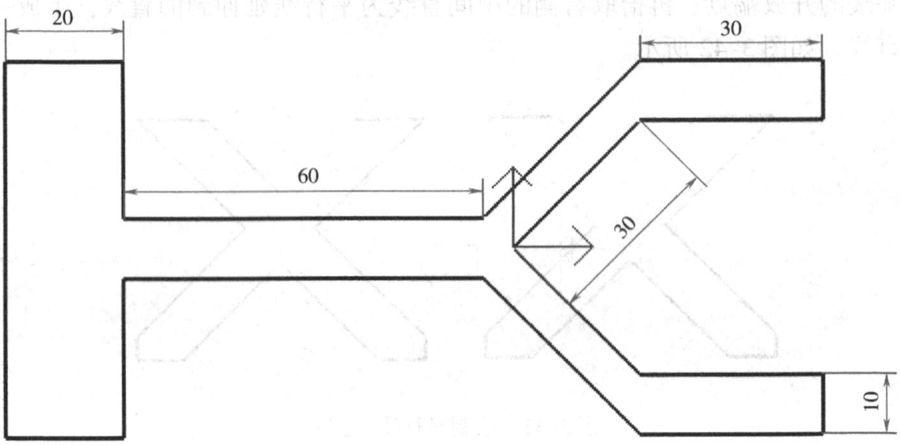

图 3-45　练习题

第4讲　圆弧和圆绘制

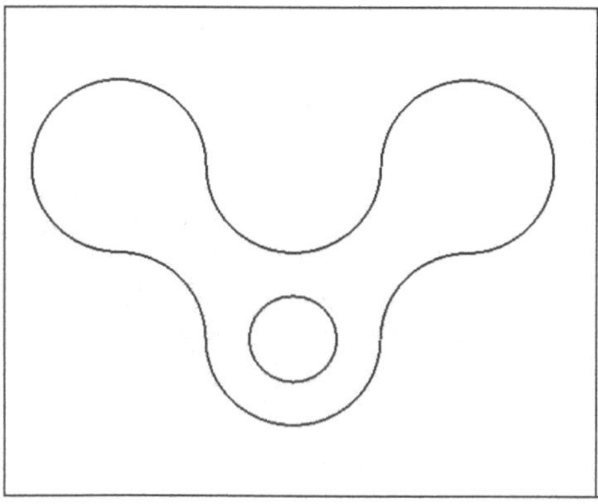

本讲要点

- 圆弧绘制
- 圆弧绘制的指定方式
- 圆的绘制方式

圆弧有6种绘制方法，圆有4种绘制方法。通过指定不同的限制条件进行圆或者圆弧的绘制。

4.1　圆弧

在 CAXA 制造工程师中提供了 6 种圆弧绘制方式。在菜单上选择【绘制】→【基本曲线】→【圆弧】或者在基本曲线工具条上选择【圆弧】图标。系统将出现立即菜单，单击立即菜单顶部的选项，从下拉选项中选择圆弧绘制方式，如图 4-1 所示。再按提示指定相关参数，并选择点或者其他图素，完成圆弧的绘制。

1. 三点圆弧

选择“三点圆弧”方式绘制圆弧，指定第一点为起点，第二点决定圆弧的位置和方向，第三点为终点，生成通过 3 个点的圆弧，如图 4-2 所示。

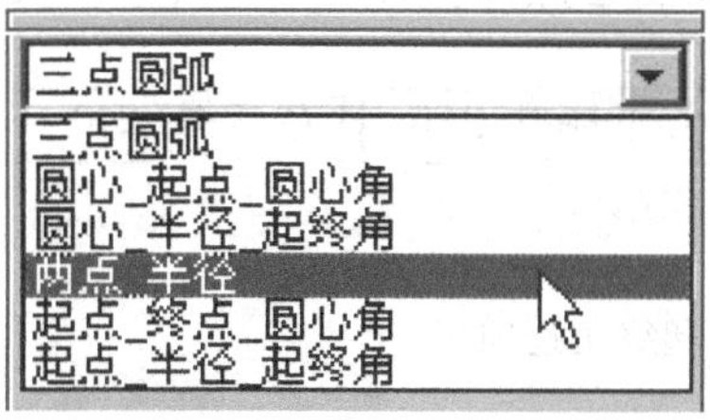

图 4-1　圆弧立即菜单

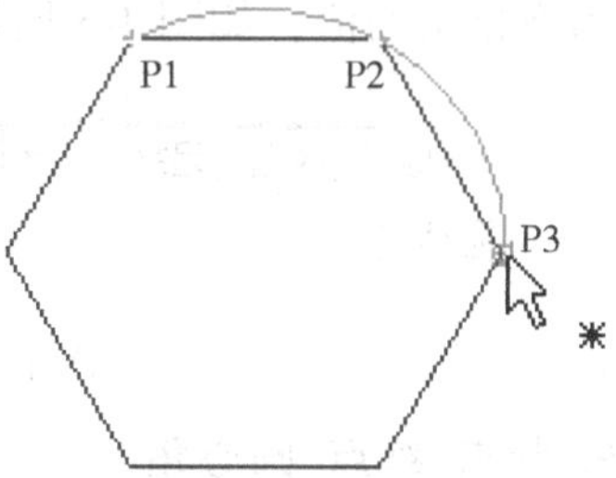

图 4-2　三点圆弧

@ 技巧

在需要指定点时，都可以用点工具来拾取点，或者直接输入数值。

2. 两点_半径

选择“两点_半径”方式绘制圆弧，指定起始点、终止点，再指定第三点或用键盘输入半径，生成圆弧，如图 4-3 所示。两点_半径与三点圆弧的不同在于指定点的顺序不同。

@ 提示

用键盘输入半径时，生成的圆弧是最接近光标位置并且按逆时针生成的圆弧。

3. 圆心_起点_圆心角

选择“圆心_起点_圆心角”方式绘制圆弧，给定圆心和起点，给出圆心和弧终点所确定射线上的点或者直接输入圆心角的角度值，生成圆弧，如图 4-4 所示。

@ 技巧

在需要指定点时，都可以用点工具来拾取点，或者直接输入数值。

@ 提示

输入角度为正值时按逆时针方向生成圆弧；输入的角度为负值时顺时针生成圆弧。

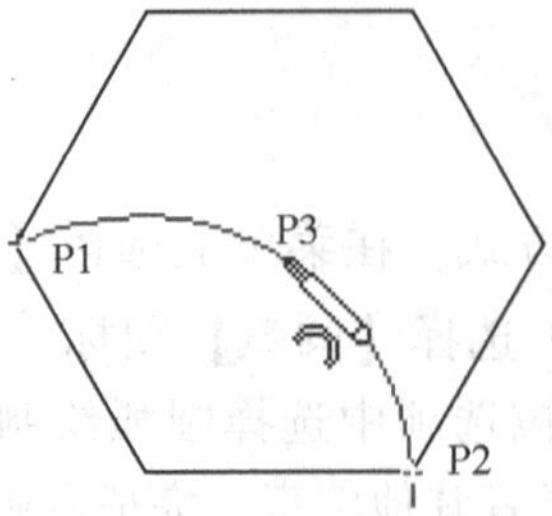

图 4-3　两点_半径

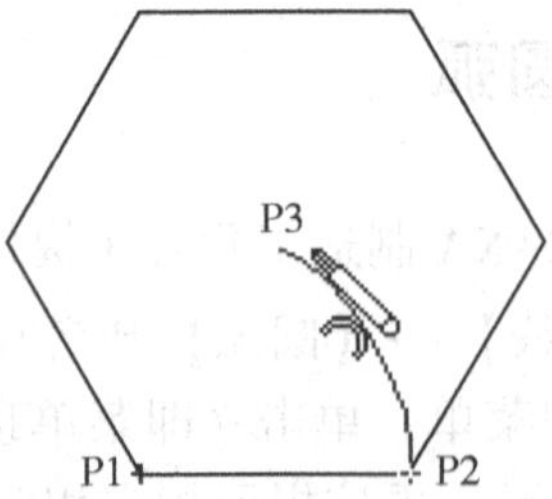

图 4-4　圆心_起点_圆心角

4. 圆心_半径_起终角

选择“圆心_半径_起终角”方式绘制圆弧，可以在立即菜单上输入半径、起始角和终止角的值，如图 4-5 所示，然后拾取圆心点即生成圆弧，如图 4-6 所示。

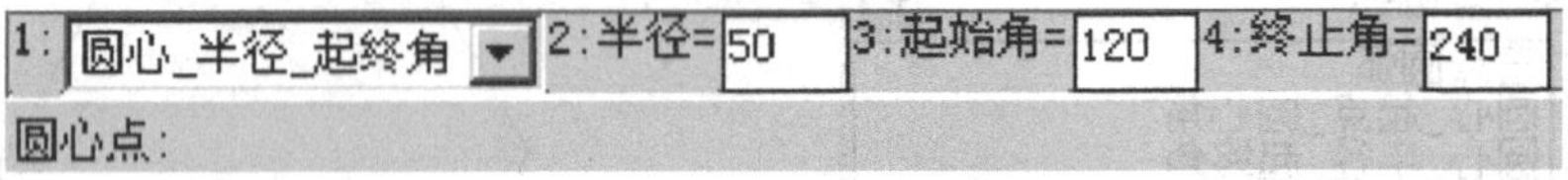

图 4-5　圆心_半径_起终角选项

5. 起点_终点_圆心角

选择“起点_终点_圆心角”方式绘制圆弧，输入圆心角的值，再拾取起点与终点，生成圆弧。图 4-7 所示为圆心角为 90°的圆弧。

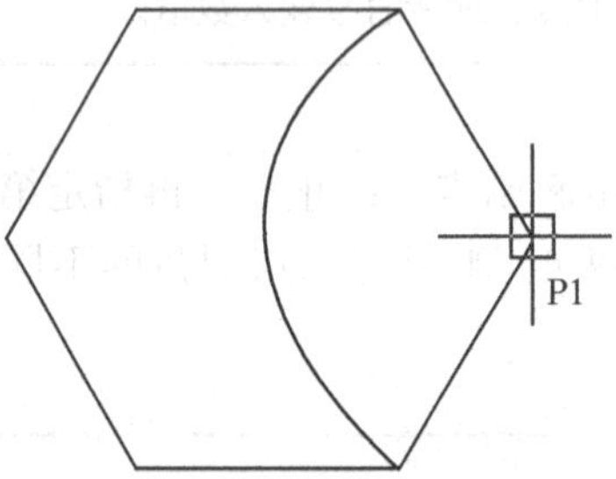

图 4-6　圆心_半径_起终角

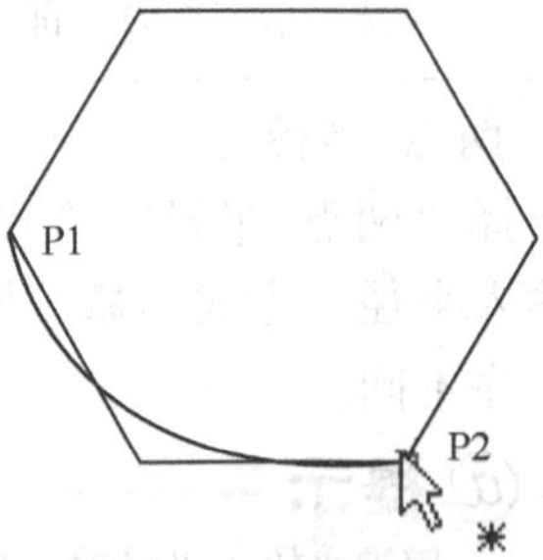

图 4-7　起点_终点_圆心角

6. 起点_半径_起终角

选择“起点_半径_起终角”方式绘制圆弧，在立即菜单上输入半径、起始角和终止角的值，如图 4-8 所示。再拾取一点为起点，即生成圆弧，如图 4-9 所示。

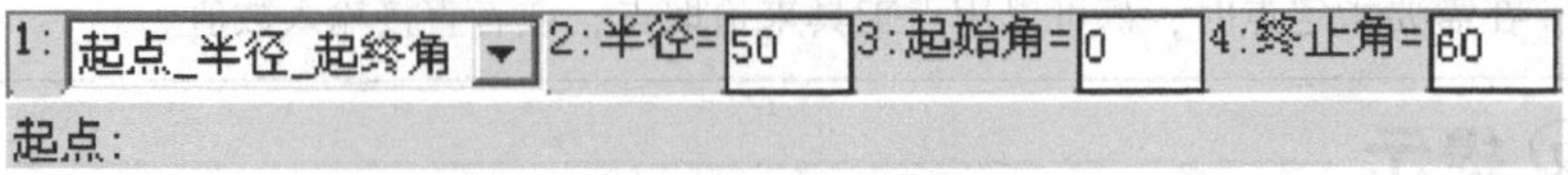

图 4-8　起点_半径_起终角选项

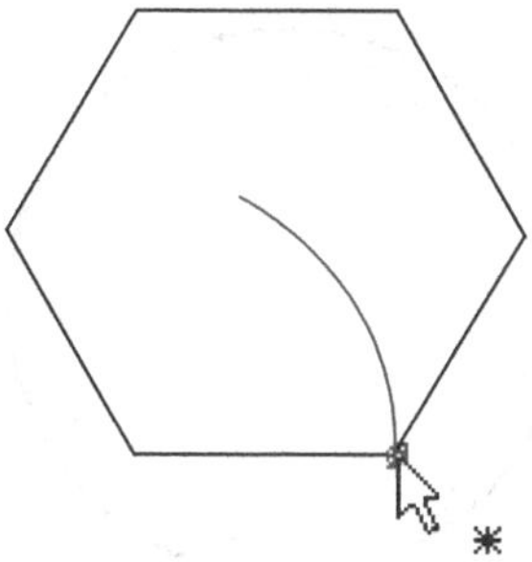

图 4-9　起点_半径_起终角

4.2　圆

在 CAXA 制造工程师中提供了 4 种圆绘制方式。在菜单上选择【绘制】→【基本曲线】→【圆】或者在基本曲线工具条上选择【圆】图标。系统将出现立即菜单，单击立即菜单选项 1，从下拉选项中选择圆绘制方式，如图 4-10 所示。再指定相关参数，并选择点或者其他图素，完成圆的绘制。

图 4-10　圆绘制方式

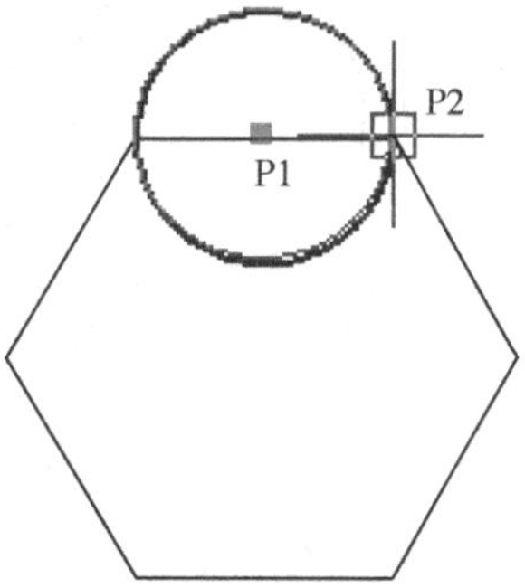

图 4-11　圆心_半径

1. 圆心_半径

指定圆心点，再指定圆上一点，生成圆，如图 4-11 所示。

也可以在指定圆心后输入半径值或者直径值来生成圆。

2. 两点

指定第一点，第二点，生成一个以两点连线为直径的圆，如图 4-12 所示。

3. 三点

指定第一点、第二点、第三点，生成一个通过这 3 个点的圆，如图 4-13 所示。

4. 两点_半径

给出第一点、第二点，再指定第三点为圆上一点或输入半径值生成圆，如图 4-14 所示。与“三点”不同的是，可以输入半径值。

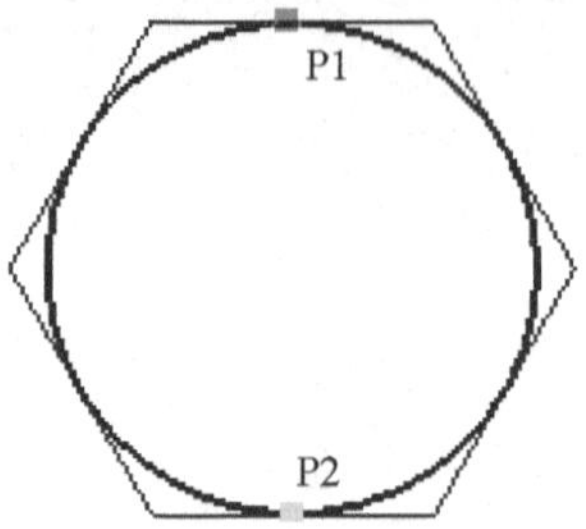

图 4-12　两点

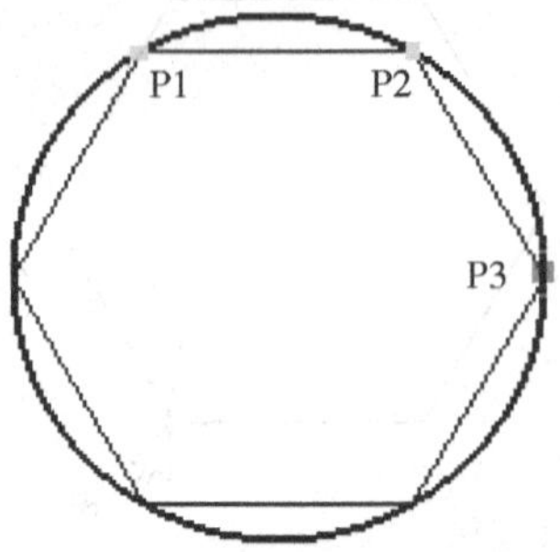

图 4-13　三点

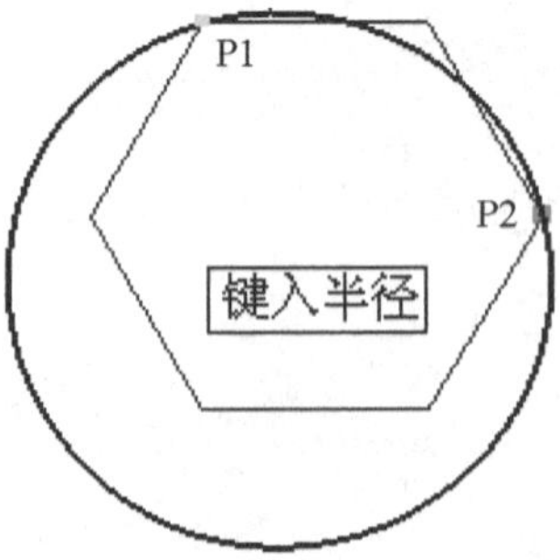

图 4-14　两点_半径

4.3　圆弧绘制示例

完成如图 4-15 所示图形的绘制。该图形由多段圆弧和一个圆所组成，所有的圆弧半径均为 R50mm，圆直径为 ϕ50mm。使用不同的圆弧绘制方式进行绘制。

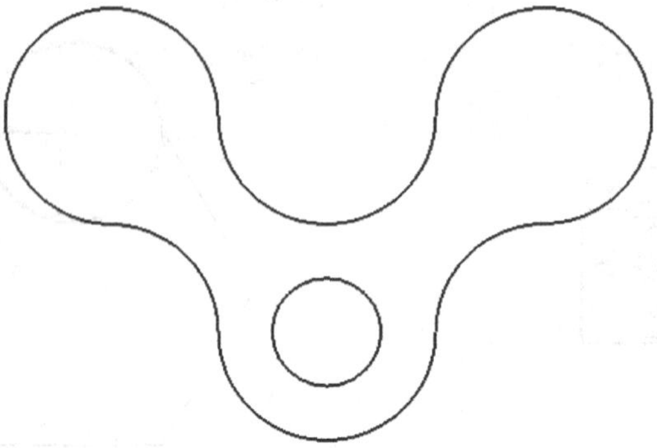

图 4-15　示例

步骤 1　启动 CAXA 线切割

在桌面上双击 CAXA 线切割的快捷方式图标，启动 CAXA 线切割。

步骤 2　绘制直线

单击主菜单的【绘制】→【基本曲线】→【直线】指令，或在基本曲线工具条上选择“直线”按钮。在底部出现直线绘制的立即菜单。

在立即菜单上更改第 1 个选项为“两点线”，再设置选项如图 4-16 所示。

图 4-16　直线选项设置

在屏幕上指定任意一点，再移动光标到右侧，生成一条水平直线，如图 4-17 所示；再依次在上方指定一点，左侧指定一点，下方指定一点完成一个矩形的 4 条边线绘制，如图 4-18 所示。单击鼠标右键退出。

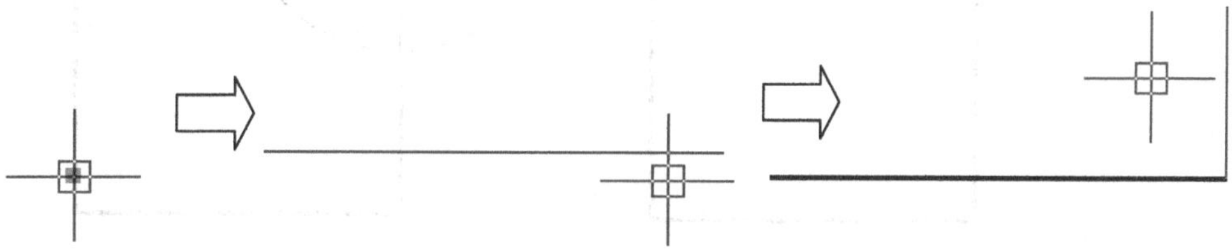

图 4-17　绘制水平线

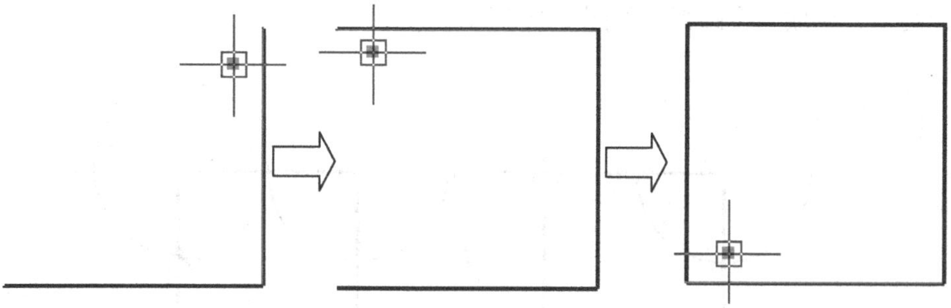

图 4-18　绘制直线

步骤 3　选择圆弧指令

单击主菜单的【绘制】→【基本曲线】→【圆弧】指令。在底部出现圆弧绘制的立即菜单。

步骤 4　圆心_半径_起终角绘制圆弧

单击立即菜单的选项 1，选择“圆心_半径_起终角”，并设置选项，如图 4-19 所示。

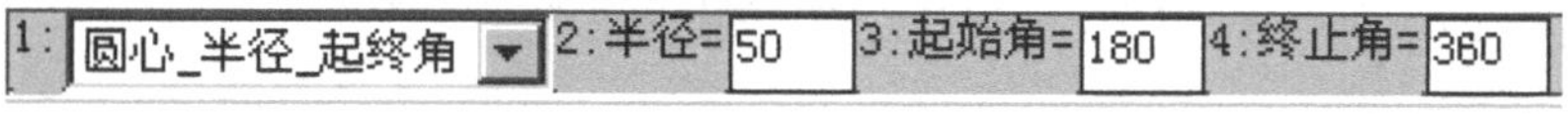

图 4-19　圆心_半径_起终角选项

拾取矩形的左上角点为圆心，生成一个圆弧，如图 4-20 所示。

步骤 5　圆心_起点_圆心角绘制部分圆弧

单击立即菜单的选项 1，选择“圆心_起点_圆心角”，立即菜单没有其他选项需要设置。

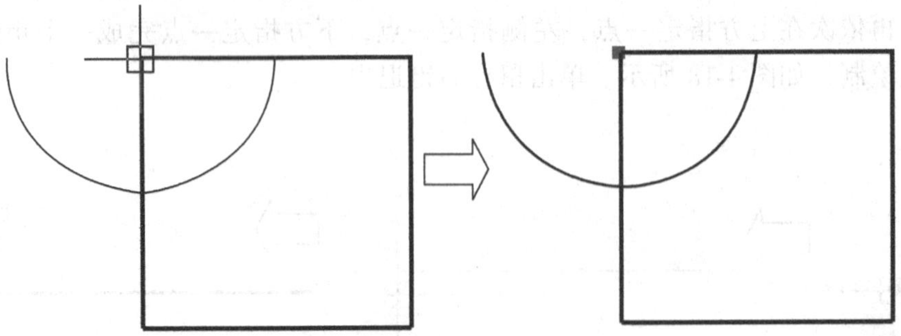

图 4-20　圆心_半径_起终角绘制圆弧

拾取矩形的右上角点为圆心，拾取右侧直线中点为起点，拾取圆弧的右侧端点为终点，生成一个圆弧，如图 4-21 所示。

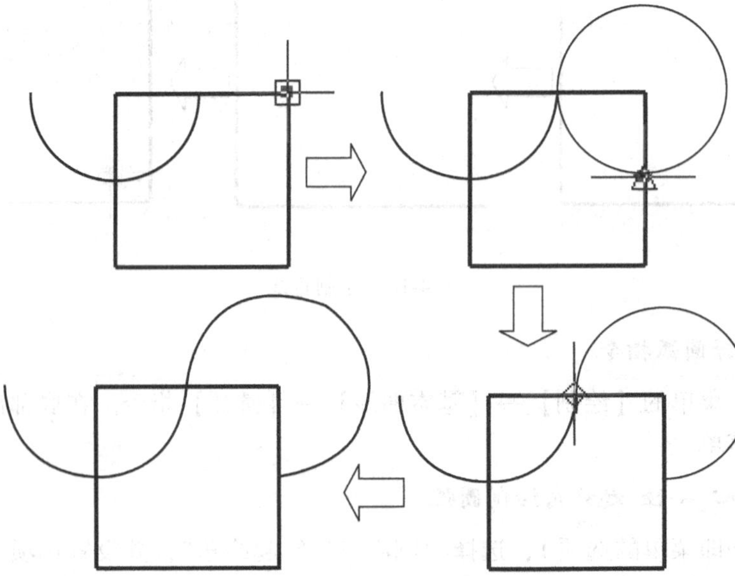

图 4-21　圆心_起点_圆心角绘制部分圆弧

@ 关键

选择起点与终点的顺序不能更换，一定要先选择下面的点。

步骤 6　两点_半径绘制圆弧

单击立即菜单的选项 1，选择“两点_半径”。

拾取刚绘制的圆弧端点为起点，再拾取底边中点为终点，移动光标成劣弧时用键盘输入半径值为“50”，生成一个圆弧，如图 4-22 所示。

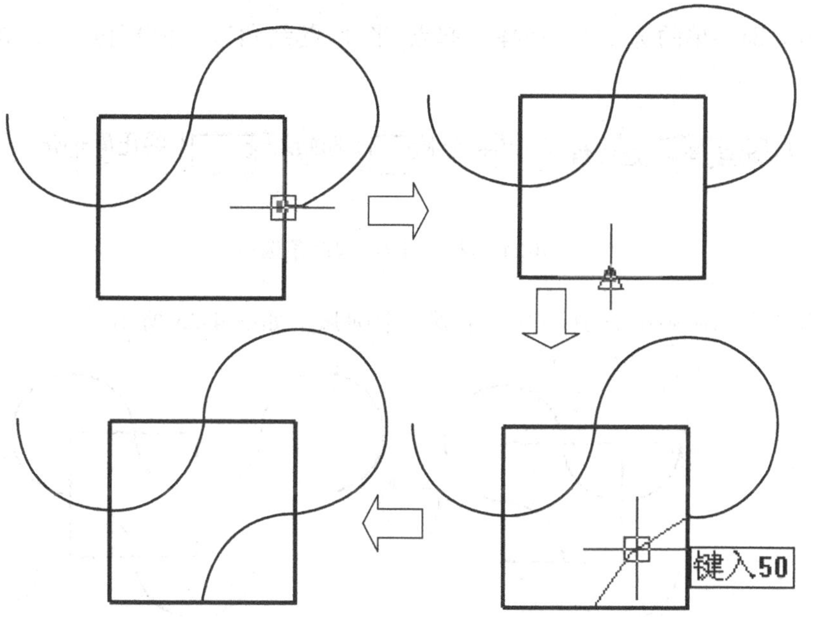

图 4-22　两点_半径绘制圆弧

@ 关键

键入半径值前，应该先将光标移动到圆弧大概的位置。

步骤 7　圆心_起点_圆心角绘制圆弧

单击立即菜单的选项 1，选择“圆心_起点_圆心角”。

拾取矩形的左下角点为圆心，拾取底部直线中点为起点，用键盘输入角度为“－180”，生成一个圆弧，如图 4-23 所示。

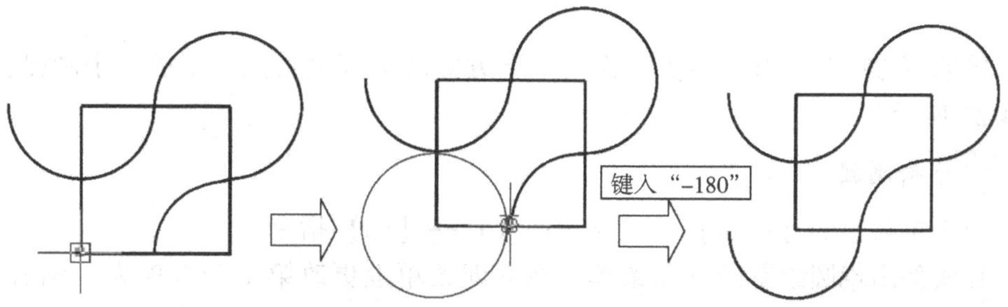

图 4-23　圆心_起点_圆心角绘制圆弧

@ 关键

圆心角可以输入负值，以顺时针方向生成圆弧。

步骤 8 起点_半径_起终角绘制圆弧

单击立即菜单的选项 1，选择“起点_半径_起终角”，并设置选项，如图 4-24 所示。

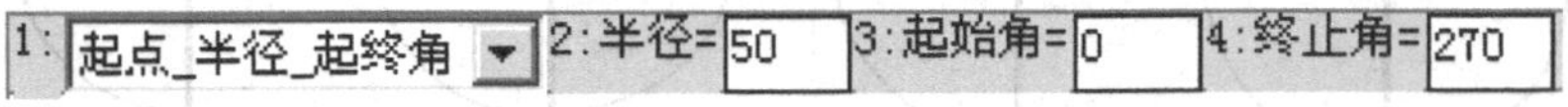

图 4-24 起点_半径_起终角选项

拾取左上角圆弧的开放端点，生成一个圆弧，如图 4-25 所示。

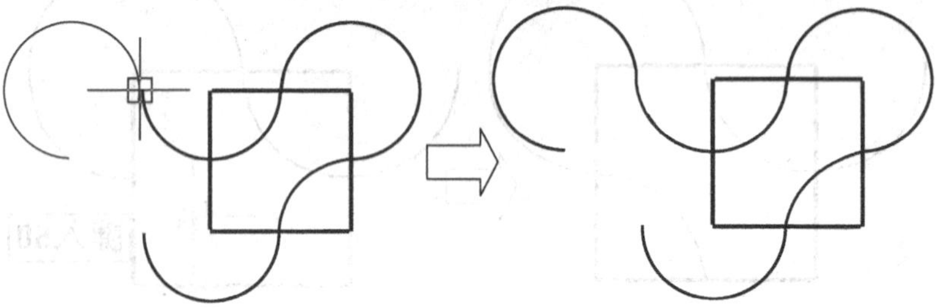

图 4-25 起点_半径_起终角绘制圆弧

步骤 9 起点_终点_圆心角绘制圆弧

单击立即菜单的选项 1，选择“起点_终点_圆心角”，并设置选项如图 4-26 所示。

图 4-26 起点_终点_圆心角选项

拾取下方圆弧的开放端点，再拾取上方圆弧的开放端点，生成一个圆弧，如图 4-27 所示。

步骤 10 绘制圆

单击主菜单的【绘制】→【基本曲线】→【圆】指令。

在底部出现圆绘制的立即菜单。在立即菜单上更改第 1 个选项为“圆心_半径”。拾取矩形的左下角点为圆心，用键盘输入半径为“25”，生成一个圆，如图 4-28 所示。

步骤 11 删除直线

单击常用工具栏上的【删除】图标，移动光标拾取 4 条直线，如图 4-29 所示。单击鼠标右键进行删除，删除直线后如图 4-30 所示。

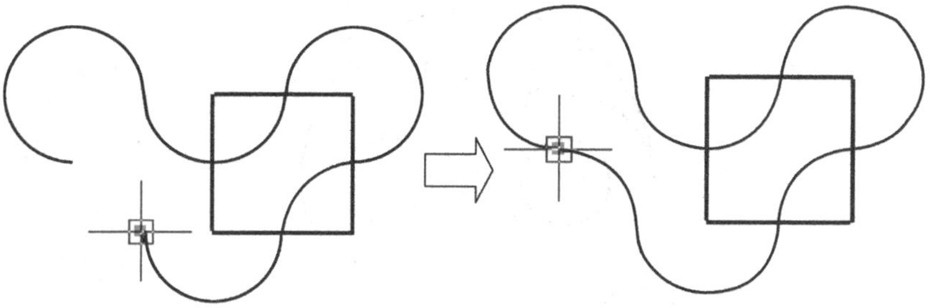

图 4-27　起点_终点_圆心角绘制圆弧

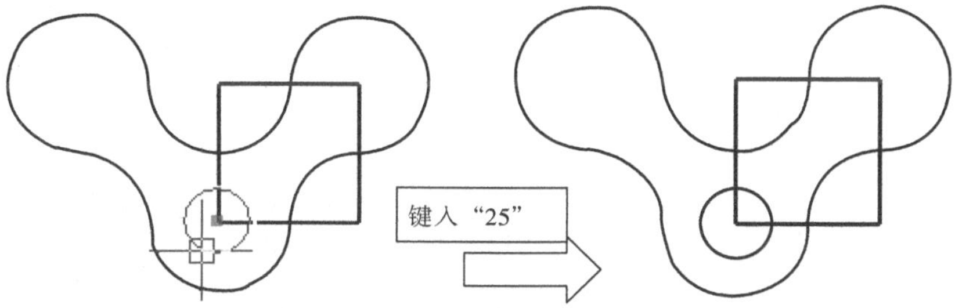

图 4-28　绘制圆

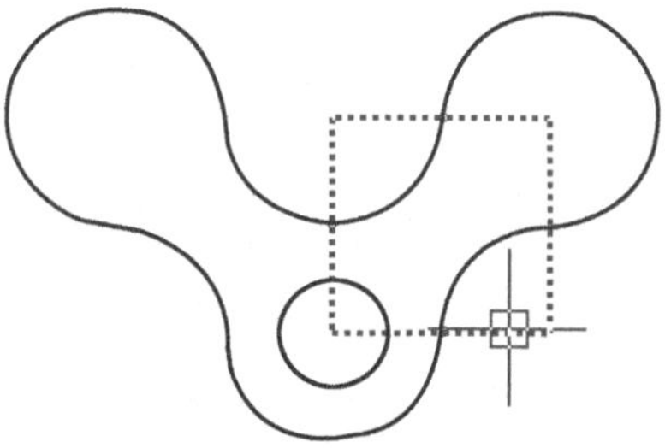

图 4-29　拾取直线

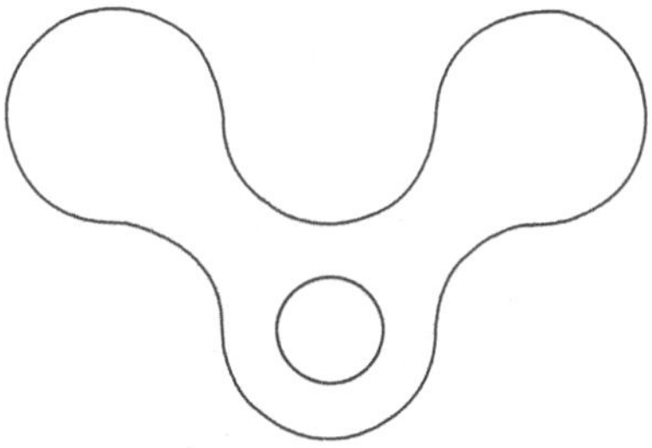

图 4-30　删除直线

步骤 12　保存文件

单击工具栏上的【保存】图标，输入文件名为“T4”，单击“保存”按钮保存文件。

复习与练习

完成如图 4-31 所示图形的绘制。

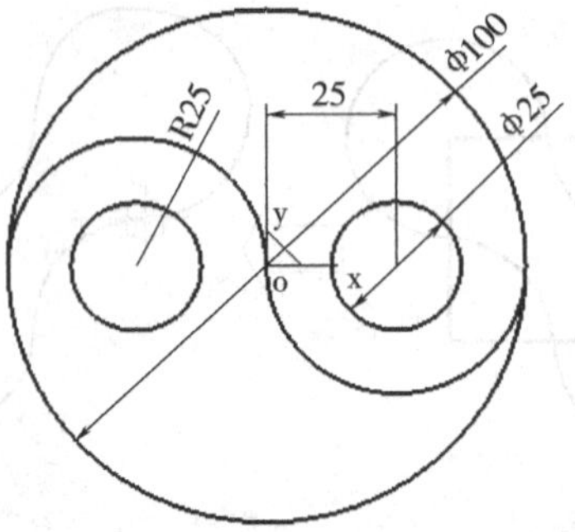

图 4-31　练习题

第5讲 曲线编辑

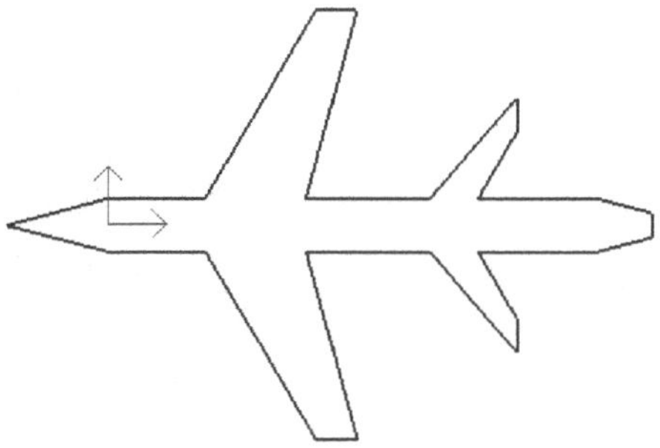

本讲要点

- ➢ 曲线裁剪
- ➢ 齐边的应用
- ➢ 拉伸的应用
- ➢ 曲线打断

为提高作图效率以及删除在作图过程中产生的多余线段，CAXA提供了曲线编辑功能。本讲将介绍曲线裁剪、齐边、拉伸与打断的应用。

5.1　曲线裁剪

曲线编辑是有关曲线的常用编辑命令及操作方法。它是交互式绘图软件不可缺少的基本功能，对于提高绘图速度及质量都具有至关重要的作用。

曲线裁剪是最常用的编辑工具，利用一个或多个曲线对给定曲线进行修整，删除不需要的部分，得到新的曲线。曲线裁剪共有 3 种方式：快速裁剪、拾取边界、批量裁剪。

单击主菜单【绘制】→【曲线编辑】→【曲线裁剪】，或直接单击按钮，再在立即菜单上选择裁剪类型。

1. 快速裁剪

快速裁剪功能由系统自动判断曲线的最近交点，将交点间的部分进行裁剪。选择快速裁剪功能后，拾取被裁剪线段，则选取部分将被裁剪，如图 5-1 所示。

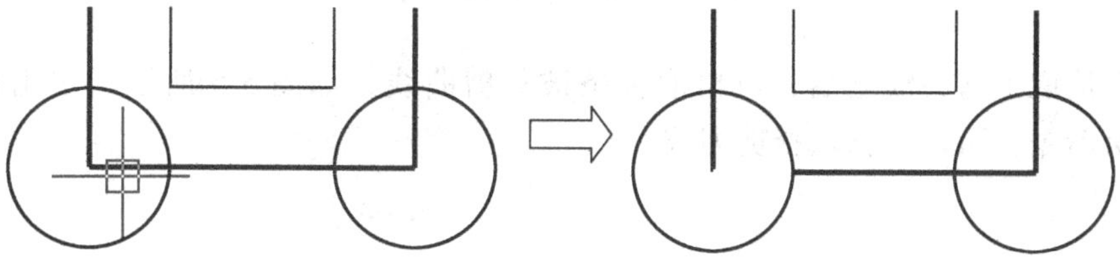

图 5-1　快速裁剪

快速裁剪在线切割编程的图形设计中是非常常用的，可以应用于曲线与两条线段相交的中间部分切除，如图 5-2 所示。不过要注意，如果有多个交点，必须依次拾取裁剪段，否则会将曲线分成两段，如图 5-3 所示。

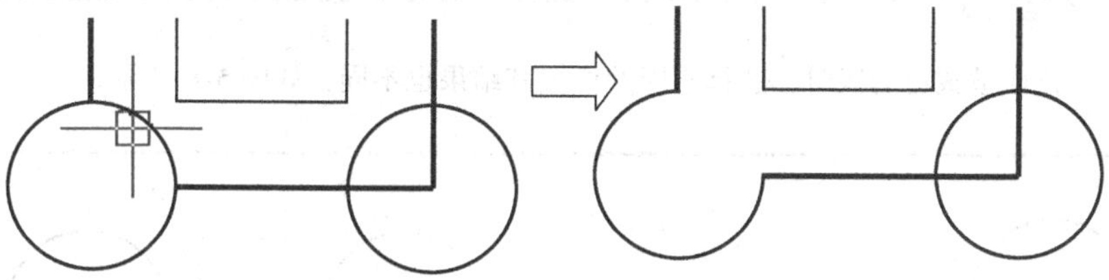

图 5-2　双交点裁剪

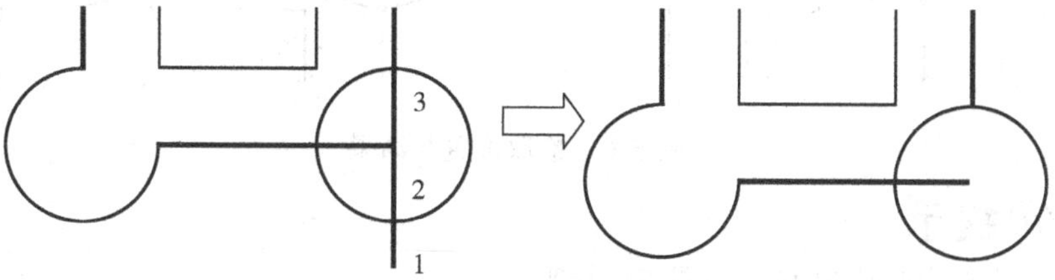

图 5-3　多交点线的裁剪

@提示

对于没有交点的曲线，快速裁剪不起作用。

2. 拾取边界

选择曲线作为剪刀，对其他曲线进行裁剪。

选择拾取边界功能后，首先拾取一条或者多条线为剪刀线（裁剪边界），单击鼠标右键完成剪刀线的选择。再拾取要裁剪的曲线进行裁剪，拾取的曲线段至边界部分被裁剪，而边界另一侧的部分被保留，如图 5-4 所示。

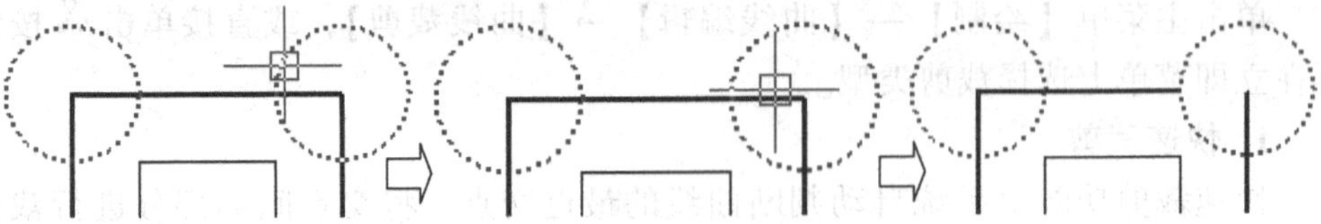

图 5-4　拾取裁剪边界曲线

在拾取了剪刀线之后，可拾取多条被裁剪曲线，如图 5-5 所示。单击鼠标右键结束命令，可以重新选择剪刀线。

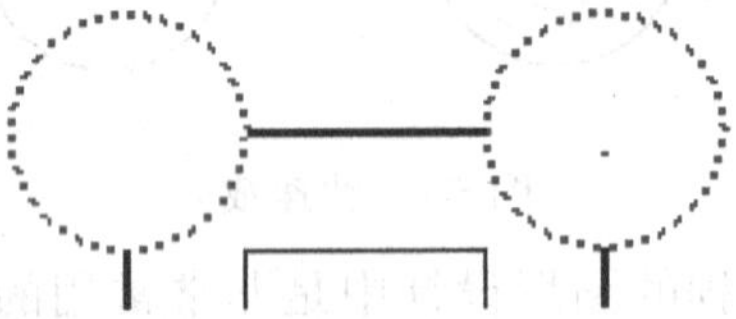

图 5-5　拾取多条裁剪曲线

@警告

拾取被裁剪的线时，选择不同的位置其结果也不同，如图 5-6 所示。

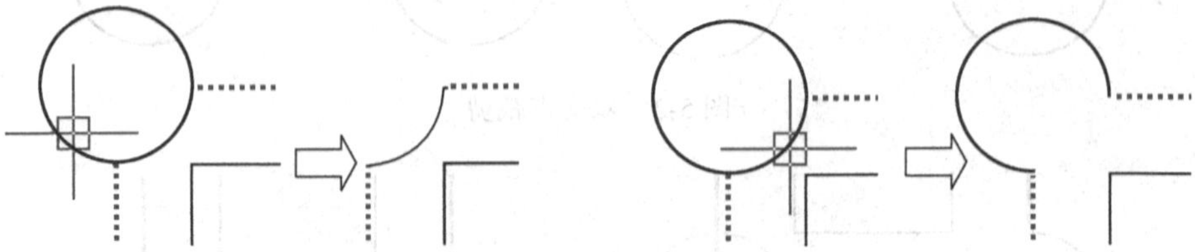

图 5-6　拾取位置与结果

@提示

选择为剪刀线的曲线也可以被修剪。

3. 批量裁剪

拾取一条串连曲线作为剪刀线，对被裁剪曲线按指定方向进行裁剪。

选择“批量裁剪”功能，拾取一条曲线，系统将自动串连选择相串接的曲线并高亮显示。拾取被裁剪的线，选择完成后单击鼠标右键完成。指定裁剪方向，则在指定方向同一侧边的曲线段将被裁剪，如图 5-7 所示。

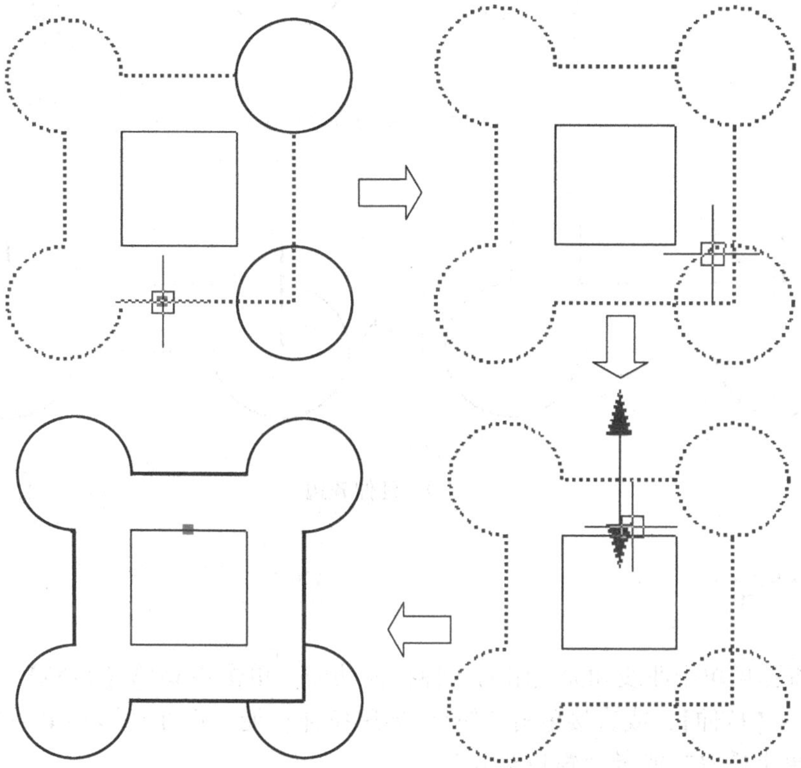

图 5-7　批量裁剪

> **@警告**
>
> 指定的侧边是按边界的串连方向的左右来判断的。

5.2　齐边

齐边是以一条曲线为边界对一系列曲线进行裁剪或延伸。它既可以延伸曲线，也可以裁剪曲线。单击主菜单【绘制】→【曲线编辑】→【齐边】，或直接单击按钮调用齐边功能。

根据屏幕提示用鼠标选取一条曲线作为边界，然后选取一系列曲线进行编辑修改。如果选取的曲线与边界曲线有交点，即系统将裁剪所拾取的曲线至边界位置，如图 5-8 所示。如果拾取的曲线与边界曲线没有交点，那么，系统将把曲线延伸至边界，如图 5-9 所示。

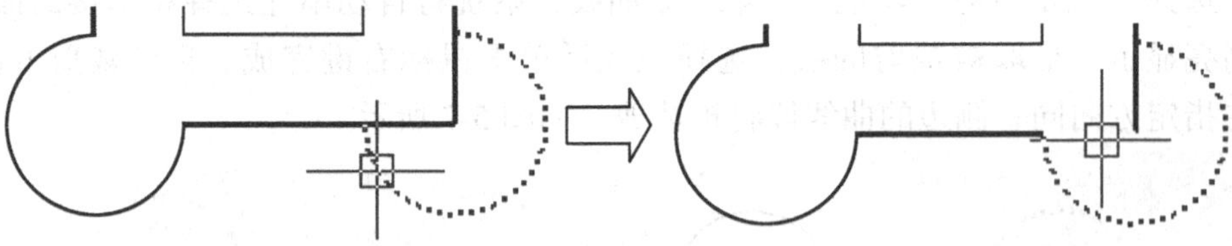

图 5-8　裁剪齐边

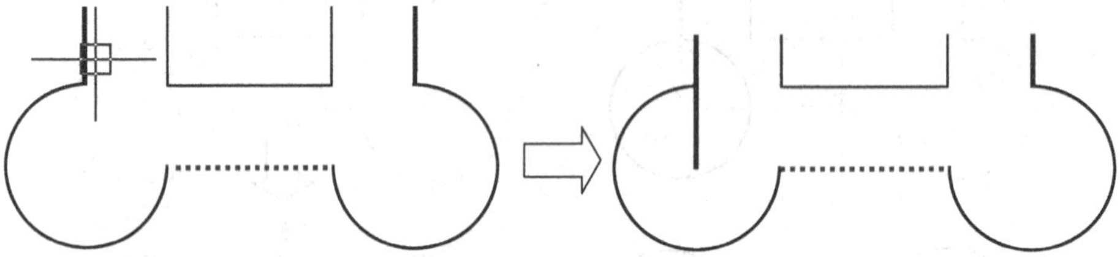

图 5-9　延伸齐边

5.3　拉伸

系统提供单个曲线和曲线组的 2 种拉伸功能。单击主菜单【绘制】→【曲线编辑】→【拉伸】，或直接单击按钮 调用拉伸功能，再在立即菜单的选项 1 上选择“单个拾取”或者“窗口拾取”。

1. 单个拾取

单个拾取时可以用鼠标拾取直线、圆、圆弧或样条进行拉伸。

当拾取了直线时，立即菜单将显示 3 个选项，如图 5-10 所示。

图 5-10　直线拉伸立即菜单

选项 2 提供了两种拉伸方式：“轴向拉伸”和“任意拉伸”。

轴向拉伸即保持直线的方向不变，改变靠近拾取点的直线端点的位置，如图 5-11 所示。轴向拉伸又分点方式和长度方式。选择点方式时，拉伸后的端点位置是鼠标位置在直线方向上的垂足；选择长度方式时需要输入拉伸长度，直线将延伸指定的长度；如果输入的是负值，直线将反向延伸。

任意拉伸时，靠近拾取点的直线端点位置完全由鼠标决定，不受原直线的任何约束，如图 5-12 所示。

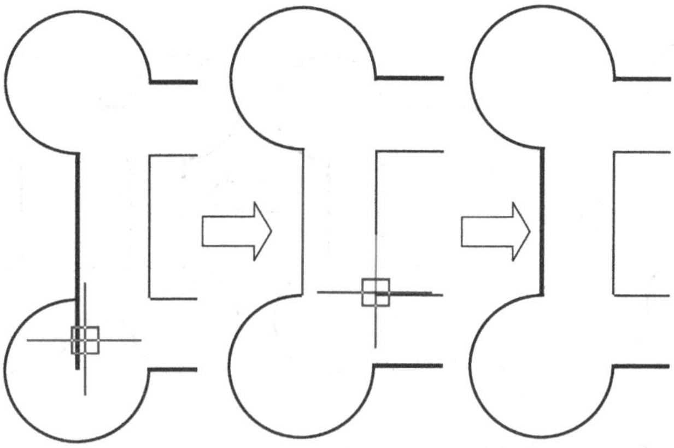

图 5-11　轴向拉伸

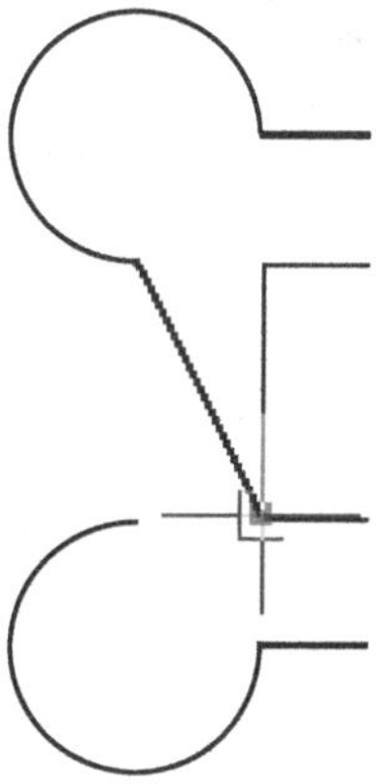

图 5-12　任意拉伸

当拾取了圆时，可以在保持圆心不变的情况下改变圆的半径。

当拾取了圆弧时，可以用选项 2 切换选择拉伸弧长或拉伸半径，分别如图 5-13与图 5-14 所示。

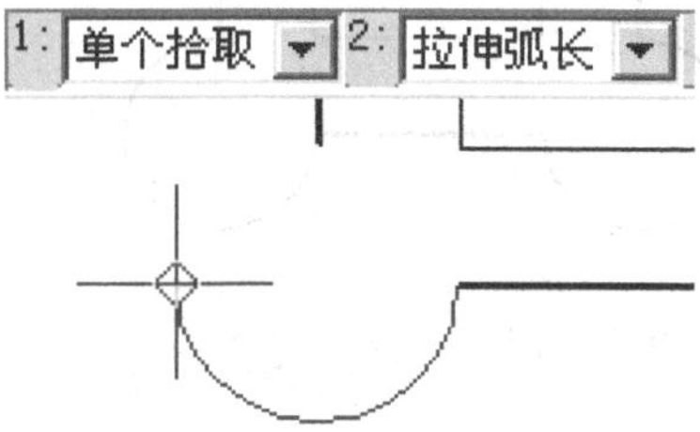

图 5-13　拉伸弧长

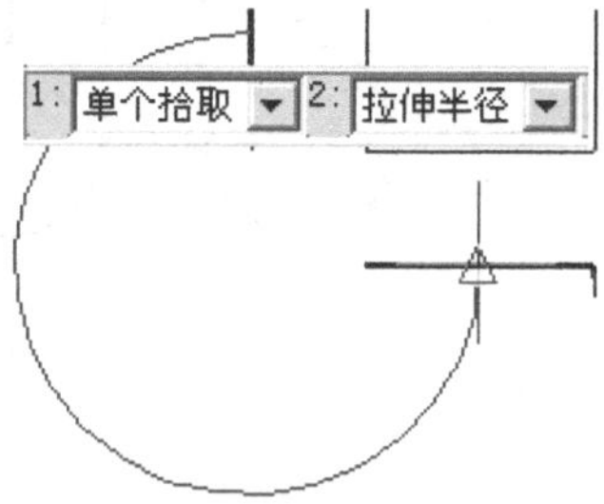

图 5-14　拉伸半径

@提示

拾取一个图素，再拖动图素上的控制点，也可以实现拉伸。

2. 窗口拾取

移动窗口内图形的指定部分。可以用“给定偏移”或“给定两点”来对窗选的图素进行拉伸。

如果选择“给定两点”，那么用鼠标进行窗口选取后，可以给出起始点与目标，系统根据这两个点的位置关系自动计算图形的偏移，如图 5-15 所示。

如果选择“给定偏移”，那么用鼠标进行窗口选取后，可以给出移动图形在 X 和 Y 方向上的偏移量，如图 5-16 所示。

@警告

窗口拾取一般要从右往左拖拉窗口，将与窗口相交的图素选中。

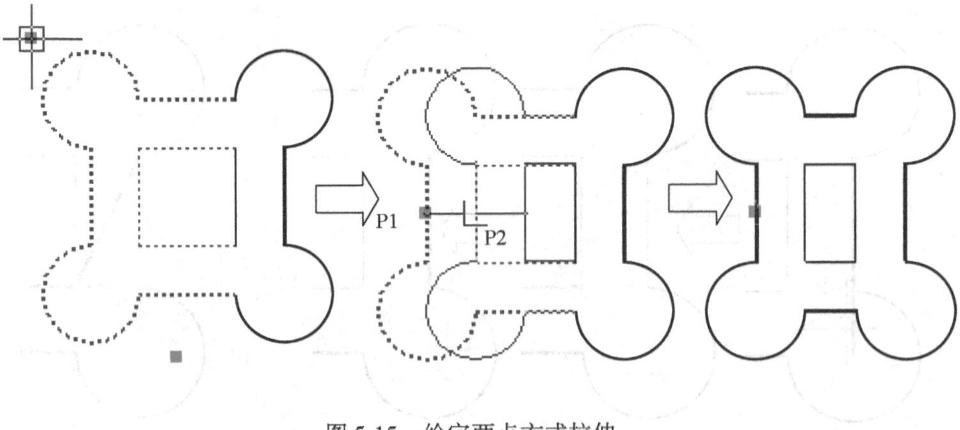

图 5-15　给定两点方式拉伸

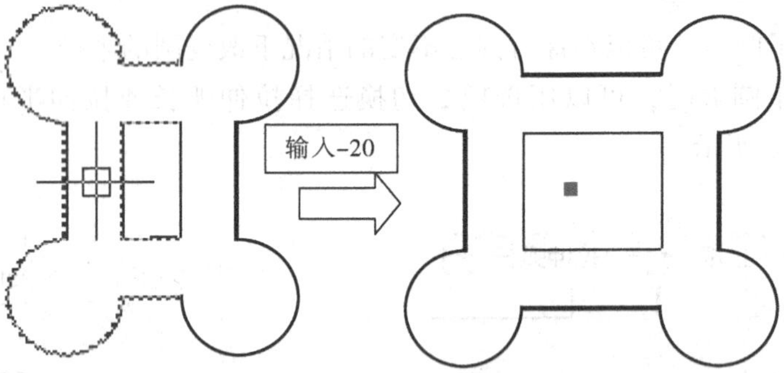

图 5-16　给定偏移方式拉伸

5.4　曲线打断

曲线打断用于把拾取到的一条曲线在指定点处打断，形成两条曲线。

单击主菜单【绘制】→【曲线编辑】→【打断】，或直接在工具条上单击【打断】按钮。

拾取要打断的曲线，再拾取打断点，曲线在离指定点最近位置打断，成为两条曲线，如图 5-17 所示。

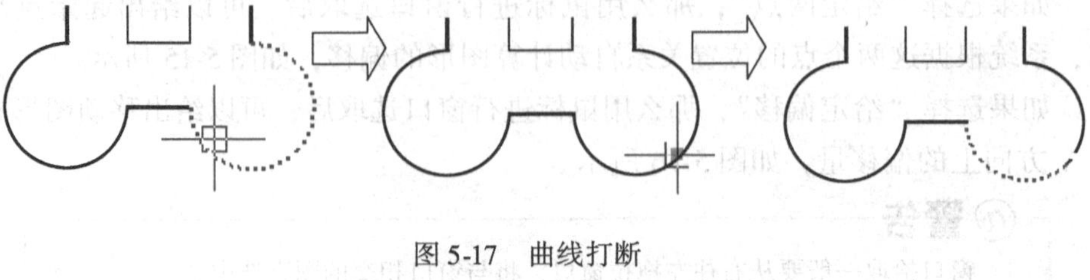

图 5-17　曲线打断

5.5　曲线编辑应用示例

完成如图 5-18 所示图形的绘制。对于该图形，先绘制基本曲线，再进行曲线裁剪、齐边、打断和拉伸等操作。

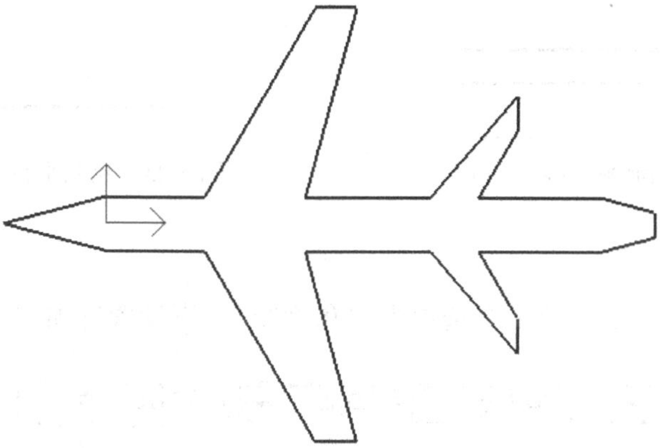

图 5-18　示例

步骤 1　启动 CAXA 线切割

在桌面上双击 CAXA 线切割的快捷方式图标，启动 CAXA 线切割。

步骤 2　绘制水平线

单击主菜单的【绘制】→【基本曲线】→【直线】指令。在底部出现直线绘制的立即菜单。

在立即菜单上更改第 1 个选项为“两点线”，再设置选项如图 5-19 所示。拾取原点，再移动光标到右侧指定一点，绘制一条长度为 90mm 的水平线，如图5-20所示。

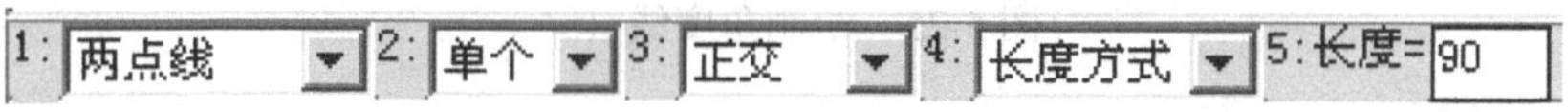

图 5-19　直线选项设置

步骤 3　绘制平行线

在立即菜单上更改第 1 个选项为“平行线”，再设置选项如图 5-21 所示。拾取水平线，并输入偏移值“5”，生成一组平行线，如图 5-22 所示，再输入“40”，又生成一组平行线，如图 5-23 所示。

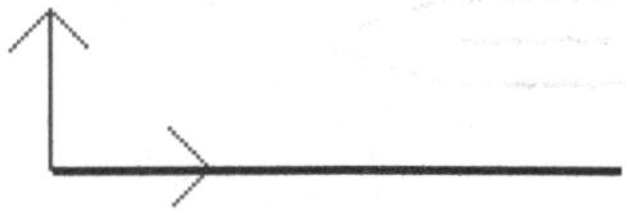

图 5-20　绘制水平线

图 5-21　设置平行线选项

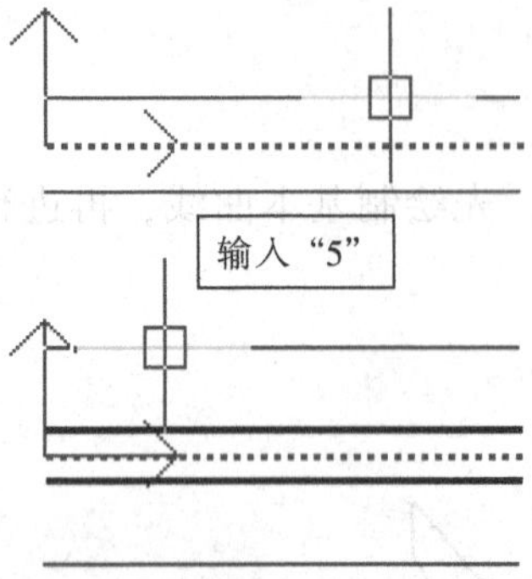

图 5-22　绘制平行线（一）

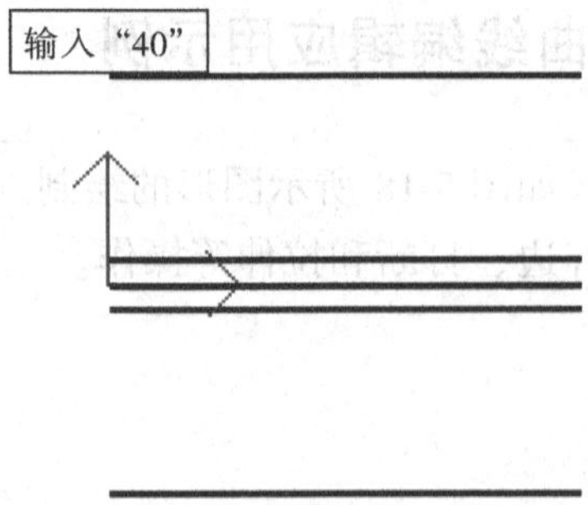

图 5-23　绘制平行线（二）

步骤 4　绘制角度线

在立即菜单上更改第 1 个选项为“角度线”，再设置选项如图 5-24 所示。

图 5-24　设置角度线选项

拾取 5mm 上方平行线的左端点，移动光标到左下方指定一点绘制直线，如图 5-25 所示。再拾取 5mm 下方平行线的右端点，向右上方倾斜生成直线，如图 5-26 所示。

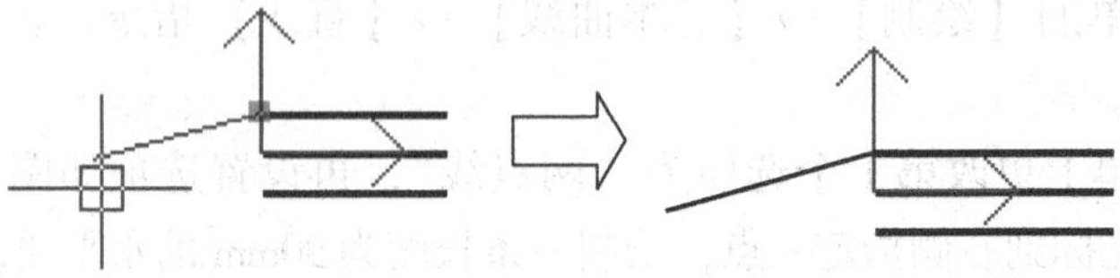

图 5-25　绘制角度线（一）

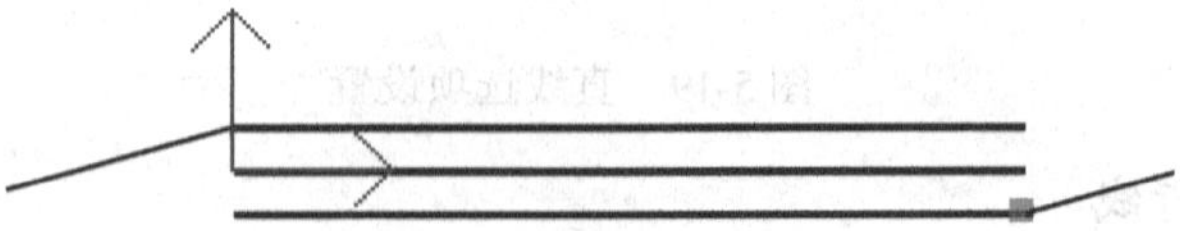

图 5-26　绘制角度线（二）

更改角度值为“－15”，分别拾取平行线的端点绘制直线，如图 5-27 所示。

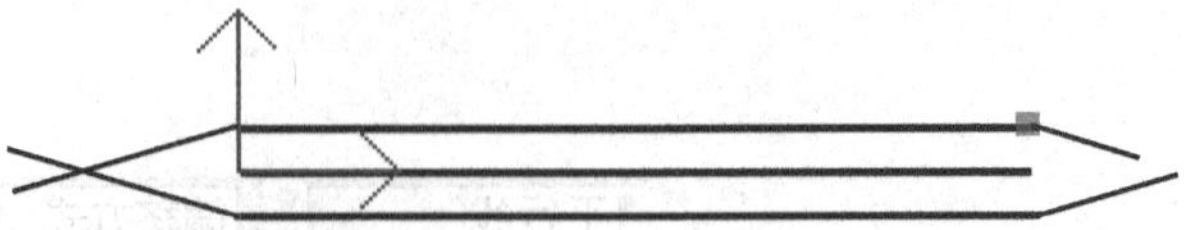

图 5-27　绘制－15°线

步骤5　绘制两点线

在立即菜单上更改第1个选项为“两点线”，并设置为“正交”，拾取平行线的右端点绘制直线，如图5-28所示。

步骤6　绘制平行线

在立即菜单上更改第1个选项为“平行线”，再更改选项3“双向”为“单向”。拾取两点线，并输入偏移值“10”，生成一条平行线，再输入“－15”，生成另一条平行线，如图5-29所示。

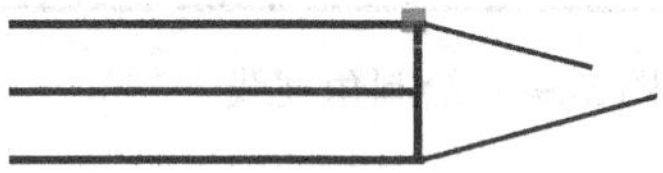

图5-28　绘制两点线

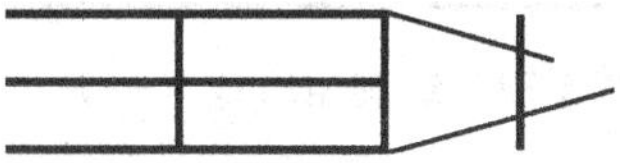

图5-29　绘制平行线

步骤7　快速裁剪

单击主菜单【绘制】→【曲线编辑】→【裁剪】，在立即菜单上选择类型为“快速裁剪”，拾取左端两条角度线交点以外的部分，将其裁剪，如图5-30所示。再拾取右端部分各个开放端点附近进行裁剪，如图5-31所示。

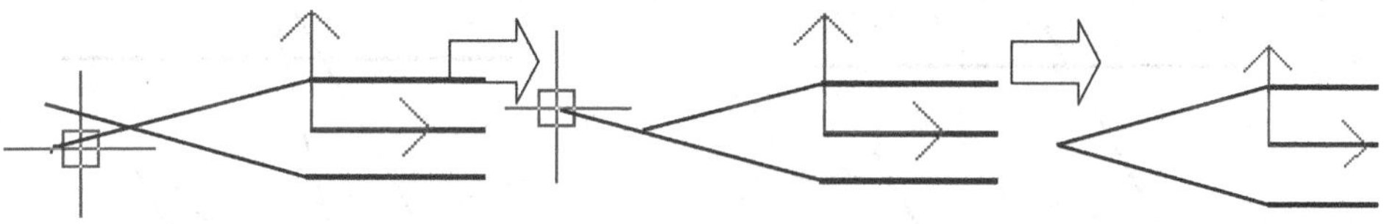

图5-30　快速裁剪左端部

图5-31　快速裁剪右端部

步骤8　绘制角度线

单击主菜单的【绘制】→【基本曲线】→【直线】指令。在立即菜单上更改第1个选项为“角度线”，再设置选项，如图5-32所示。

图5-32　设置角度线选项

用键盘输入坐标“15，0”，再移动光标到 40mm 的平行线上方指定一点绘制直线，如图 5-33 所示。再用键盘输入坐标“65，0”，在右上方指定一点绘制直线，如图 5-34 所示。

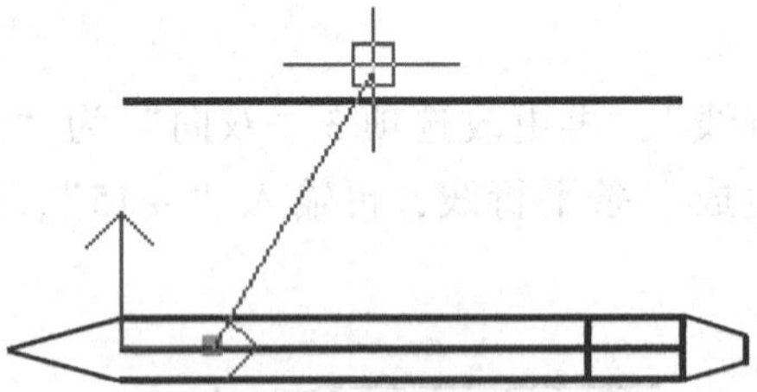

图 5-33　绘制角度线（一）

图 5-34　绘制角度线（二）

在立即菜单上更改第 4 个选项角度为“－60”，以前面两条直线的起点为直线起点，向右下方绘制角度线，如图 5-35 所示。

指定角度为“75”，输入坐标“35，0”，向右上方绘制角度直线；指定角度为“－75”，拾取前面直线的起点向右下方绘制角度直线。指定角度为“50”、“－50”，输入坐标为“55，0”，分别向右上与右下绘制直线，如图 5-36 所示。

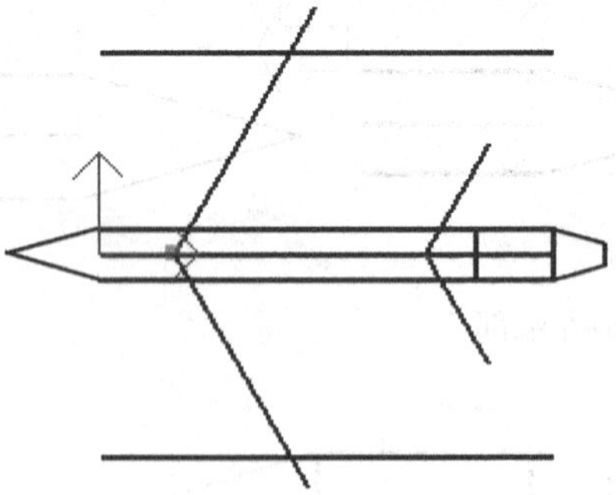

图 5-35　绘制－60°线

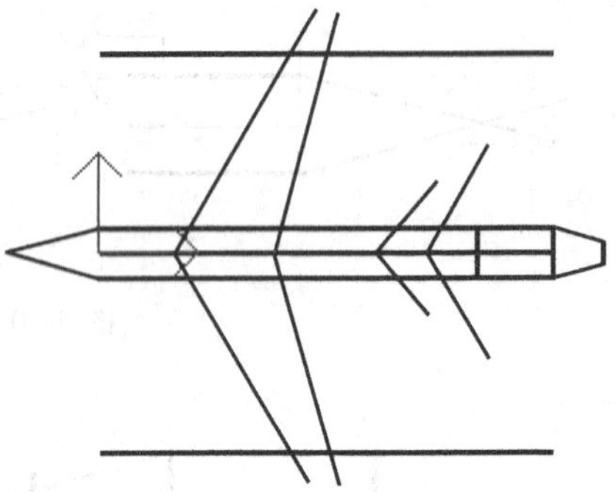

图 5-36　绘制角度线（三）

步骤 9　批量裁剪

单击主菜单【绘制】→【曲线编辑】→【裁剪】，在立即菜单上选择类型为“批量裁剪”，拾取中间平行线并串连选择主体部分，再拾取 8 条角度线，拾取完成后单击鼠标右键，再选择指向内部为裁剪侧进行裁剪，如图 5-37 所示。

步骤 10　拾取边界裁剪

在裁剪立即菜单上选择类型为“拾取边界”，拾取长度较大的 4 条角度线为剪刀线，单击鼠标右键完成。再拾取图中指定点进行曲线的裁剪，如图 5-38 所示。

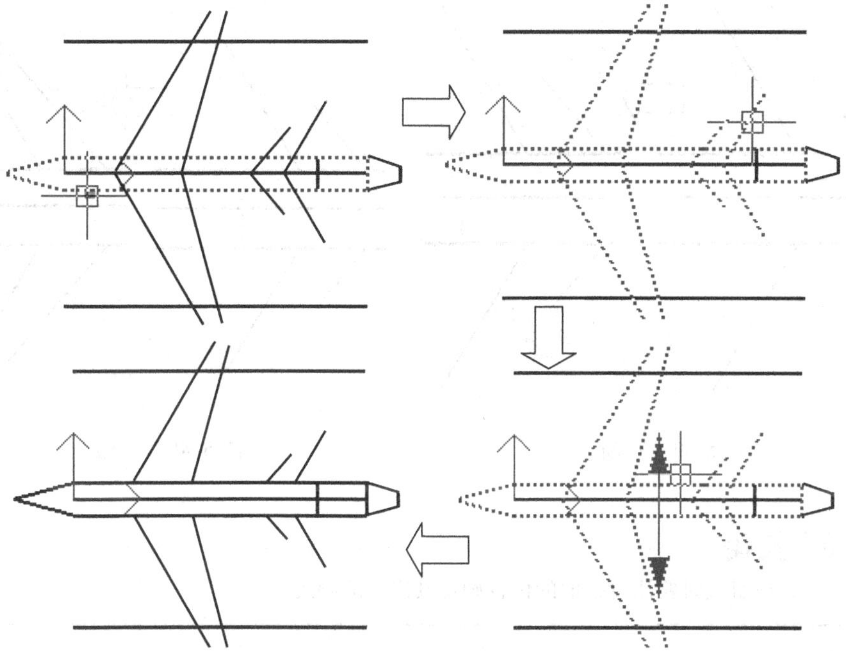

图 5-37 批量裁剪

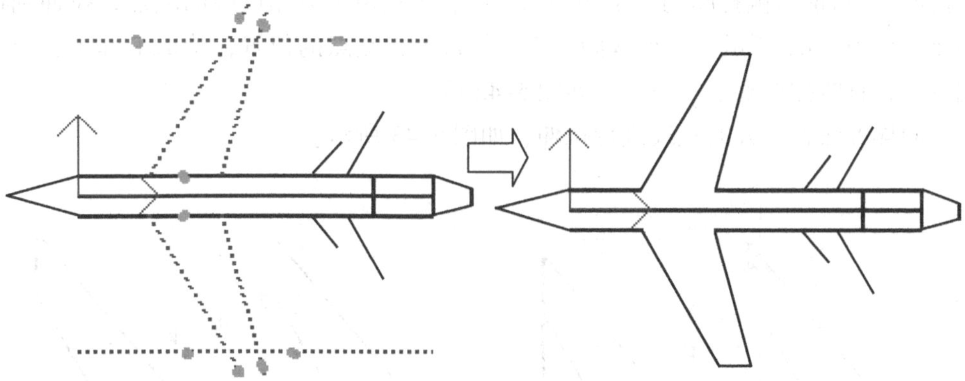

图 5-38 拾取边界裁剪

步骤 11 打断

单击主菜单【绘制】→【曲线编辑】→【打断】，拾取右侧的平行线，再拾取交点将其打断，如图 5-39 所示。

步骤 12 齐边

单击主菜单【绘制】→【曲线编辑】→【齐边】，拾取右侧打断的直线，再按图中提示点进行依次拾取，拾取的线条将被裁剪或者延伸到交点位置，如图 5-40所示。

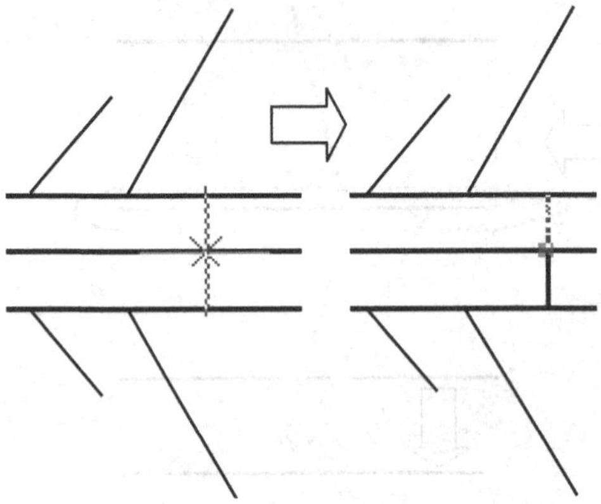

图 5-39　打断

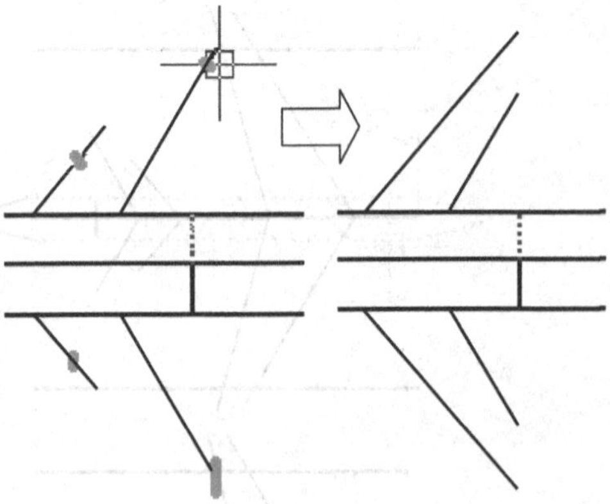

图 5-40　齐边

@ 关键

拾取直线时要注意拾取的位置确定其修剪的侧边。

步骤 13　拉伸

单击主菜单【绘制】→【曲线编辑】→【拉伸】，确定立即菜单选项为“单个拾取”，拾取右侧打断的上半部分的直线，再拾取上方角度线的端点，拉伸到这一点，如图 5-41 所示。再拾取同一直线靠近下方端点的位置，拾取上部短直线的端点，将直线拉伸到这一位置，如图 5-42 所示。

同样方法将下方的直线进行拉伸，如图 5-43 所示。

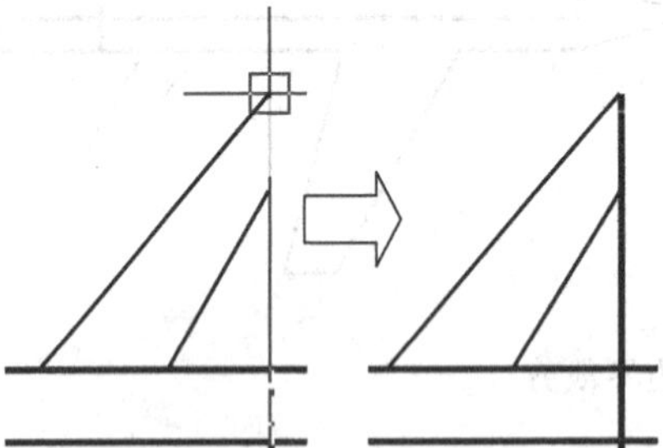

图 5-41　拉伸上端点

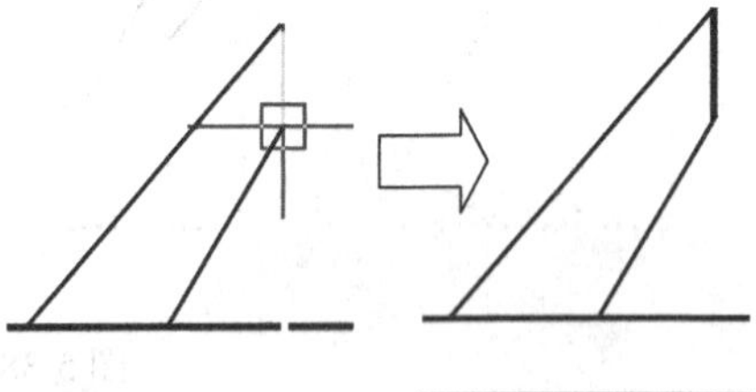

图 5-42　拉伸下端点

步骤 14　快速裁剪

单击主菜单【绘制】→【曲线编辑】→【裁剪】，在立即菜单上选择类型为“快速裁剪”，拾取两条角度线之间的水平线的部分，将其裁剪，再拾取另一条水平线进行裁剪，如图 5-44 所示。

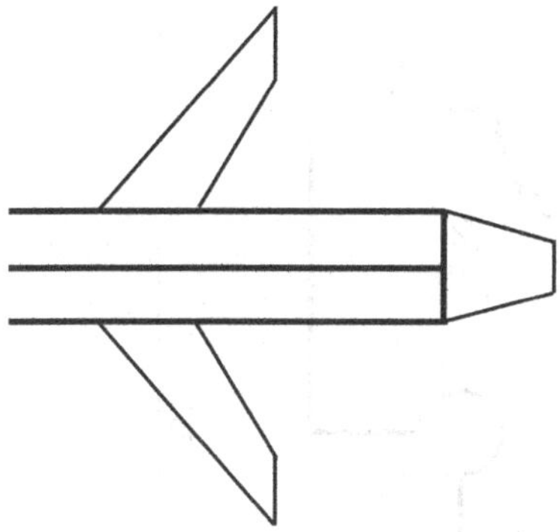

图 5-43 拉伸下部直线

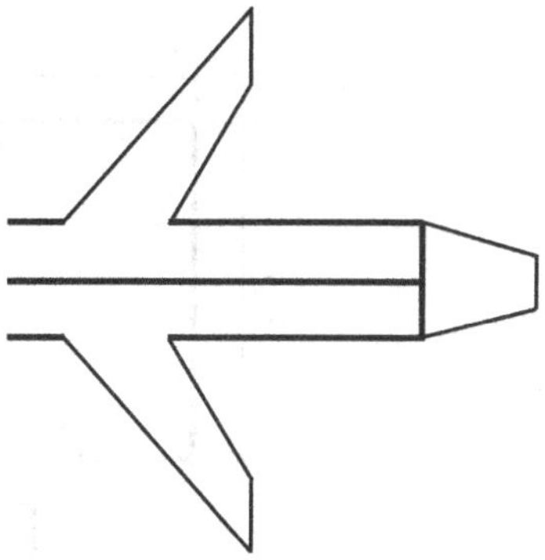

图 5-44 快速裁剪

步骤 15 删除直线

单击常用工具栏上的【删除】图标，移动光标拾取非轮廓的 2 条直线，单击鼠标右键进行删除，如图 5-45 所示。

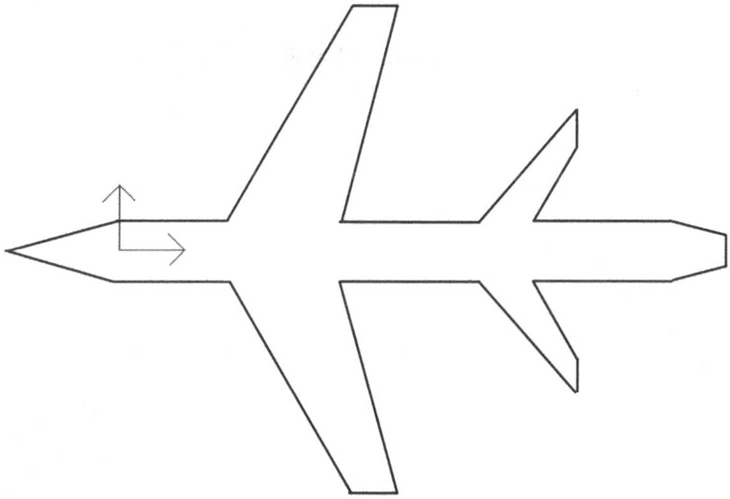

图 5-45 删除直线

步骤 16 保存文件

单击工具栏上的【保存】图标，输入文件名为“T5”，单击“保存”按钮保存文件。

复习与练习

完成如图 5-46 所示图形的绘制。

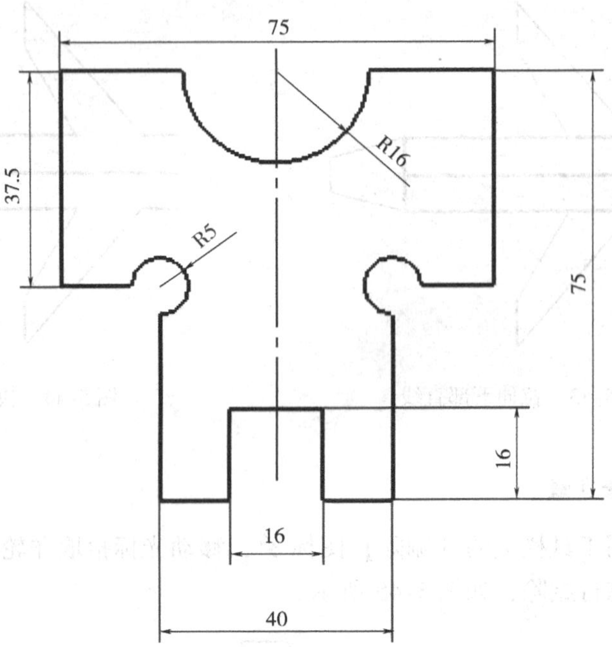

图 5-46　练习题

第6讲　曲线过渡

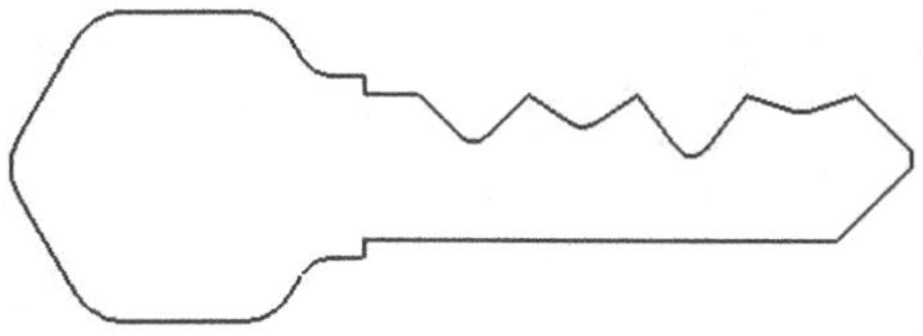

本讲要点

- 圆角过渡
- 尖角过渡
- 倒角过渡

使用圆角、尖角与倒角方式也可以进行裁剪，并可以直接生成指定方式的曲线过渡。

曲线过渡是指对指定的两条曲线进行圆角过渡、尖角过渡或对直线倒角过渡。

单击主菜单【造型】→【曲线编辑】→【过渡】，或直接在曲线编辑工具条上单击【过渡】按钮。首先选择过渡方式，可以选择圆角过渡、尖角过渡或倒角过渡，再设置参数并选择曲线进行过渡。

6.1 圆角过渡

生成给定半径的圆角。选择曲线过渡指令，并选择"圆角"，在立即菜单上输入半径，并设定裁剪选项，如图6-1所示。再拾取第一条曲线、第二条曲线，进行圆角过渡，如图6-2所示。

图6-1 圆角选项

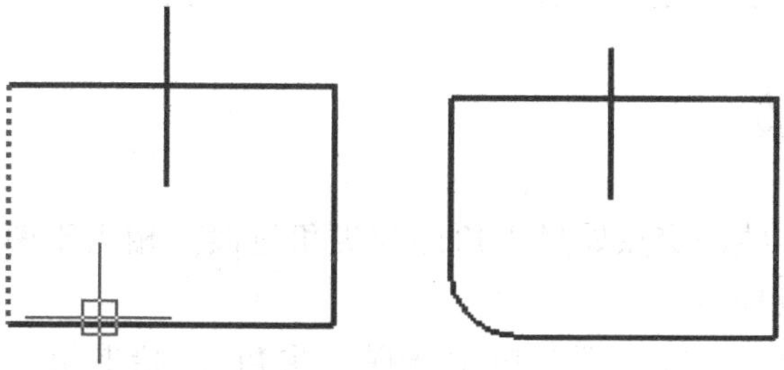

图6-2 圆角过渡

在圆角过渡时，可以选择是否裁剪曲线。图6-3所示为不同角落分别使用裁剪两曲线、裁剪始边与不裁剪曲线的过渡示例。

@警告

对尖角、倒角及圆角过渡中需裁剪的情形，拾取的段均是需保留的段，如图6-4所示为不同拾取位置生成的圆角过渡。

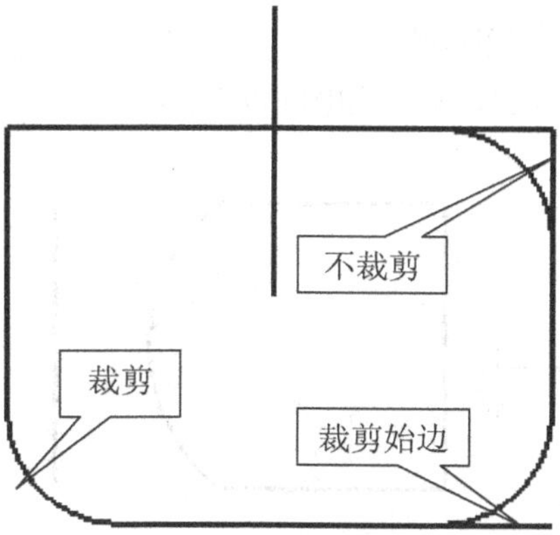

图6-3 裁剪曲线

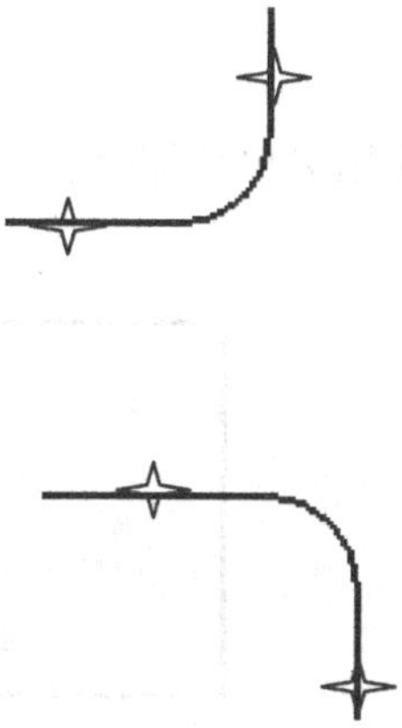

图6-4 拾取位置

选择曲线过渡指令后，选择选项 1 为“多圆角”，在立即菜单上输入半径，拾取直线串，则所有角落都将倒圆角，如图 6-5 所示。

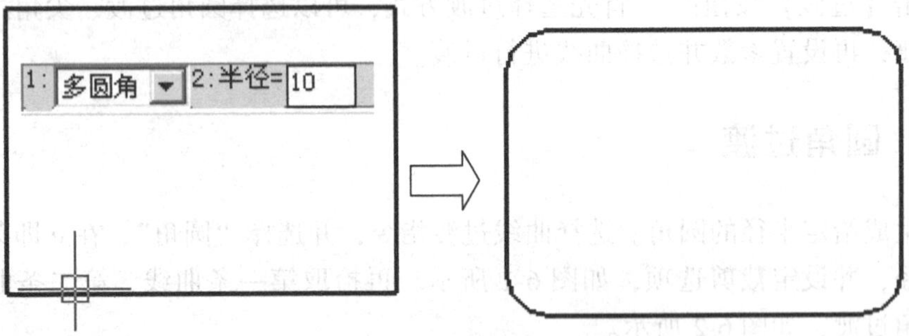

图 6-5　多圆角

@提示

圆可以参与圆角过渡或尖角过渡，但只被打断而不能被裁剪。

6.2　尖角过渡

过渡后在两曲线的交点处呈尖角即为尖角过渡。相当于两条曲线互相作齐边操作进行裁剪或延伸。

选择过渡功能后，在立即菜单中选择“尖角”。拾取第一条曲线和第二条曲线，进行尖角过渡，如图 6-6 所示。

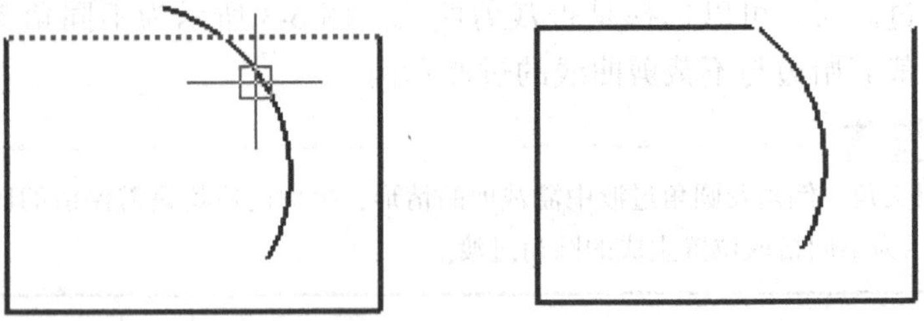

图 6-6　尖角过渡

使用尖角功能时，可以将曲线作裁剪或延伸，如图 6-7 所示。

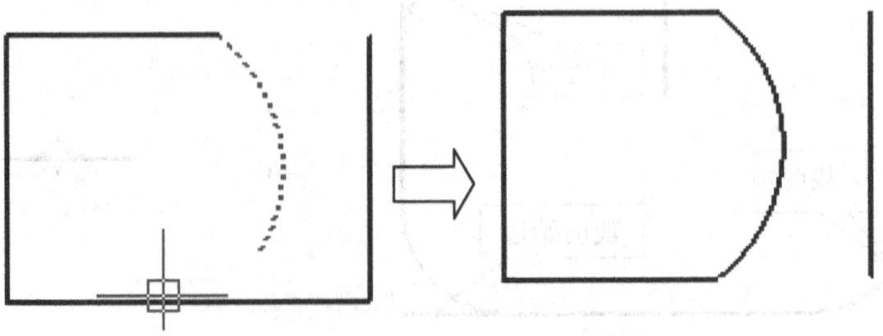

图 6-7　尖角

6.3　倒角过渡

倒角过渡用于在给定的两直线之间按指定的角度和长度进行倒角。

选择过渡功能后，在立即菜单中选择“倒角”。输入角度和长度值，设置裁剪曲线选项，如图 6-8 所示。再拾取第一条直线和第二条直线，进行倒角过渡，如图 6-9 所示。

图 6-8　倒角选项

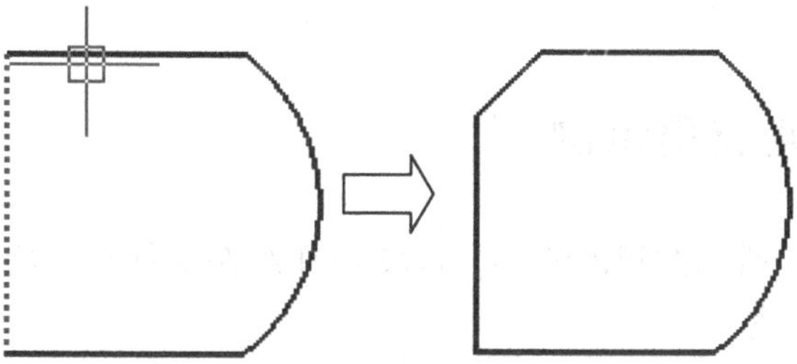

图 6-9　倒角过渡

在倒角选项中，长度与角度的含义如图 6-10 所示。从中可以看出当角度不是“45”时，选择顺序不同，产生的结果也将不同。

@提示

倒角时只能选择直线，不能选择圆弧或者其他曲线。

在过渡选项中，还可以选择多倒角、内倒角和外倒角进行倒角操作。

1）多倒角用于对多条首尾相连的直线进行倒角过渡，如图 6-11 所示。

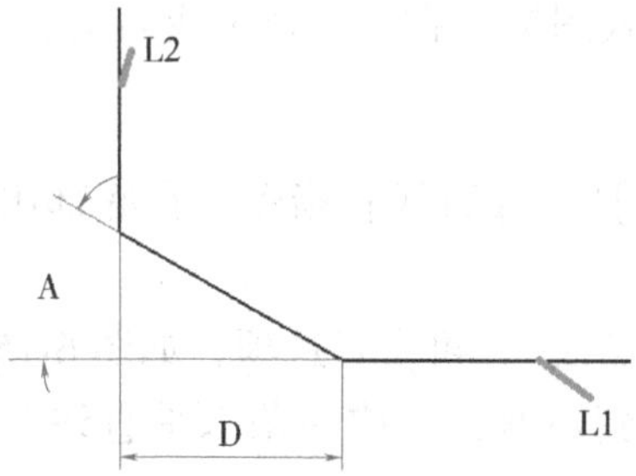

图 6-10　长度/角度示意图

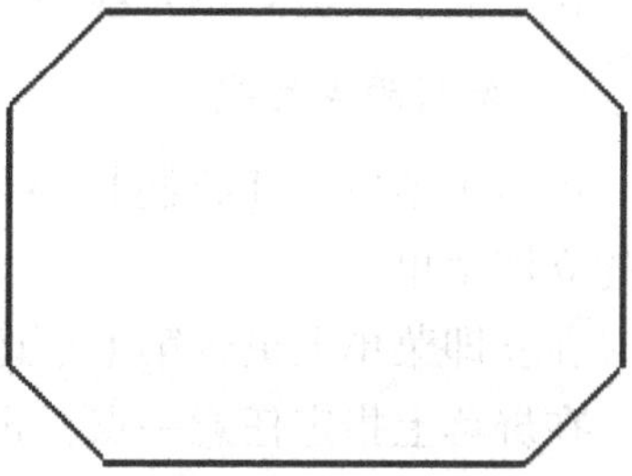

图 6-11　多倒角

2）外倒角用于对轴端等有三条两两垂直的直线进行倒角过渡，如图 6-12 所示。

3）内倒角用于对孔端等有三条两两垂直的直线进行倒角过渡，向外倒角，如图 6-13 所示。

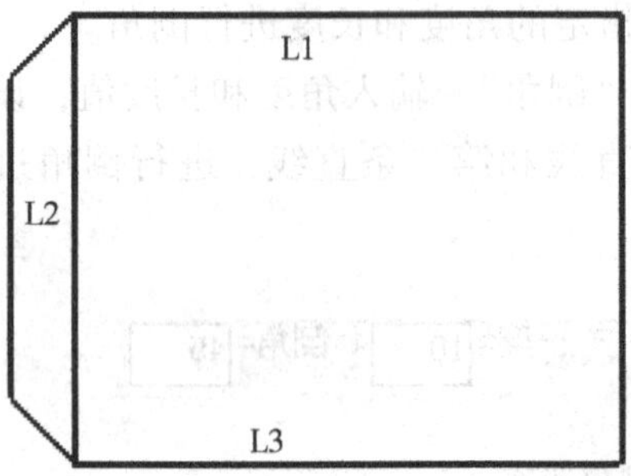

图 6-12　外倒角

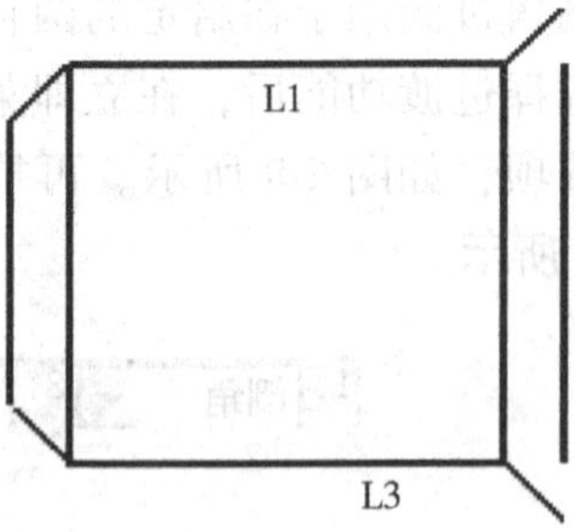

图 6-13　内倒角

6.4　曲线过渡应用示例

完成如图 6-14 所示图形的绘制。该图形在绘制直线后，将需要进行圆角、倒角、尖角操作来完成。

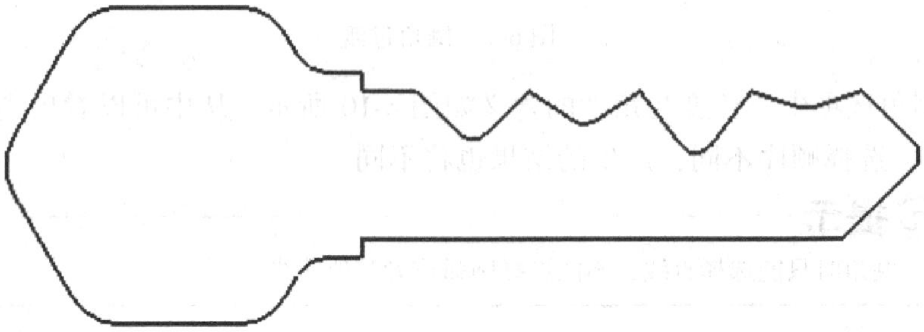

图 6-14　示例

步骤 1　启动 CAXA 线切割

在桌面上双击 CAXA 线切割的快捷方式图标，启动 CAXA 线切割。

步骤 2　绘制两点直线

单击主菜单的【绘制】→【基本曲线】→【直线】指令。在底部出现直线绘制的立即菜单。

在立即菜单上更改第 1 个选项为“两点线”，再设置选项，如图 6-15 所示。

在屏幕上指定任意一点，再移动光标到右侧，生成一条水平直线，如图 6-16 所示。

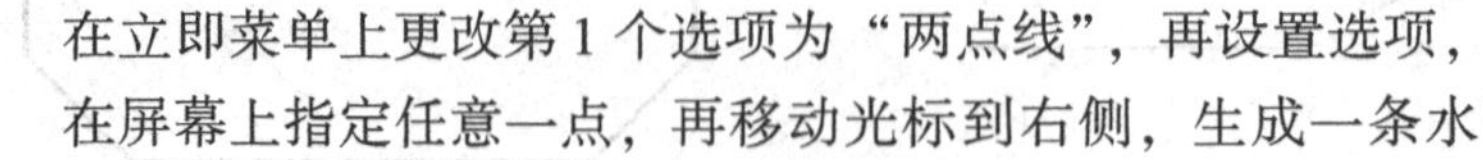

图 6-15　直线选项设置

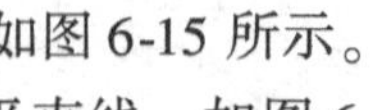

图 6-16　绘制水平线

步骤3 绘制角度线

在立即菜单上更改第1个选项为“角度线”，再设置选项如图6-17所示。

拾取右端点，移动光标到右上方并输入长度为“10”绘制直线，如图6-18所示。

图6-17 设置角度线选项

改变角度为“-60”，向左上方绘制长度为“10”的直线，如图6-19所示。

拾取左端点，向左上方绘制长度为“10”的直线，如图6-20所示。

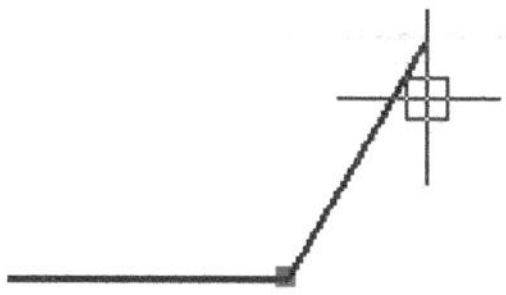

图6-18 绘制角度线（一）

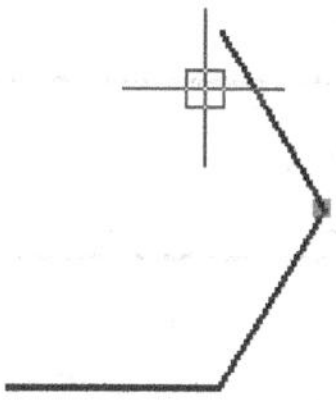

图6-19 绘制角度线（二）

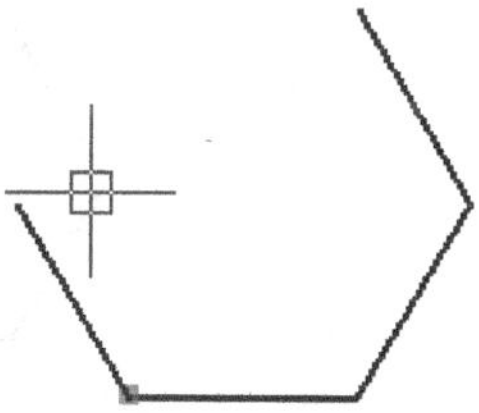

图6-20 绘制角度线（三）

步骤4 绘制两点直线

在立即菜单上更改第1个选项为“两点线”，确认绘制正交直线，拾取上方端点，向左侧绘制长度为“10”的水平线，如图6-21所示。

改变选项2为“单个”，改变选项3为“非正交”，拾取端点绘制直线形成封闭的6边形，如图6-22所示。

改变选项3为“正交”，拾取右端点向上绘制一条竖直线，如图6-23所示。

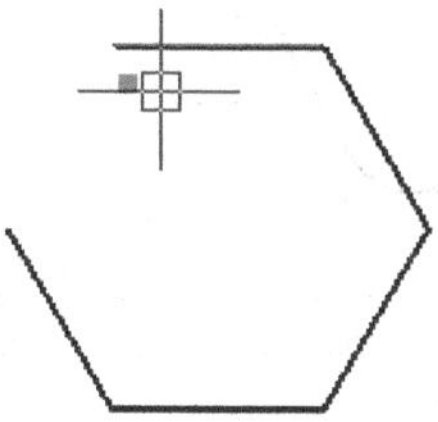

图6-21 绘制水平直线

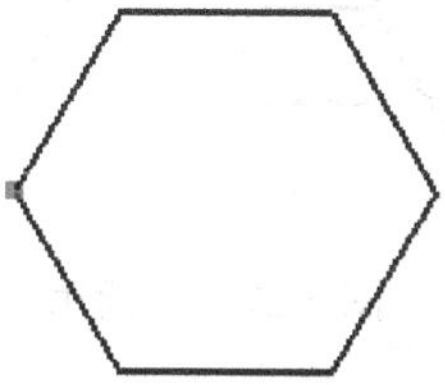

图6-22 绘制两点线

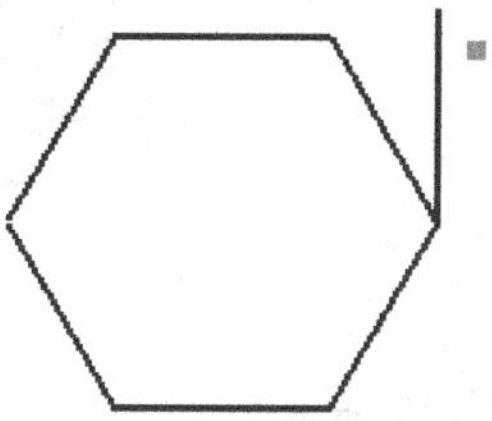

图6-23 绘制竖直线

改变选项5的长度为“40”，拾取右端点向右绘制一条水平直线，如图6-24所示。

步骤5 绘制平行线

在立即菜单上更改第1个选项为“平行线”，再设置选项，如图6-25所示。拾取水平线，并输入偏移值“5”并回车，生成一组平行线，如图6-26所示。

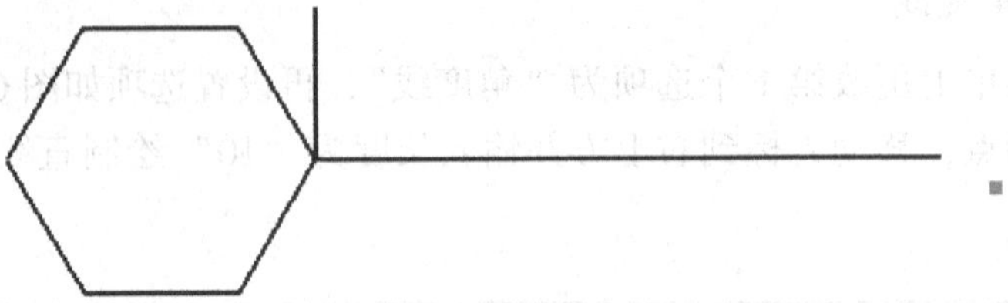

图 6-24　绘制水平线

图 6-25　设置平行线选项

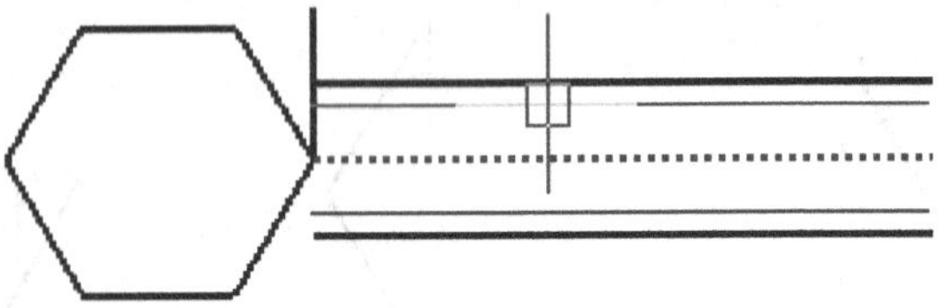

图 6-26　绘制平行线

步骤 6　多圆角

单击主菜单的【绘制】→【曲线编辑】→【过渡】指令。在底部出现过渡的立即菜单。在立即菜单上更改第 1 个选项为“多圆角”，再设置半径为“3”，拾取六边形的一条边，则六边形的各个角将倒圆角，如图 6-27 所示。

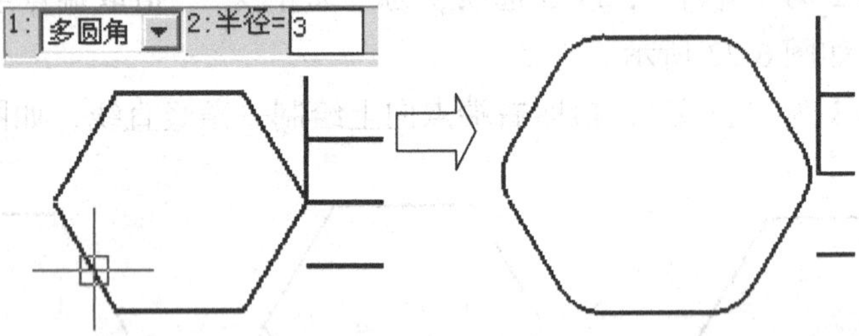

图 6-27　多圆角

步骤 7　圆角

在过渡立即菜单上更改第 1 个选项为“圆角”，设置选项如图 6-28 所示。拾取下方水平线，再拾取右侧斜上的直线进行倒圆角，如图 6-29 所示。再拾取上方的两直线进行倒圆角，如图 6-30 所示。

图 6-28　圆角选项

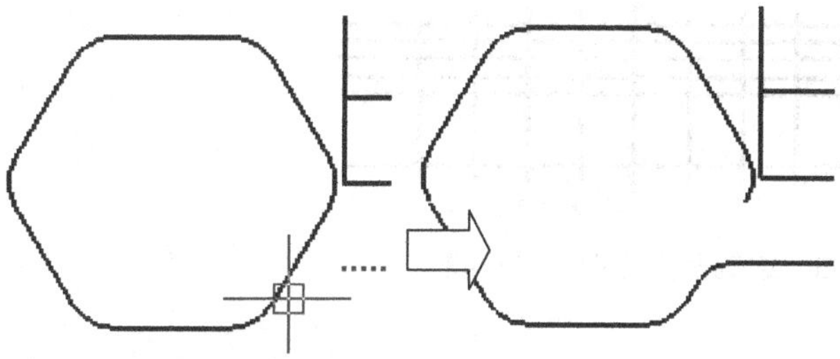

图 6-29 圆角（一）

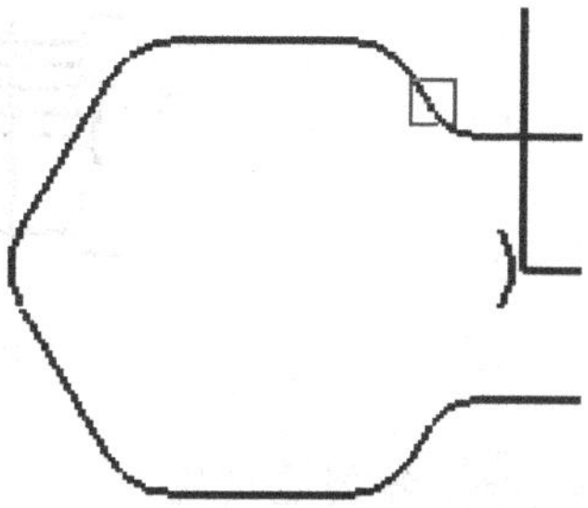

图 6-30 圆角（二）

@关键

拾取斜线时，注意拾取位置为保留部分，要在远离中心的位置。

步骤 8 尖角

在过渡立即菜单上更改第 1 个选项为“尖角”，拾取下方水平线，再拾取竖直线进行尖角操作，如图 6-31 所示。然后拾取上方的水平线与竖直线进行尖角操作，如图 6-32 所示。

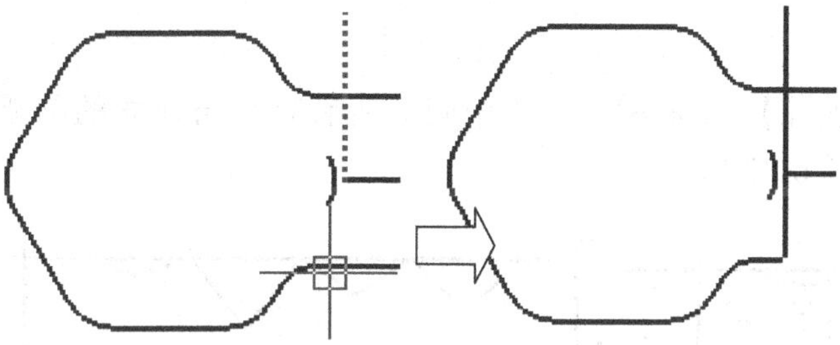

图 6-31 尖角（一）

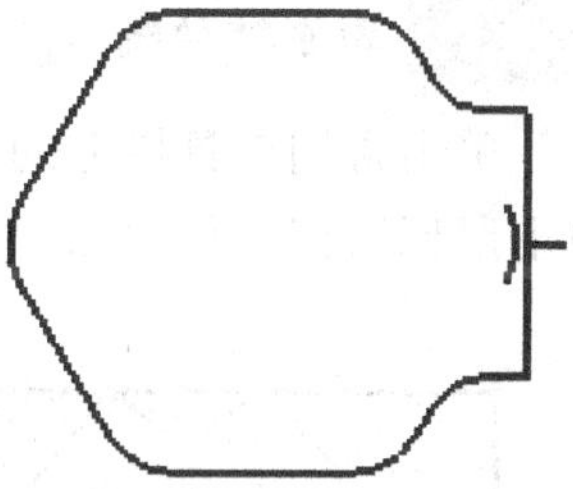

图 6-32 尖角（二）

步骤 9 绘制平行线

单击主菜单的【绘制】→【基本曲线】→【直线】指令。在立即菜单上更改第 1 个选项为“平行线”，设置选项 2 为“偏移方式”，选项 3 为“单向”。拾取水平线，并输入偏移值“1”并回车，生成一条平行组，如图 6-33 所示。再输入“2”、“3”、“4”、“－4”生成平行线，如图 6-34 所示。

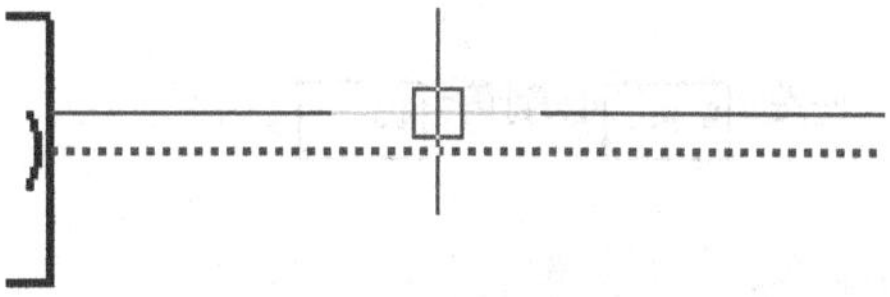

图 6-33 绘制平行线

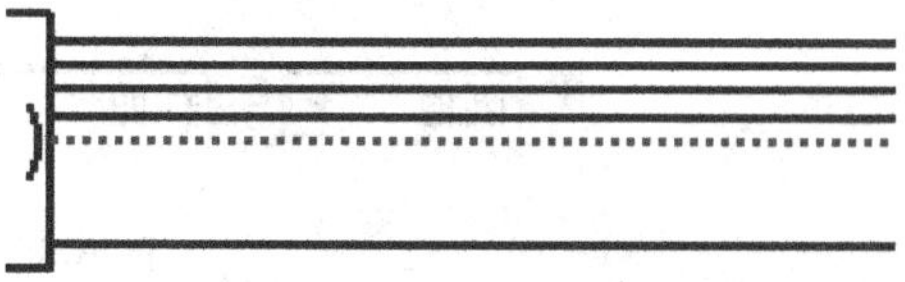

图 6-34 绘制水平方向的平行线

单击鼠标右键，再拾取竖直线为平行直线，输入“3”、“6”、“9”、“12”、“15”、“18”、“21”、“24”、“27”、“30”生成系列的平行线，如图 6-35 所示。

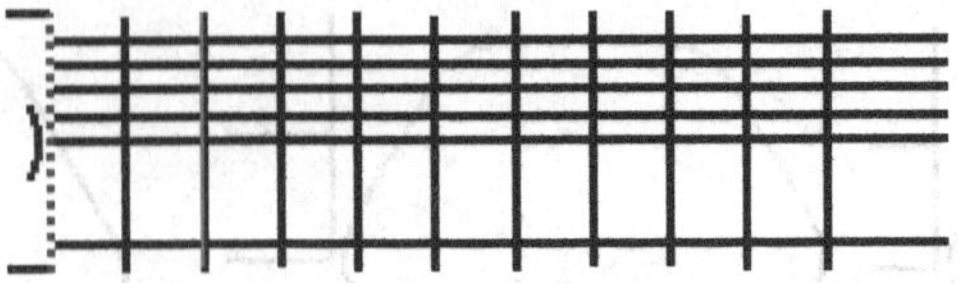

图 6-35　绘制竖直方向的平行线

步骤 10　绘制连续线

在直线立即菜单上更改第 1 个选项为“两点线”，设置选项 2 为“连续”，选项 3 为“非正交”。依次拾取交点生成连续线，如图 6-36 所示。

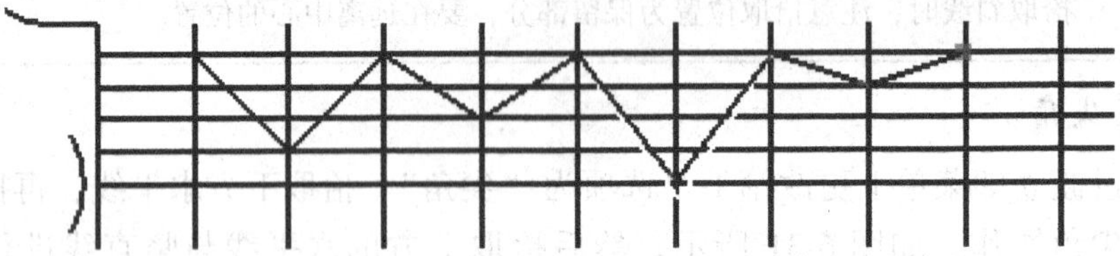

图 6-36　绘制连续线

步骤 11　删除辅助线

单击常用工具栏上的【删除】图标，拾取中间的所有直线与孤立的圆弧，单击鼠标右键进行删除，如图 6-37 所示。

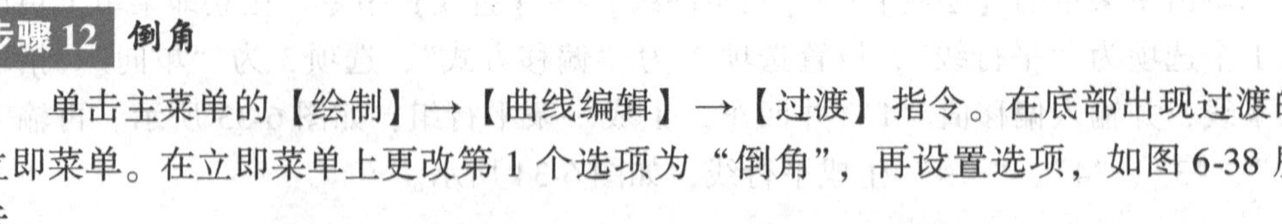

图 6-37　删除线条

步骤 12　倒角

单击主菜单的【绘制】→【曲线编辑】→【过渡】指令。在底部出现过渡的立即菜单。在立即菜单上更改第 1 个选项为“倒角”，再设置选项，如图 6-38 所示。

图 6-38　倒角选项

拾取底边水平线与右侧竖直线进行倒角，如图 6-39 所示。

更改选项 3 的长度为“3”，拾取上方水平线与右侧竖直线进行倒角，如图 6-40所示。

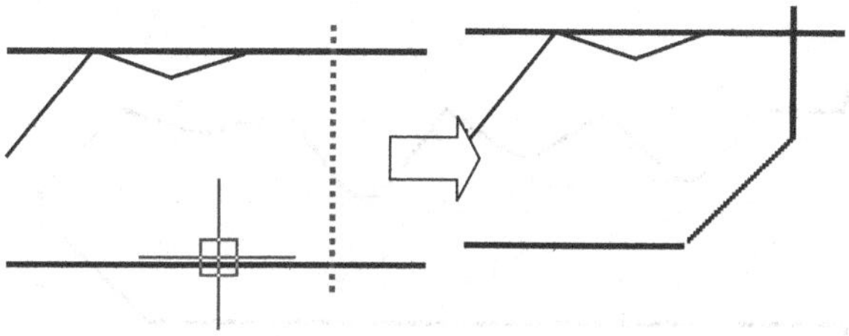

图 6-39　倒角 C4

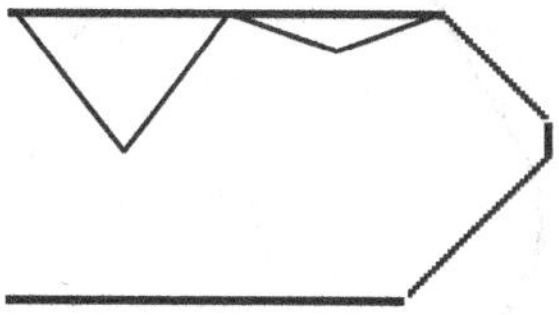

图 6-40　倒角 C3

步骤 13　尖角

在过渡立即菜单上更改第 1 个选项为“尖角”，拾取上方水平线，再拾取第 1 条斜线进行尖角操作，如图 6-41 所示。

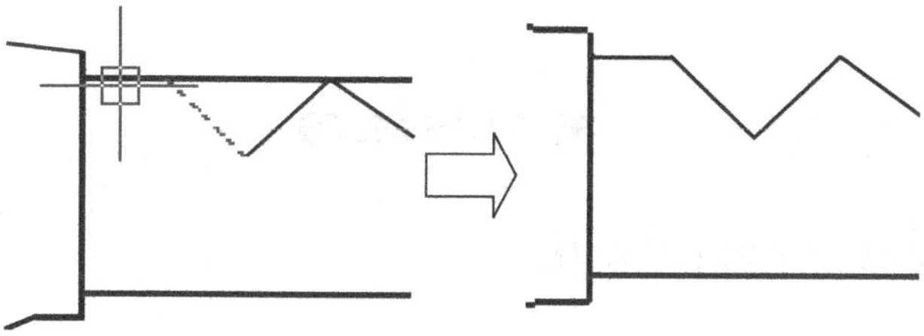

图 6-41　尖角

步骤 14　快速裁剪

单击主菜单【绘制】→【曲线编辑】→【裁剪】，在立即菜单上选择类型为“快速裁剪”，拾取两条水平线之间的竖直线的部分，将其裁剪，如图 6-42 所示。

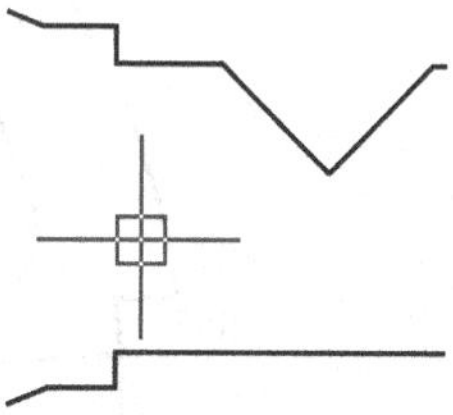

图 6-42　快速裁剪

步骤 15　圆角

单击主菜单的【绘制】→【曲线编辑】→【过渡】指令。在立即菜单上更改第 1 个选项为“圆角”，再设置半径为“1”。拾取相交的向下的斜线，在底部倒圆角，如图 6-43 所示。完成倒圆角的图形如图 6-44 所示。

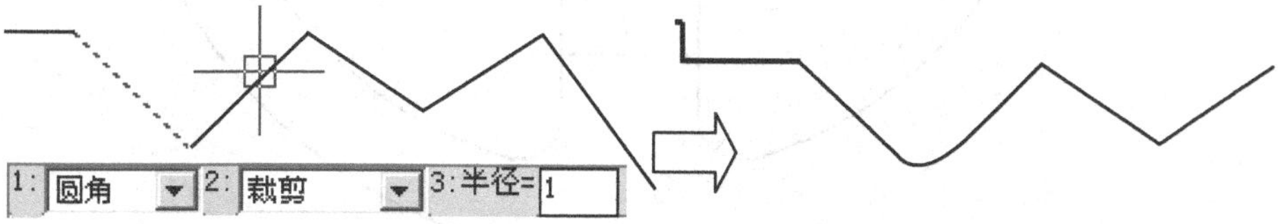

图 6-43　圆角（一）

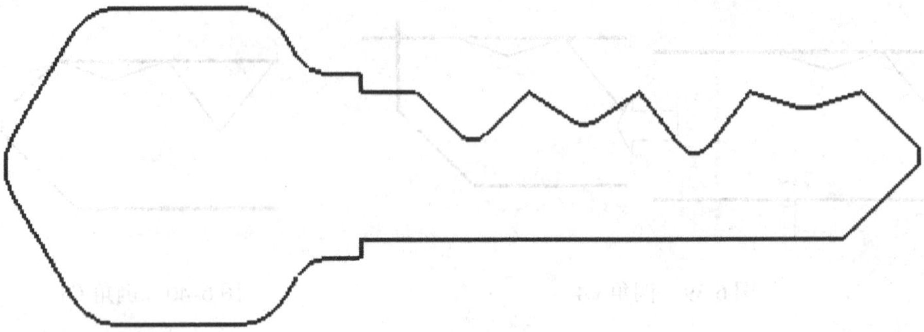

图 6-44　圆角（二）

步骤 16　保存文件

单击工具栏上的【保存】图标，输入文件名为“T6”，单击“保存”按钮保存文件。

复习与练习

完成如图 6-45 所示图形的绘制。

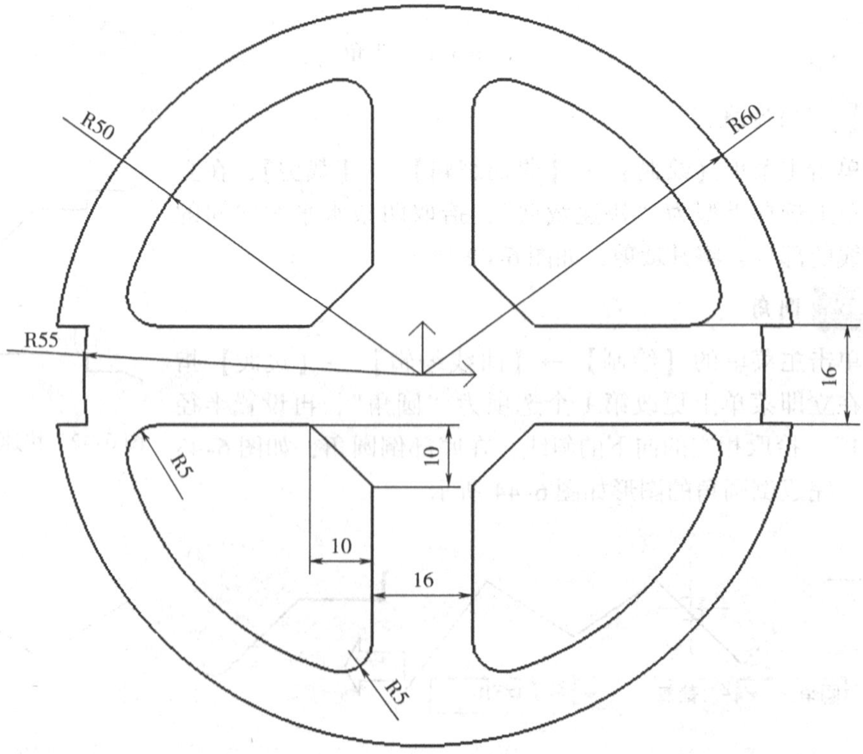

图 6-45　练习题

第7讲　点工具与点捕捉

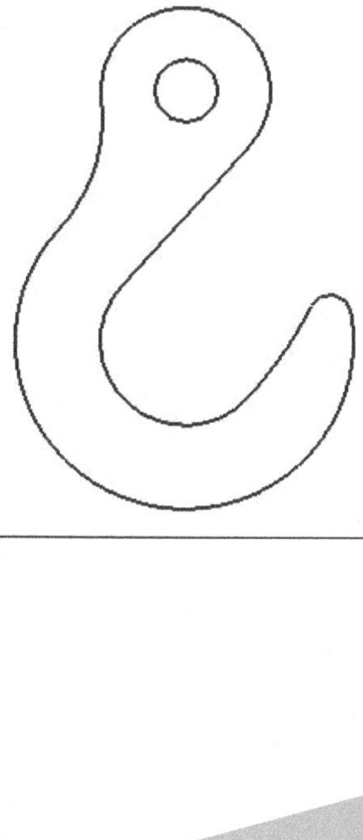

本讲要点

- 屏幕点捕捉方式
- 屏幕点捕捉设置
- 点工具
- 切线与切弧的绘制

在CAXA中，可以使用点工具拾取各种特征点。同时系统提供了自由、智能、导航、栅格4种屏幕点捕捉方式。

7.1　屏幕点方式

屏幕点方式用于设置鼠标在屏幕上绘图区内的捕捉方式。捕捉方式分为四种情况：自由点捕捉、栅格点捕捉、智能点捕捉、导航点捕捉。可以在屏幕右下角进行切换，如图 7-1 所示。

1. 自由点捕捉

鼠标在屏幕上绘图区内移动时不自动吸附到任何特征点上，点的输入完全由当前鼠标在绘图区内的实际定位来确定，如图 7-2 所示。

图 7-1　屏幕点设置

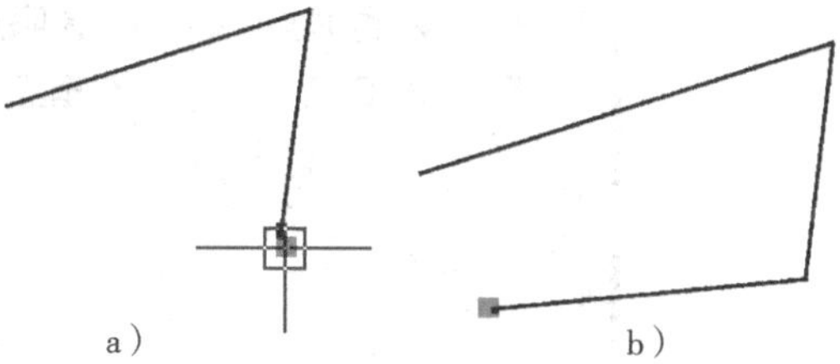

图 7-2　自由

2. 智能点捕捉

当鼠标在屏幕上绘图区内移动时，如果它与某些特征点的距离在拾取盒范围之内，那么它将自动吸附到距离最近的那个特征点上。这时点的输入是由吸附上的特征点坐标来确定的。图 7-3 所示为将拾取端点。

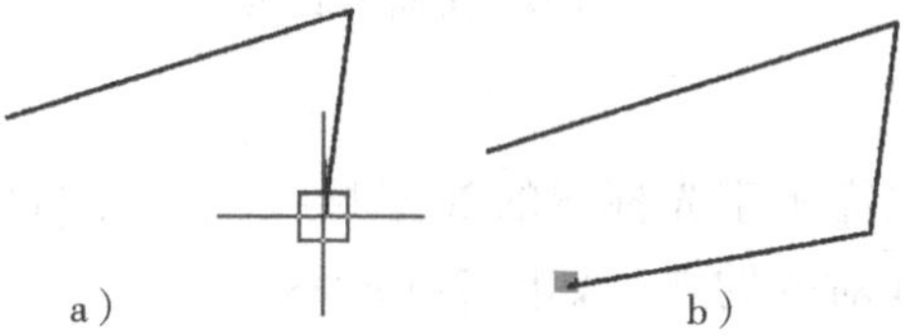

图 7-3　智能点

可以吸附的特征点包括孤立点、直线端点、直线中点、圆弧圆心、圆弧端点、圆弧象限点、圆的圆心、圆象限点和多段线端点等。当选择智能点捕捉时，这些特征点统称为智能点。

对需要吸附的智能点可以进行设置，单击主菜单的【设置】→【屏幕点设置】，再选择屏幕点方式为“智能点”，如图 7-4 所示。可以在下方选择需要激活的点。

> **@提示**
>
> 拾取点的拾取盒大小不会因显示大小而改变。

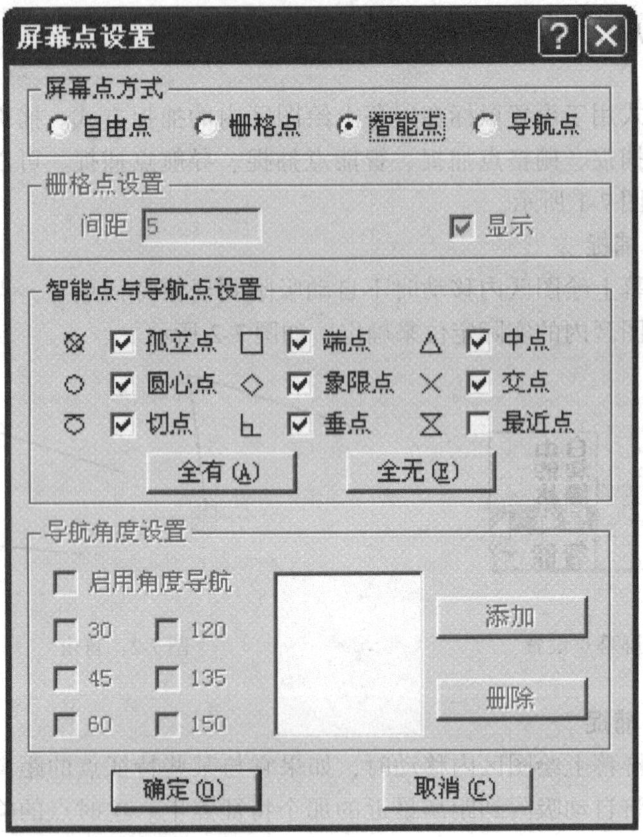

图 7-4　屏幕点设置

3. 导航点捕捉

导航点捕捉时，只需十字光标线的 X 坐标线或 Y 坐标线距离导航点最近时就可能吸附上，可以选择对齐的点，如图 7-5 所示。

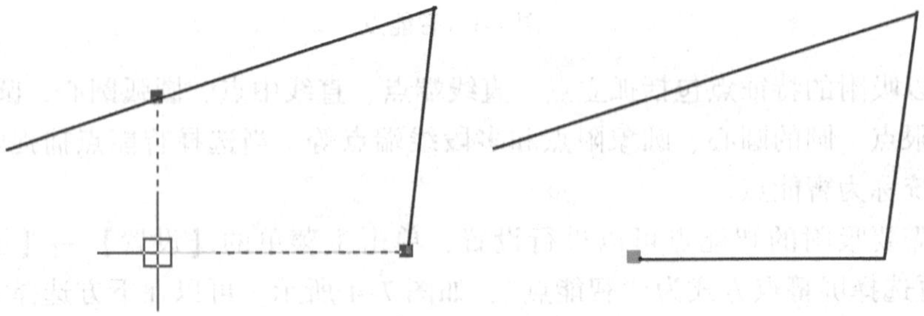

图 7-5　导航点捕捉

@提示

使用导航点捕捉将优先使用智能点，即可以直接拾取到智能点。

使用导航点捕捉时，还可以通过设置“启用导航角度”选项，拾取在某一指定角度线上的对齐点。

4. 栅格点捕捉

栅格点就是在屏幕上绘图区内沿当前用户坐标系的 X 方向和 Y 方向等间距排列的点。鼠标在屏幕上绘图区内移动时会自动吸附到距离最近的栅格点上，这时点的输入是由吸附上的特征点坐标来确定的，如图 7-6 所示。

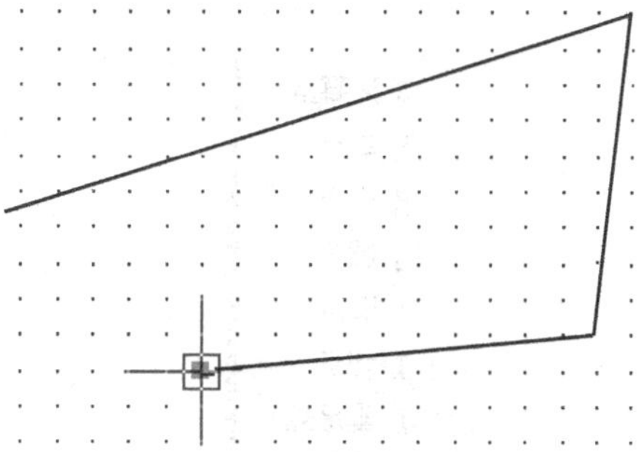

图 7-6　栅格点捕捉

当选择栅格点捕捉方式时，可以在屏幕点设置中设置栅格点的间距、栅格点的可见与不可见。

@提示

当栅格点不可见时，栅格点的自动吸附依然存在。

7.2 点工具

在直线绘制或者其他曲线时，都需要指定点。通常都可以使用工具点来指定。工具点就是在操作过程中具有几何特征的点，如圆心点、切点、端点等。表 7-1 所示为常见的工具点。

表 7-1　常见的工具点

特 征 点	说　明	示 例 点
屏幕点（S）	屏幕上的任意位置点，并自动捕捉特征点	S
端点（E）	曲线的端点	E
中点（M）	曲线的中点	M
圆心（C）	圆或圆弧的圆心	C
交点（I）	两曲线的交点	I
切点（T）	曲线的切点	T
垂足点（P）	曲线的垂足点	P
最近点（N）	曲线上距离捕捉光标最近的点	N
孤立点（L）	用曲线生成中的点工具生成的点	
象限点（Q）	圆弧与水平竖直中心线的交点	Q
刀位点（K）	刀具路径上的点	

第 7 讲

点工具菜单就是用来捕捉工具点的菜单。需要输入特征点时，只要按下空格键，即在屏幕上弹出点工具菜单，如图 7-7 所示。图 7-8 所示为一些常见的特征点。

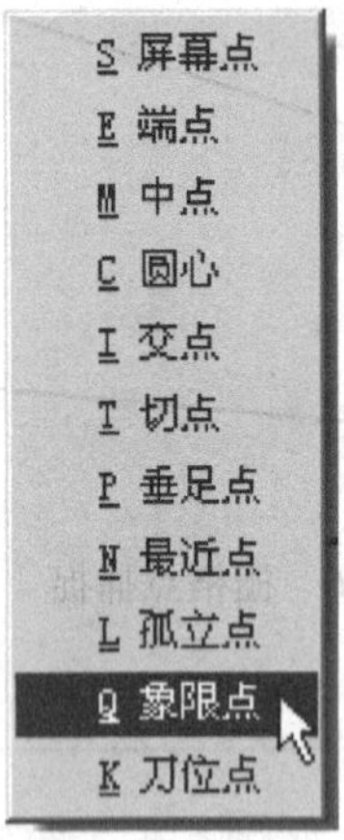

图 7-7　点工具

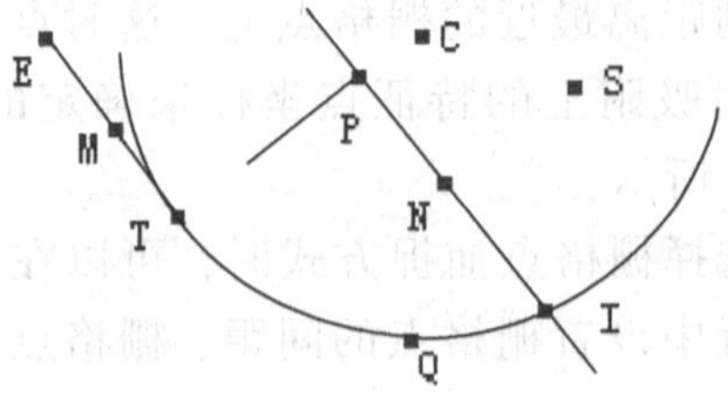

图 7-8　工具点示例

@提示

切点与垂足点用在特定条件下，需要拾取直线或曲线。

需要输入点时，也可以直接输入坐标值来指定点。其格式为“X，Y”（X、Y 输入坐标值）。

7.3　点工具应用示例

完成如图 7-9 所示图形的绘制。本例将完成直线与圆弧的绘制，在绘制切线与切弧时将使用点工具。

步骤 1　启动 CAXA 线切割

在桌面上双击 CAXA 线切割的快捷方式图标，启动 CAXA 线切割。

步骤 2　设置栅格点

单击主菜单的【设置】→【屏幕点设置】，系统弹出屏幕点设置对话框，选择屏幕点方式为“栅格点”，并设置间距为“10”，如图 7-10 所示。设置完成后单击“确定”按钮，在绘图区将显示栅格点，如图 7-11 所示。

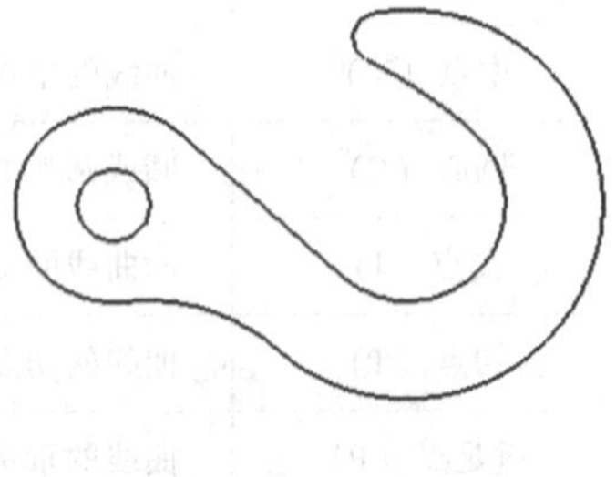

图 7-9　示例

@关键

使用栅格点方式，可以直接数出距离值，无需输入坐标与半径值。

图 7-10　屏幕点设置

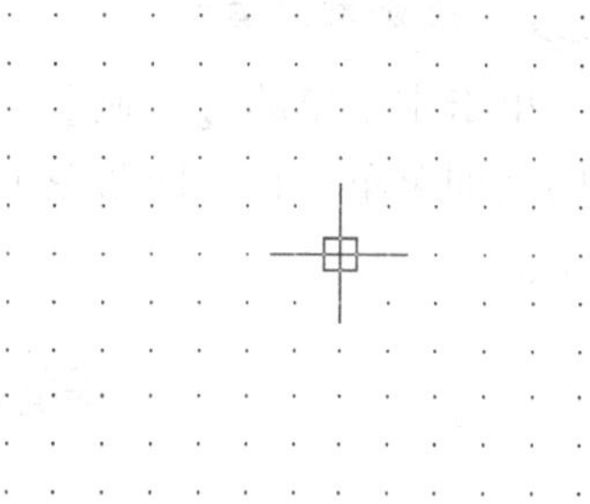

图 7-11　显示栅格点

步骤 3　绘制圆

单击主菜单的【绘制】→【基本曲线】→【圆】指令。在立即菜单上更改第 1 个选项为“圆心_半径”。在屏幕上拾取一个栅格点为圆心，再拾取间距为 2 的栅格点为圆上的点绘制一个圆，如图 7-12 所示。拾取距圆心 4 格的栅格点绘制一个圆，如图 7-13 所示。

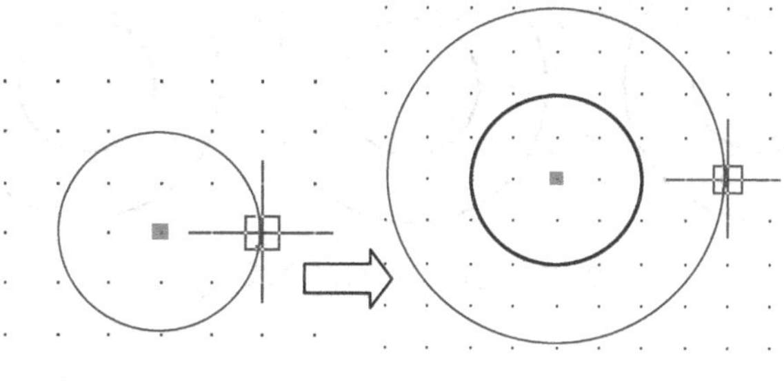

图 7-12　绘制圆

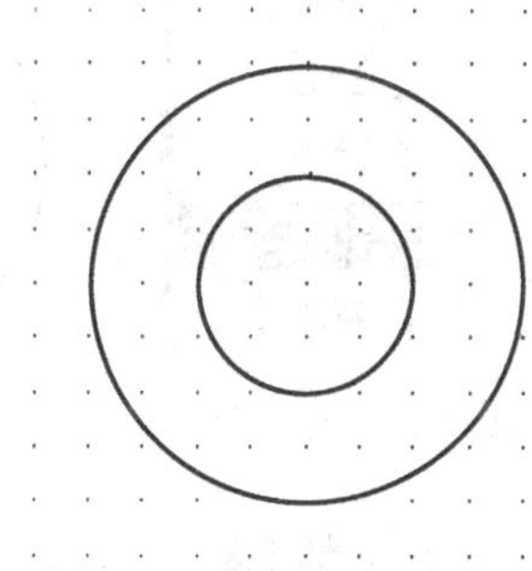

图 7-13　绘制 R40mm 的圆

步骤 4　绘制圆

单击鼠标右键，再拾取前面圆心之上 6 格的栅格点为圆心，再拾取间距为 2 的栅格点为圆上的点绘制一个圆，如图 7-14 所示。

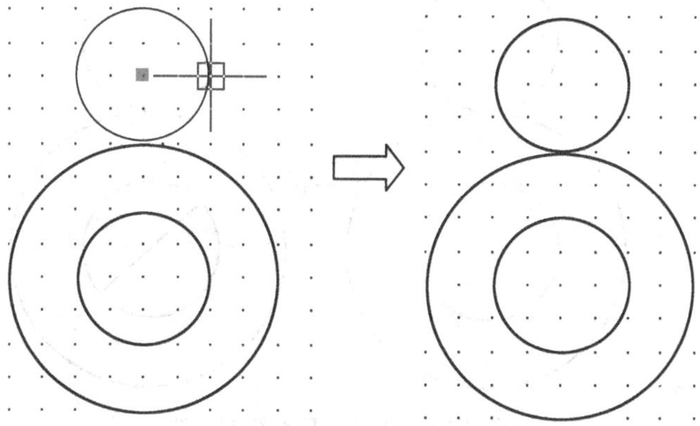

图 7-14　绘制 R20mm 的圆

步骤 5 绘制两点直线

单击主菜单的【绘制】→【基本曲线】→【直线】指令。在底部出现直线绘制的立即菜单。在立即菜单上更改第 1 个选项为“两点线”，再设置选项如图 7-15 所示。

图 7-15 直线选项设置

按键盘的空格键，在点工具中选择“切点”，如图 7-16 所示。拾取上方圆的右侧，再一次打开点工具并选择“切点”，拾取下方小圆的左侧，绘制一条直线，如图 7-17 所示。

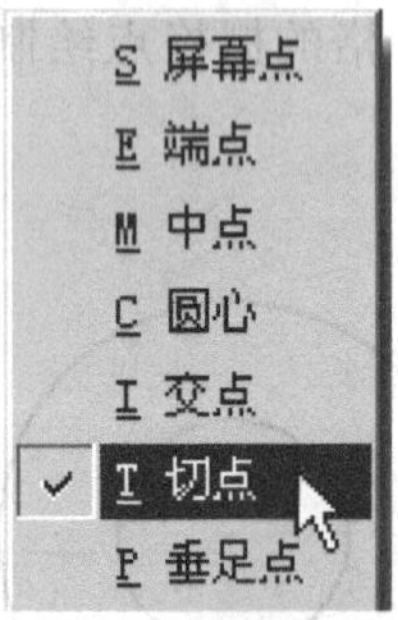

图 7-16 点工具

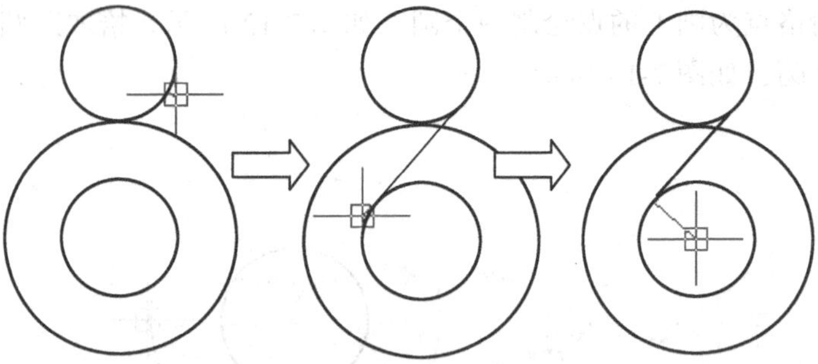

图 7-17 选择切点绘制直线

第 7 讲

@ 关键

绘制切线时拾取圆弧时应在切点附近拾取。

按键盘的空格键，在点工具中选择“垂足点”，拾取圆的右侧，绘制一条直线，如图 7-18 所示。

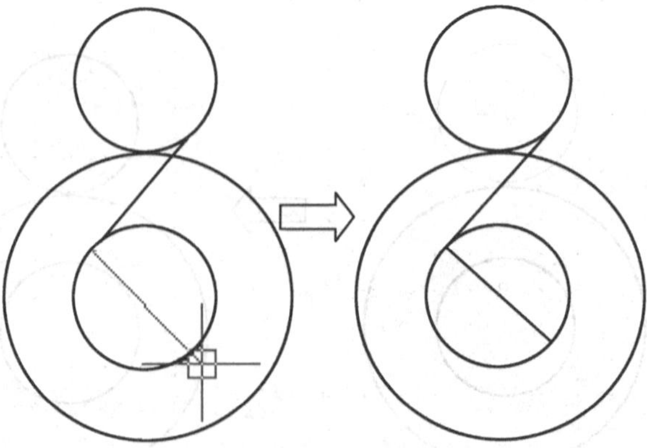

图 7-18 选择垂足点绘制直线

步骤 6　切换屏幕点方式

在屏幕右下角选择屏幕点方式选项，从下拉选项中选择“导航”，如图 7-19 所示。

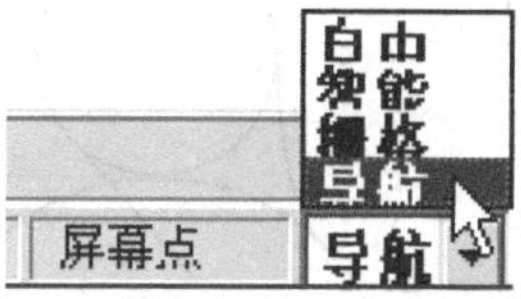

图 7-19　选择屏幕点方式

步骤 7　绘制切弧

单击主菜单的【绘制】→【基本曲线】→【圆弧】指令。在立即菜单上更改第 1 个选项为“两点半径”。按键盘的空格键，在点工具中选择“切点”。拾取上方圆的左侧，再一次打开点工具并选择“切点”，拾取下方大圆的左侧，输入半径值为“40”绘制一段圆弧，如图 7-20 所示。

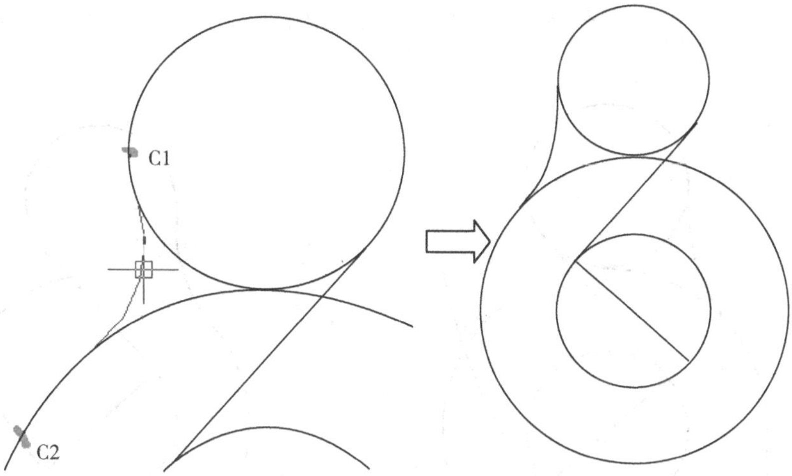

图 7-20　绘制切弧

@ 关键

输入半径时，预显的圆弧应在正确位置。

步骤 8　绘制圆弧

拾取直线的端点为圆弧起点，再拾取一个与圆的象限点对齐的点为圆弧终点，按键盘的空格键，在点工具中选择“切点”，拾取下方的小圆绘制圆弧，如图 7-21 所示。

步骤 9　快速裁剪

单击主菜单【绘制】→【曲线编辑】→【裁剪】，在立即菜单上选择类型为“快速裁剪”，拾取如图 7-22 所示的示意位置，裁剪多余的线段，结果如图 7-23 所示。

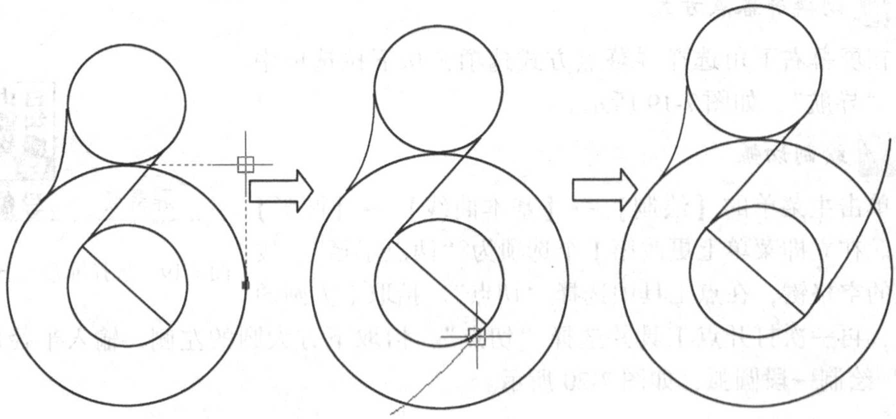

图 7-21　绘制圆弧

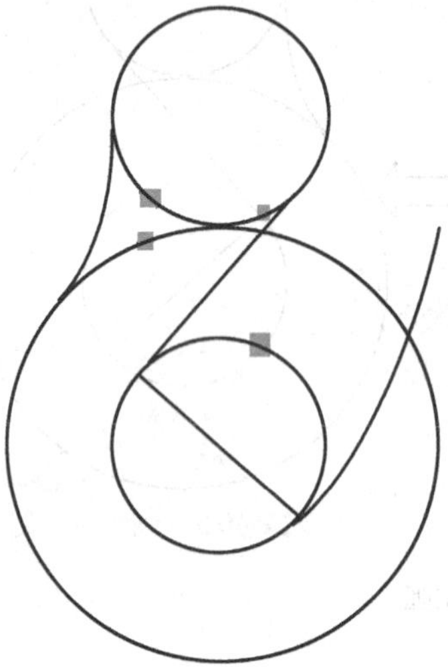

图 7-22　拾取位置示意图

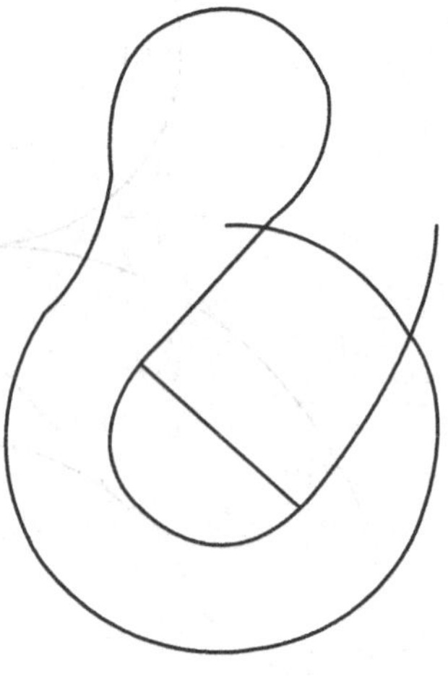

图 7-23　快速裁剪

步骤 10　圆角

单击主菜单的【绘制】→【曲线编辑】→【过渡】指令。在立即菜单上更改第 1 个选项为“圆角”，再设置半径为“5”，拾取右侧相交的两个圆弧，进行倒圆角，如图 7-24 所示。

步骤 11　删除直线

拾取中间的直线，单击鼠标右键，在弹出菜单上选择“删除”，将直线删除，如图 7-25 所示。

步骤 12　切换屏幕点方式

在屏幕右下角选择屏幕点方式选项，从下拉选项中选择“智能”。

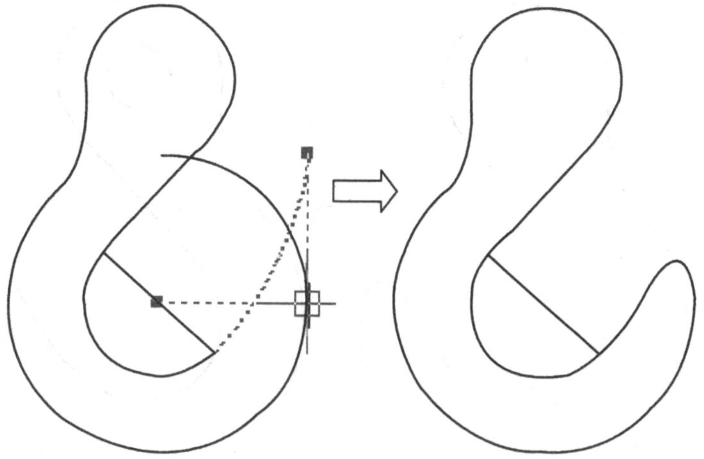

图 7-24　圆角 R5mm

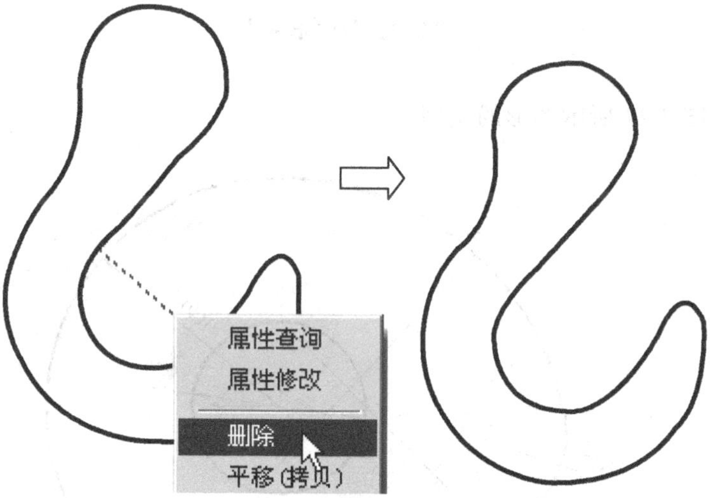

图 7-25　删除直线

步骤 13　绘制圆

单击主菜单的【绘制】→【基本曲线】→【圆】指令。移动光标到上边圆的圆心位置附近，显示为圆心点标记时单击左键拾取圆心点，再用键盘输入半径“8”，绘制一个圆，如图 7-26 所示。

步骤 14　保存文件

单击工具栏上的【保存】图标，输入文件名为“T7”，单击“保存”按钮保存文件。

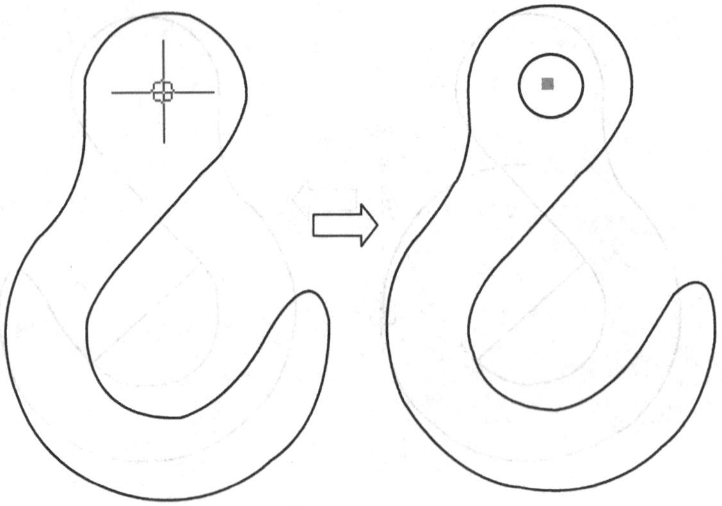

图 7-26　绘制圆

复习与练习

完成如图 7-27 所示图形的绘制。

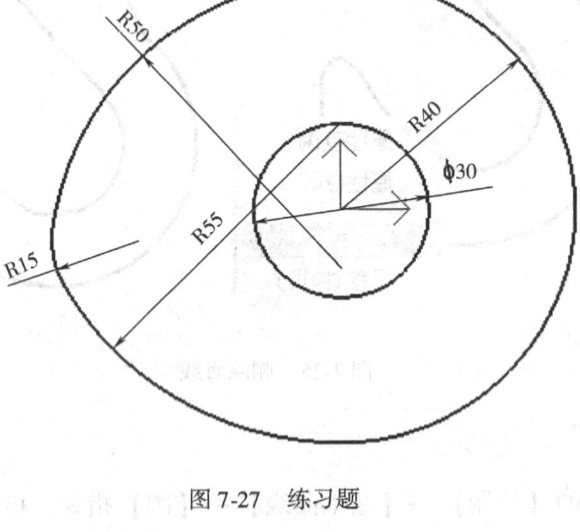

图 7-27　练习题

第8讲　线切割轨迹生成

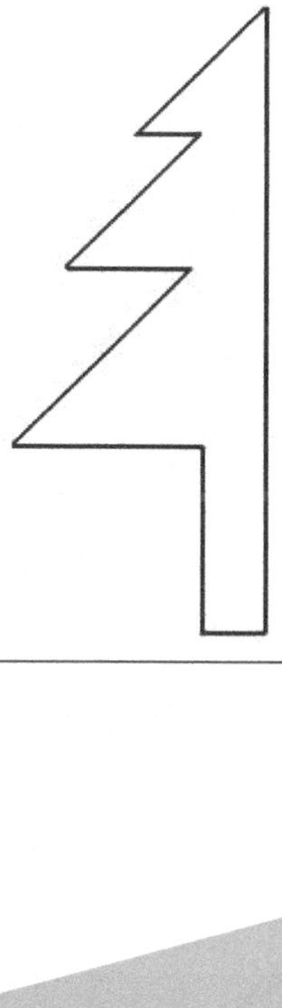

本讲要点

- CAXA线切割简介
- 轨迹生成的步骤
- 加工参数设置
- 轮廓拾取与点指定

CAXA线切割轨迹生成的主要作用是将CAD轮廓，生成相应的加工轨迹。本单元重点讲解轨迹生成的操作步骤与参数设置。

8.1　线切割基础

线切割加工轨迹是在电火花线切割加工过程中，金属电极丝切割的实际路径，它是产生数控加工程序的基础。CAXA 线切割的轨迹生成功能是在已有 CAD 轮廓的基础上，结合各项工艺参数，由计算机自动计算加工轨迹。CAXA 线切割轨迹生成模组的主要作用是针对现有的 CAD 轮廓，生成相应的加工轨迹。在绘制工具条上单击图标，将显示线切割工具条，如图 8-1 所示；也可单击主菜单中“线切割”，从下拉菜单中选择指令，就能实现轨迹生成的操作并输出代码。在轨迹生成中包括 5 项功能：轨迹生成、轨迹跳步、取消跳步、轨迹仿真和查询切割面积，如图 8-2 所示。

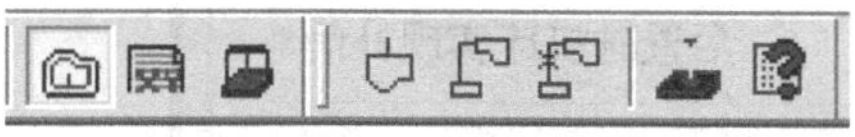

图 8-1　轨迹生成工具条

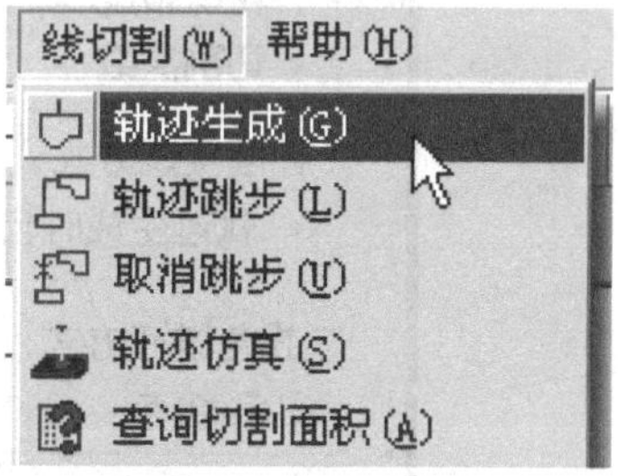

图 8-2　线切割菜单

8.2　轨迹生成步骤

在创建或者读取轮廓图形后，进行轨迹生成操作，其步骤如下：

（1）选择轨迹生成命令　可以通过单击主菜单【线切割】→【轨迹生成】或者在线切割工具条上选择图标。

（2）设置线切割轨迹生成参数表　包括加工参数与偏移量参数。设置完成后单击“确定”按钮。

（3）拾取轮廓线　在确定加工的偏移量后，系统提示拾取轮廓。此时可以利用轮廓拾取工具菜单，线切割的加工方向与拾取的轮廓方向相同。

（4）选择加工侧边　即丝偏移的方向，生成的轨迹将按这一方向自动实现丝的补偿。

（5）指定穿丝点位置及退出点位置　穿丝点的位置必须指定。退出点可以单击右键与穿丝点重合。

（6）完成上述步骤后即可生成加工轨迹。

8.3　轨迹生成的参数设置

轨迹生成时，首先要设置线切割轨迹生成参数表，如图 8-3 所示。分两个选项卡，主要参数在切割参数中进行设置。

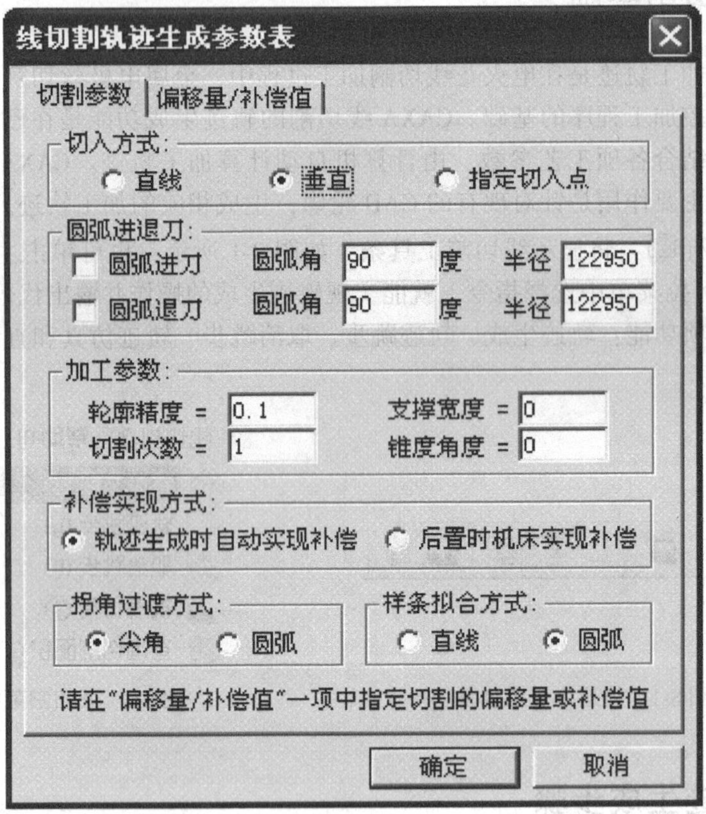

图 8-3　线切割轨迹生成参数表

1. 切入方式

定义穿丝点到加工起始段的起始点间的电极丝的运动方式，可以选择直线、垂直或者指定切入点。

（1）直线　直接从穿丝点切入到加工起始段的起始点，如图 8-4 所示。

（2）垂直　以起始段上的垂足点为加工起始点，如图 8-5 所示。当在起始段上找不到垂点时，直接从穿丝点切入到加工起始段的起始点。

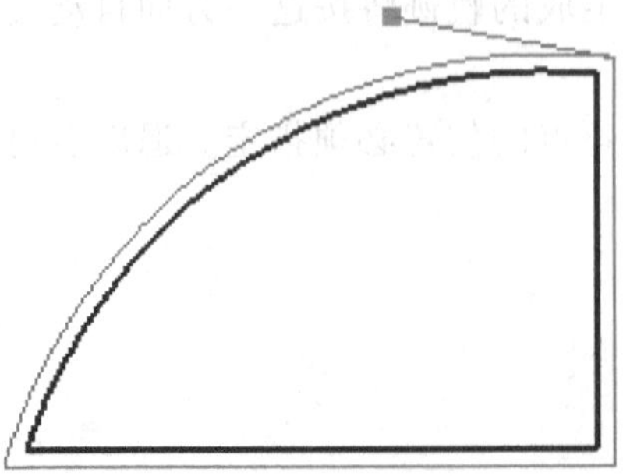

图 8-4　直线切入

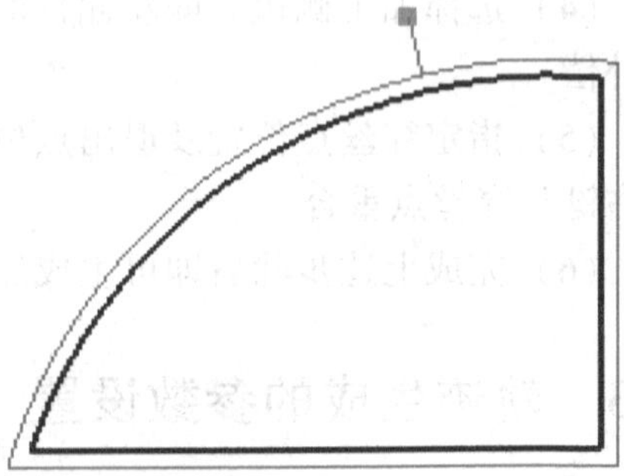

图 8-5　垂直切入

（3）指定切入点　以指定的切入点为加工起始点，如图 8-6 所示。

@ 提示

当拾取的轮廓为开放轮廓时，设置为垂直为指定切入点无效，只能使用直线方式连接到起点与终点，如图 8-7 所示。

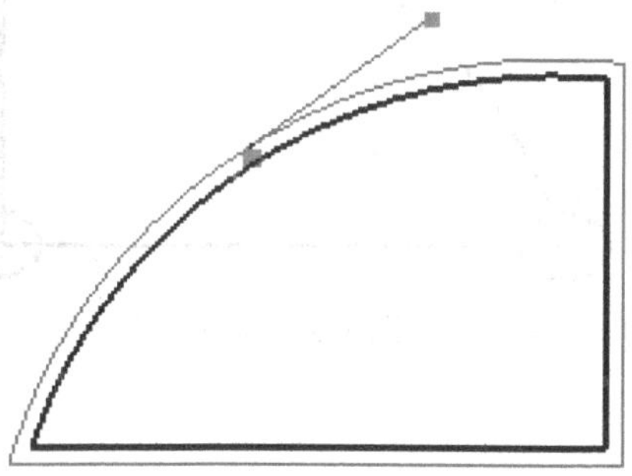

图 8-6　指定切入点

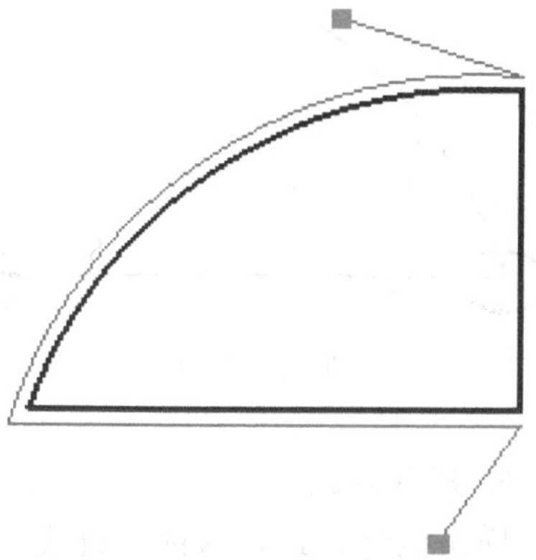

图 8-7　开放轮廓的切入

2. 圆弧进退刀

圆弧进退刀在线切割编程中通常不使用。

3. 加工参数

（1）切割次数　加工工件次数最多为 10 次。在高速走丝机床上，通常采用一次切割成形；在低速走丝机床上，通常要求精度比较高，所以一般采用四次切割：粗加工、半精加工、精加工、超精加工。当加工次数大于 1 时，必须在“偏移量/补偿值”选项框中填写每次切割的偏移量。

（2）轮廓精度　对于样条曲线用直线或圆弧拟合时的最大偏差值。系统根据给定的精度将样条曲线分成多条折线段，精度值越大，折线段的步长越长，折线段数越少；反之折线段的步长越短，折线段数越多。

（3）锥度角度　做锥度加工时，丝倾斜的角度。如果锥度角度大于 0°，关闭对话框后用户可以选择是左锥度或右锥度。

（4）支撑宽度　进行多次切割时，指定每行轨迹的始末点间保留的一段没切割的部分的宽度。当切割次数为一次时，支撑宽度值无效。

4. 补偿实现方式

（1）轨迹生成时自动实现补偿　计算机自动实现偏移量补偿，即在偏移的轮廓上生成轨迹，加工时无需再设置补偿值。通常采用这一方式。

（2）后置时机床实现补偿　生成的轨迹在所要加工的轮廓上，通过在后置处理生成的代码中加入给定的补偿值来控制实际加工中所走的路线。

5. 拐角过渡方式

轨迹生成中，轮廓的相邻两边需要连接可以采用尖角或者圆弧的过渡。

（1）尖角　各边在端点处沿切线延长后相交形成尖角，以尖角的方式过渡，如图 8-8 所示。

（2）圆弧　在拐角处插入一段相切圆弧的方式过渡连接，如图 8-9 所示。

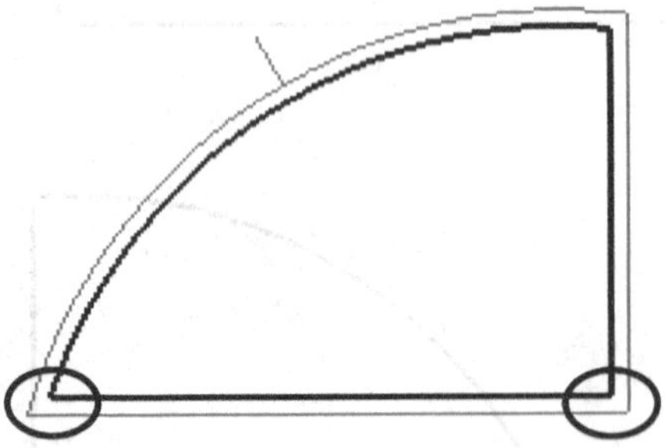

图 8-8　尖角

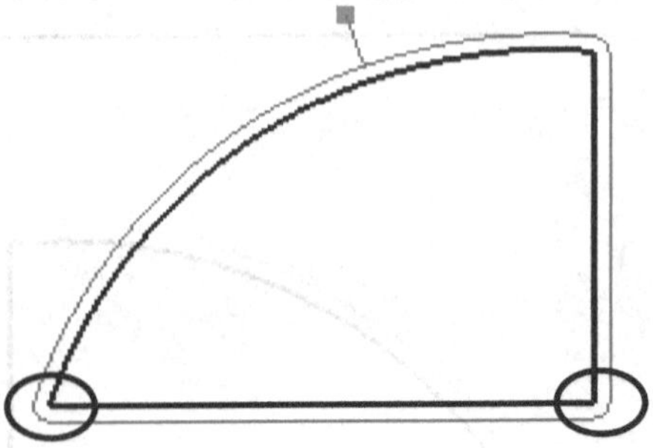

图 8-9　圆弧

6. 拟合方式

样条拟合方式有两种：直线拟合、圆弧拟合。

直线拟合将样条曲线拆分成多条直线段进行拟合。

圆弧拟合将样条曲线拆分成直线段和圆弧段进行拟合。与直线拟合相比，圆弧拟合生成的图形比较光滑、线段少、精度高，生成的加工代码也较少。

7. 偏移量/补偿值

单击“偏移量/补偿值”标签，可显示偏移量或补偿值设置对话框，如图 8-10 所示。可对每次切割的偏移量或补偿值进行设置，对话框内共显示了 10 次可设置的偏移量或补偿值，可以设置的次数由切割次数确定。偏移量的计算公式为：偏

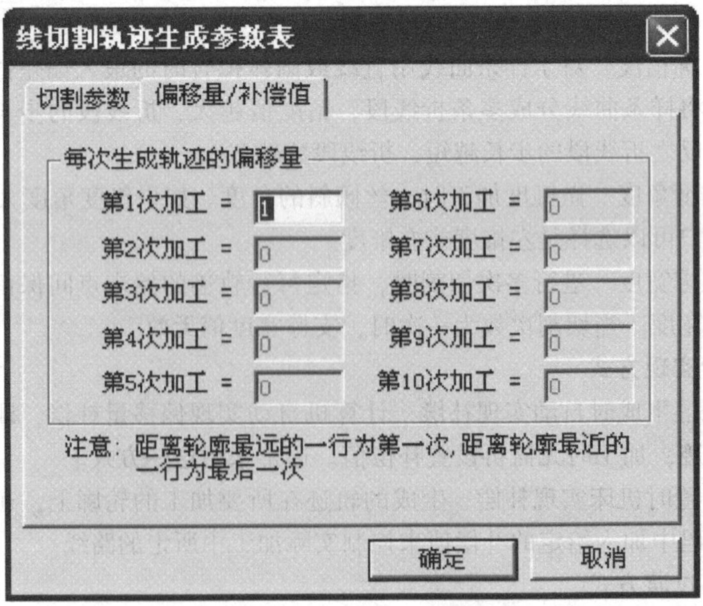

图 8-10　偏移量/补偿值设置对话框

移量 = 电极丝半径 + 单边放电间隙 + 加工预留量。

当采用轨迹生成实现补偿的方式时，指定的是每次切割所生成的轨迹距轮廓的距离；当采用机床实现补偿时，指定的是每次加工所采用的补偿值，该值可能是机床中的一个寄存器变量，也可能就是实际的偏移量，要看实际情况而定。

8.4　拾取轮廓与指定穿丝点

1. 轮廓的拾取

设置完成线切割轨迹生成参数表后，单击“确定”按钮，系统将提示拾取轮廓。可以直接拾取轮廓并指定串连方向，也可以使用轮廓拾取工具进行辅助。按键盘上的空格键，将弹出拾取工具菜单，如图 8-11 所示。

（1）链拾取　是默认的拾取方式。用户指定起始曲线及链搜索方向，系统按起始曲线及搜索方向自动寻找所有首尾搭接的曲线。适合于两根以上曲线搭接在一起的情形。其拾取过程如图 8-12 所示。需要注意的是，指定的串连搜索方向不可随便，它将影响起始位置。

图 8-11　拾取工具菜单

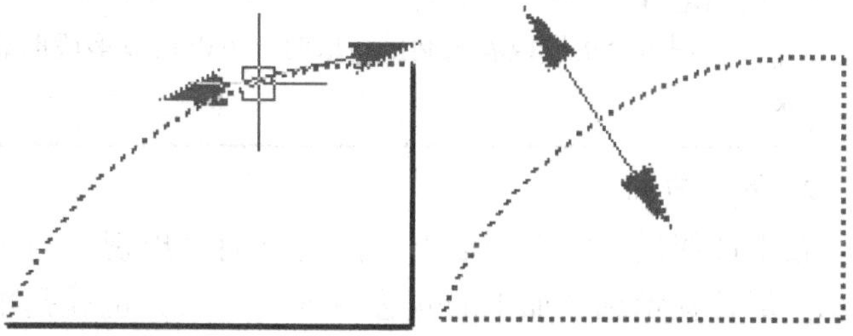

a）　b）

图 8-12　链拾取

@警告

拾取的轮廓不允许有交叉点。

（2）单个拾取　依次拾取需批量处理的各条曲线，此时指定箭头方向将表示其轮廓走向。它适合于曲线条数不多且不适合于“链拾取”的情形，拾取过程如图 8-13 所示。

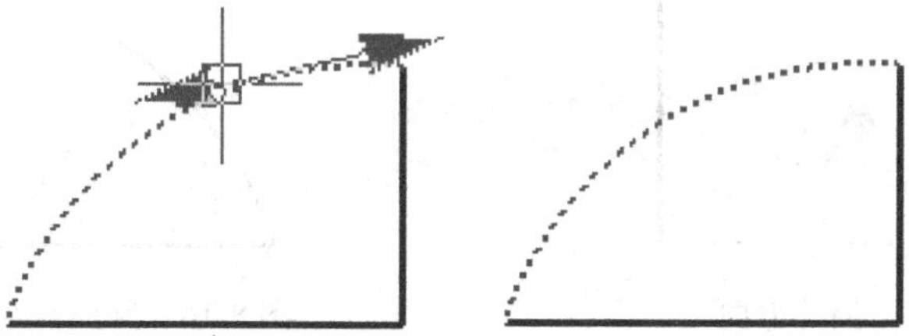

a）　b）

图 8-13　单个拾取

@警告

必须依次拾取串连搜索方向的相邻曲线。

（3）限制链拾取　需用户指定起始曲线、搜索方向和限制曲线，系统按起始曲线及搜索方向自动寻找首尾搭接的曲线至指定的限制曲线。它适用于避开有两根以上曲线搭接在一起的情形，以正确地拾取所需要的曲线。拾取过程如图 8-14 所示。

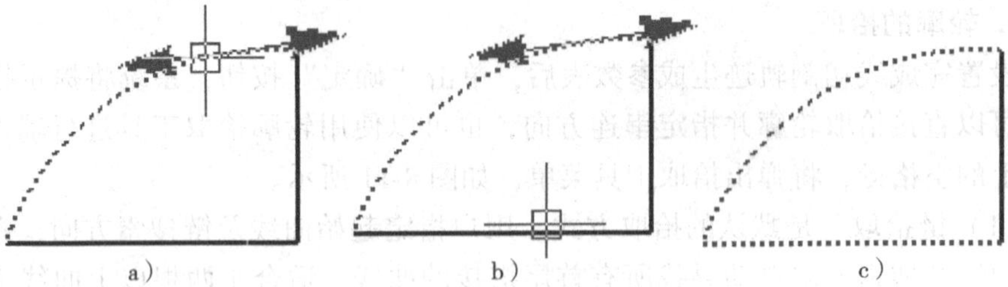

图 8-14　限制链拾取

@提示

使用单个拾取或者限制链拾取时，可以拾取多段曲线，单击鼠标右键完成拾取。

2. 偏移方向

拾取曲线后，将在拾取点的法向方向又出现一对方向相反的箭头，如图 8-15 所示。屏幕提示选择加工的侧边或补偿方式，也就是电极丝的偏移方向。根据实际加工情况选择电极丝的补偿方式。

3. 穿丝点与退出点

选择完补偿方向后，屏幕提示拾取穿丝点，用鼠标或键盘确定穿丝点的位置单击左键即可。

穿丝点拾取完毕后，屏幕再次提示输入退出点。如果退出点与穿丝点重合，则直接单击鼠标右键或回车；如果不重合，则选择别的点作为电极丝的退出点，如图 8-16 所示。

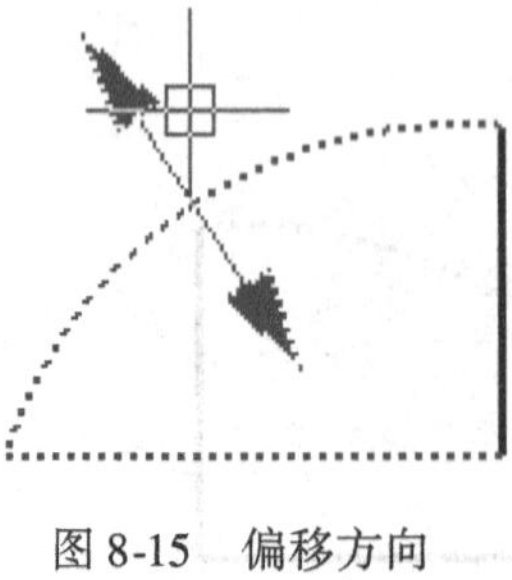

图 8-15　偏移方向

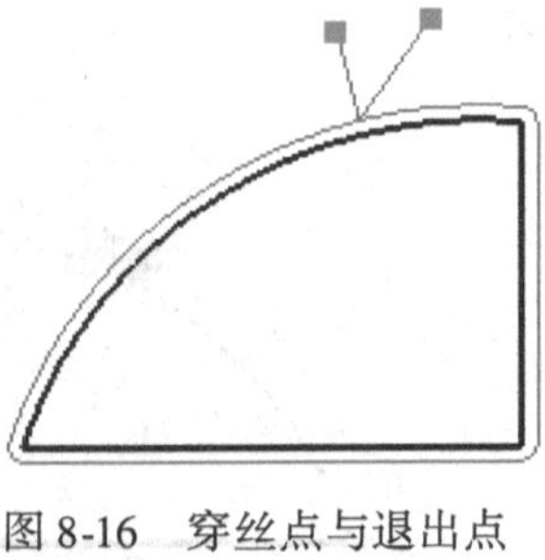

图 8-16　穿丝点与退出点

确定退出点后，系统自动计算加工轨迹，单击鼠标右键结束命令。

@警告

设定穿丝点或退出点时，要特别注意切入路径不要与轮廓交叉。

4. 切入点

选择切入方式为“指定切入点”时，最后还需要在起始轮廓上指定一个切入点。

8.5　轨迹生成示例

完成如图 8-17 所示一个零件的线切割轨迹生成，底边不需要切割。

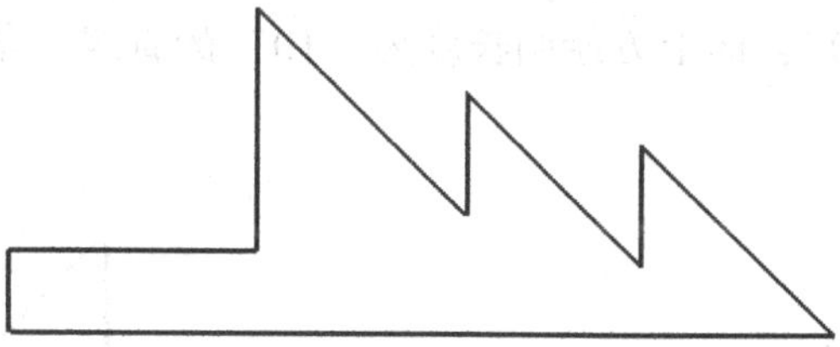

图 8-17　示例

步骤 1　启动 CAXA 线切割

在桌面上双击 CAXA 线切割的快捷方式图标，启动 CAXA 线切割。

步骤 2　绘制两点直线

单击主菜单的【绘制】→【基本曲线】→【直线】指令。在底部出现直线绘制的立即菜单。在立即菜单上更改第 1 个选项为“两点线”，再设置选项如图 8-18 所示。

图 8-18　直线选项设置

在屏幕上指定任意一点，再移动光标到左侧，生成一条水平直线，如图 8-19 所示。更改长度为“10”，向上方绘制直线，如图 8-20 所示；更改长度为“30”，向右侧绘制直线，再向上方绘制直线，如图 8-21 所示。

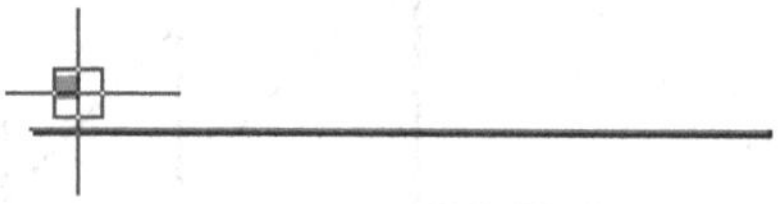

图 8-19　绘制水平线

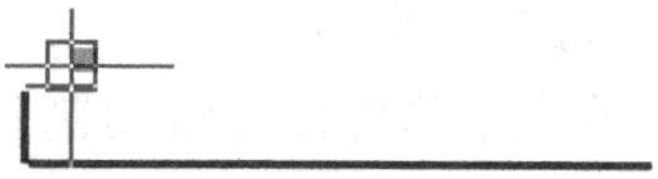

图 8-20　绘制竖直线

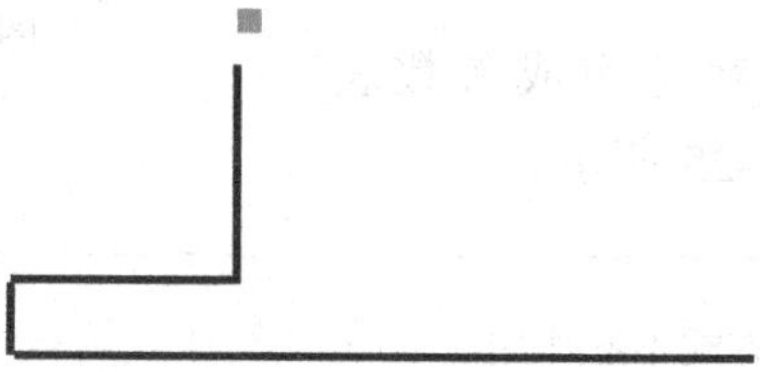

图 8-21　绘制两点线

步骤 3　绘制角度线

在立即菜单上更改第 1 个选项为“角度线”，再设置选项，如图 8-22 所示。

图 8-22　设置角度线选项

拾取上端点，移动光标到右下方并输入长度为“40”绘制直线。

改变角度为“90”，向上方绘制长度为“20”的直线。

改变角度为“135”，向右下方绘制长度为“30”的直线。

改变角度为“90”，向上方绘制长度为“10”的直线。角度线的绘制如图8-23所示。

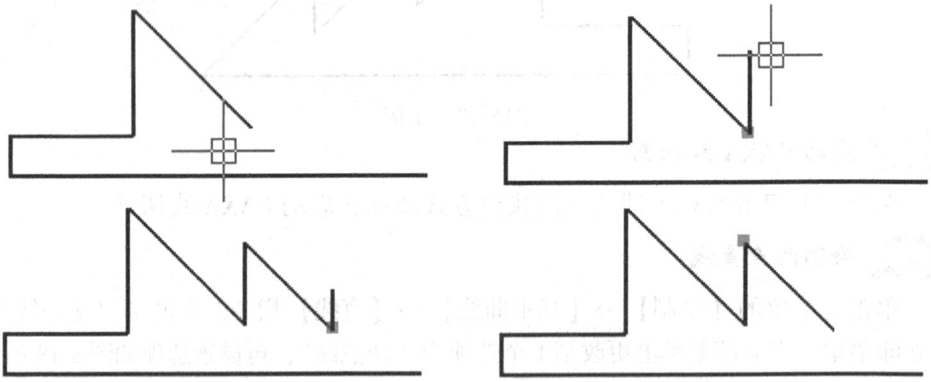

图 8-23　绘制角度线

第 8 讲

步骤 4　绘制两点直线

在立即菜单上更改第 1 个选项为“两点线”，再设置选项 3 为“非正交”。拾取两个开放端点，完成直线如图 8-24 所示。

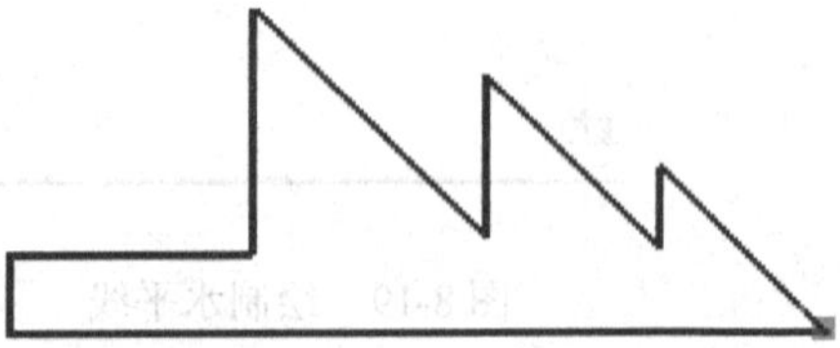

图 8-24　绘制两点线

步骤 5　轨迹生成

在主菜单选择【线切割】→【轨迹生成】。

步骤 6　设置切割参数

系统弹出“线切割轨迹生成参数表”对话框，设置参数如图 8-25 所示。

> **@警告**
>
> 开放轮廓的切入方式不起作用。

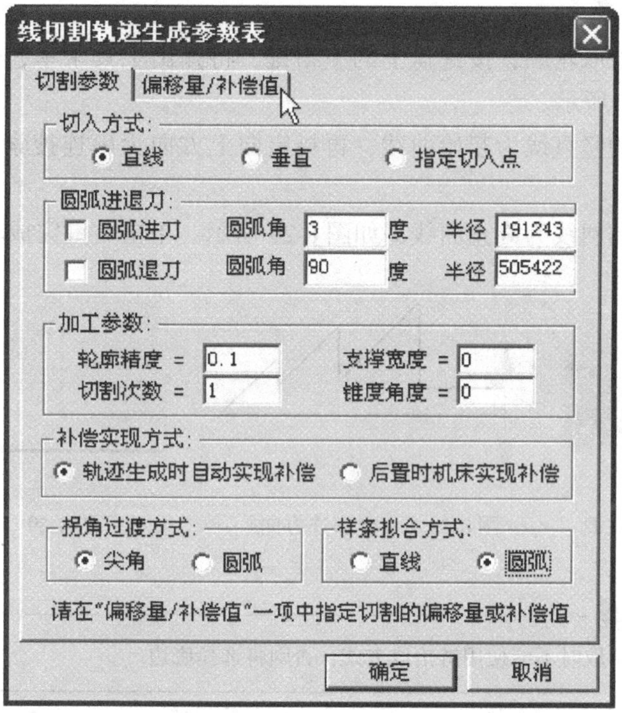

图 8-25　“线切割轨迹生成参数表”对话框

步骤 7　设置偏移量

单击“偏移量/补偿值”标签，设置第 1 次加工的偏移量为“0.2”，如图8-26所示。设置完成后单击“确定”按钮。

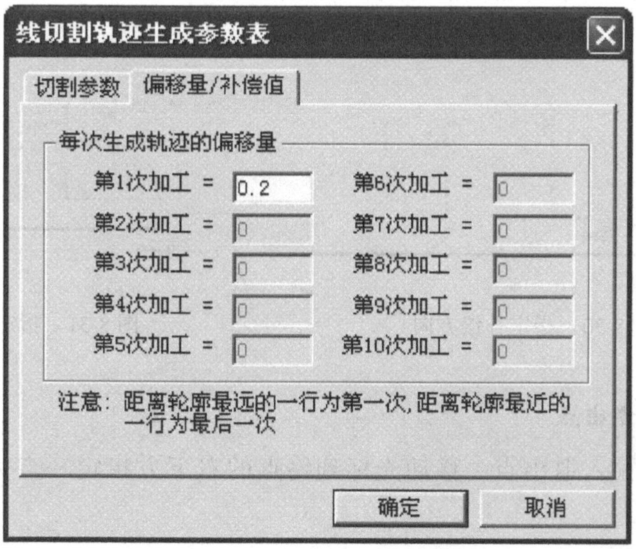

图 8-26　设置偏移量

第 8 讲

步骤 8 拾取轮廓

系统提示拾取轮廓，按键盘上的空格键，将弹出工具菜单，选择“限制链拾取”，如图 8-27 所示。

拾取右侧的竖直线为起始曲线，再指定向上方向为串连搜索方向，如图 8-28 所示。

拾取右侧的斜线为终止曲线，如图 8-29 所示。单击右键完成轮廓拾取。

图 8-27 拾取工具

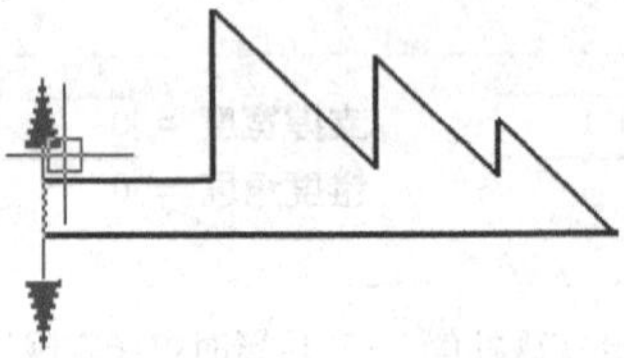
图 8-28 指定串连方向

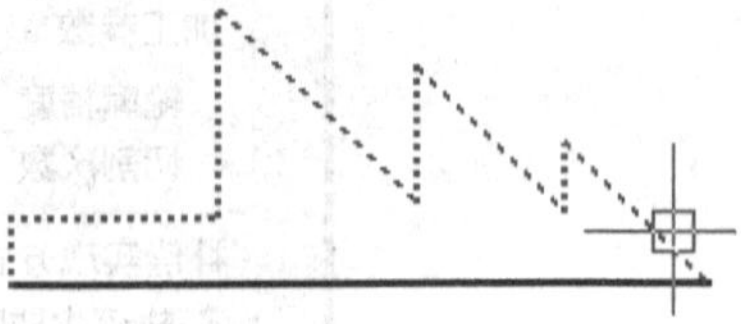
图 8-29 拾取轮廓

@ 关键

轮廓拾取时不能使用链拾取方式，否则将选择底边。

步骤 9 指定切割侧边

切割方向确定后，在轮廓法线方向出现一对反向的箭头，要求选择补偿的方向，选择轮廓外侧的箭头方向作为补偿方向，如图 8-30 所示。

步骤 10 指定穿丝点

系统提示输入穿丝点，移动光标到起点的左下方拾取一点为穿丝点，如图 8-31所示。

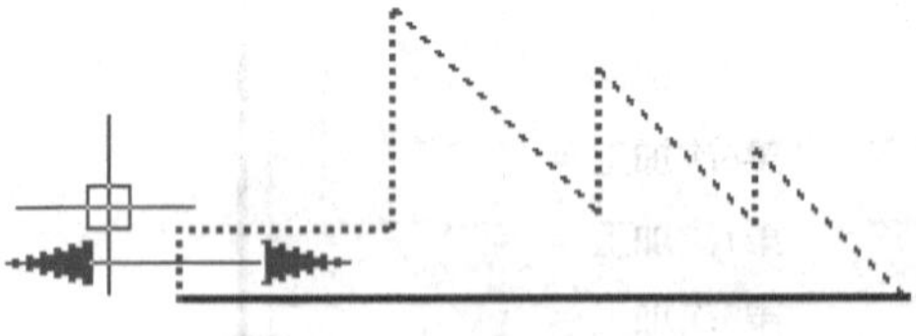
图 8-30 指定补偿方向

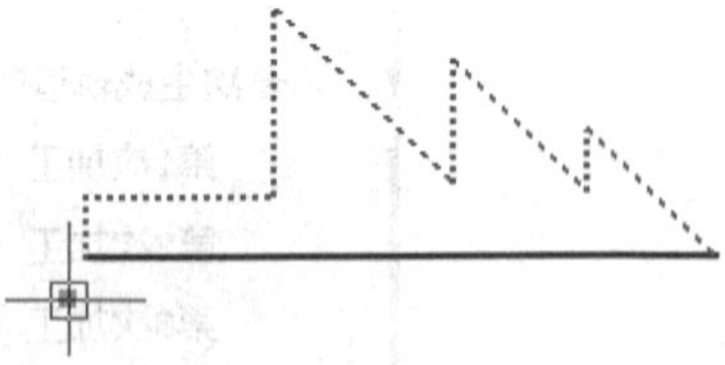
图 8-31 指定穿丝点

步骤 11 指定退出点

系统提示输入退出点，移动光标到终点的右下方指定一点为退出点，如图 8-32所示。

步骤 12 生成轨迹

系统通过计算生成切割轨迹，如图 8-33 所示。

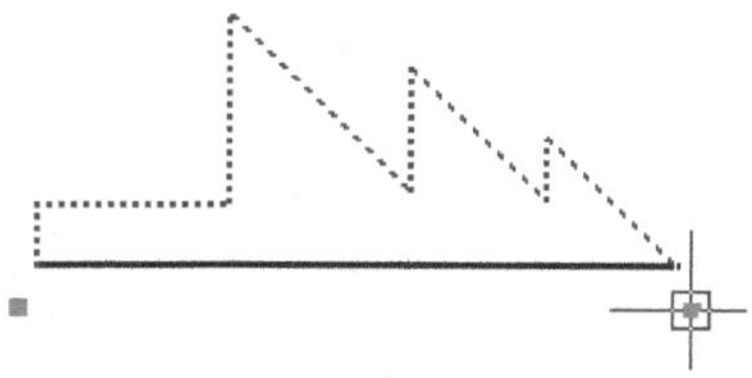

图 8-32　拾取退出点

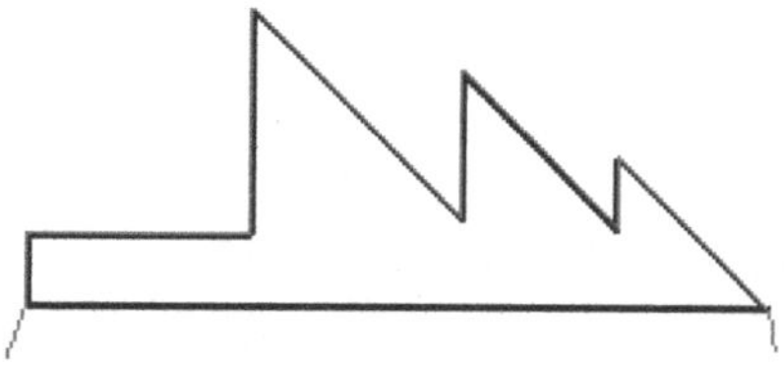

图 8-33　生成轨迹

步骤 13　保存文件

单击工具栏上的【保存】图标，输入文件名为“T8”，单击“保存”按钮保存文件。

复习与练习

完成如图 8-34 所示轮廓的上下部分开放轮廓的线切割轨迹生成。

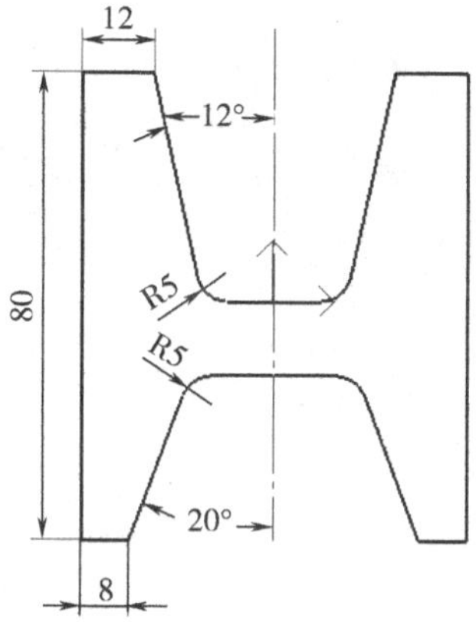

图 8-34　练习题

第9讲 代码生成

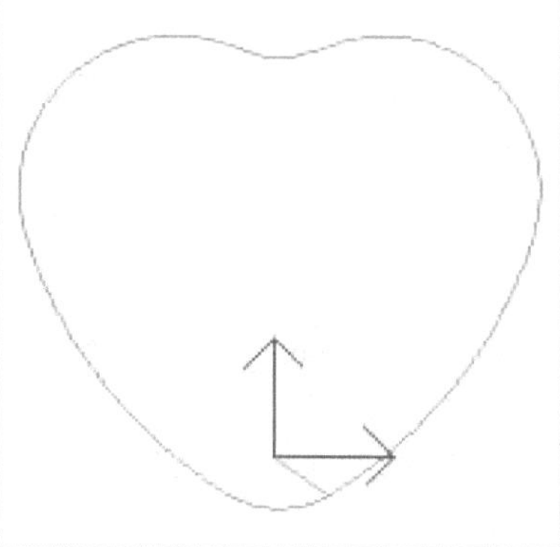

本讲要点

- 生成代码
- 校核代码
- 查看代码

代码生成就是把系统生成的加工轨迹转化为程序代码。生成的代码可以被机床控制器识别而直接控制线切割机床的运动轨迹，从而实现工件的切割。

9.1　生成代码

CAXA 线切割可以生成不同格式的代码以适应不同的机床控制器，包括生成 3B 代码、4B/R3B 代码和 G 代码。

1. 生成 3B 代码

单击图标3B，或单击下拉菜单中【线切割】→【生成 3B 代码】，系统弹出如图 9-1 所示的生成 3B 加工代码对话框。在对话框中输入生成 3B 代码的文件名，单击“保存”按钮。

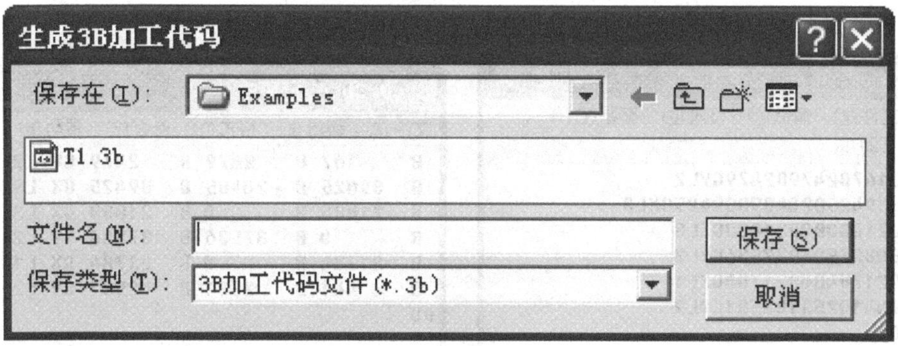

图 9-1　指定文件名

设置立即菜单选项后然后拾取加工轨迹，单击鼠标右键或按键盘回车键结束拾取，被拾取的加工轨迹即输出 3B 加工代码。

立即菜单选择如图 9-2 所示，可以根据需要选择不同的文件格式。

图 9-2　生成 3B 代码的立即菜单

选项 1 为指令输出格式，可以选择以下格式：

（1）指令校验格式　在生成数控程序的同时，每一轨迹段终点坐标一同输出，如图 9-3 所示。

（2）紧凑指令格式　只输出数控程序，各指令字符紧密排列，如图 9-4 所示。

（3）对齐指令格式　各程序段相应的代码一一对齐，每一指令代码用空格隔开，如图 9-5 所示。

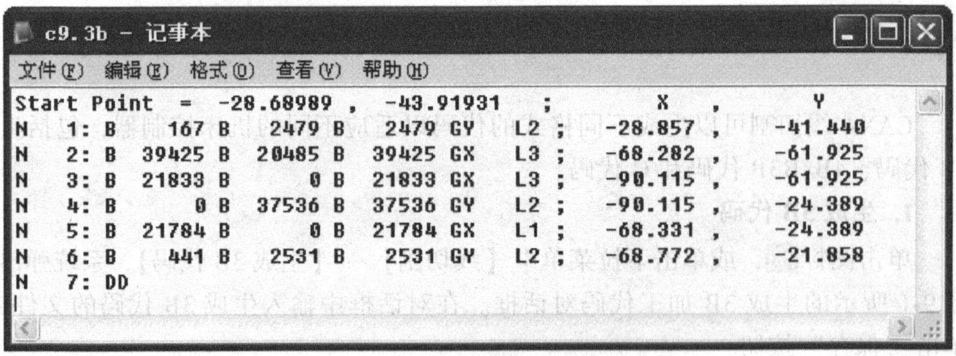

```
c9.3b - 记事本
文件(F) 编辑(E) 格式(O) 查看(V) 帮助(H)
Start Point  =  -28.68989 ,  -43.91931   ;        X    ,      Y
N   1: B    167 B   2479 B   2479 GY  L2 ; -28.857 ,  -41.440
N   2: B  39425 B  20485 B  39425 GX  L3 ; -68.282 ,  -61.925
N   3: B  21833 B      0 B  21833 GX  L3 ; -90.115 ,  -61.925
N   4: B      0 B  37536 B  37536 GY  L2 ; -90.115 ,  -24.389
N   5: B  21784 B      0 B  21784 GX  L1 ; -68.331 ,  -24.389
N   6: B    441 B   2531 B   2531 GY  L2 ; -68.772 ,  -21.858
N   7: DD
```

图 9-3　指令校验格式

```
c9.3b - 记事本
文件(F) 编辑(E) 格式(O) 查看(V)
帮助(H)
B167B2479B2479GYL2
B39425B20485B39425GXL3
B21833B0B21833GXL3
B0B37536B37536GYL2
B21784B0B21784GXL1
B441B2531B2531GYL2
DD
```

图 9-4　紧凑指令格式

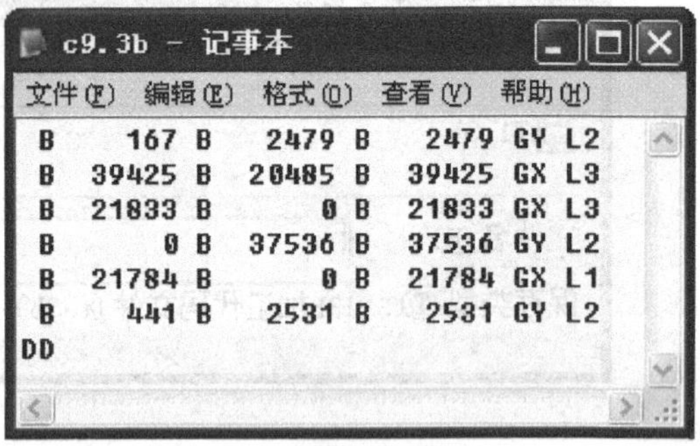

```
c9.3b - 记事本
文件(F) 编辑(E) 格式(O) 查看(V) 帮助(H)
 B    167 B   2479 B   2479 GY L2
 B  39425 B  20485 B  39425 GX L3
 B  21833 B      0 B  21833 GX L3
 B      0 B  37536 B  37536 GY L2
 B  21784 B      0 B  21784 GX L1
 B    441 B   2531 B   2531 GY L2
DD
```

图 9-5　对齐指令格式

（4）详细校验格式　不仅输出完整程序，而且还提供各轨迹段特征点的坐标，如图 9-6 所示。

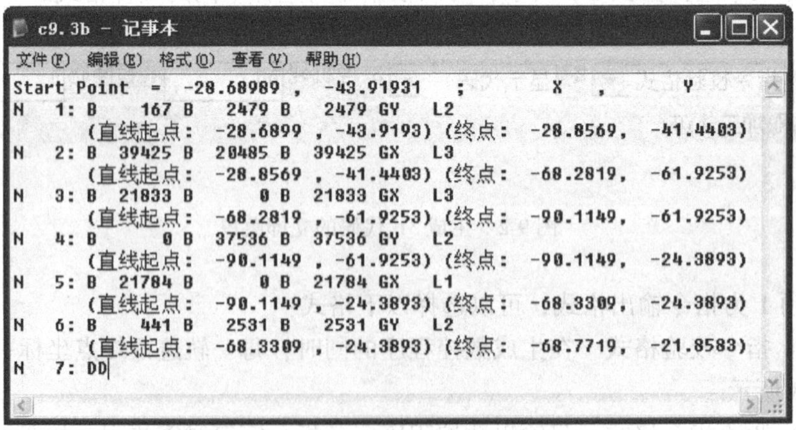

```
c9.3b - 记事本
文件(F) 编辑(E) 格式(O) 查看(V) 帮助(H)
Start Point  =  -28.68989 ,  -43.91931   ;       X    ,      Y
N   1: B    167 B   2479 B   2479 GY   L2
        (直线起点: -28.6899 , -43.9193) (终点: -28.8569,  -41.4403)
N   2: B  39425 B  20485 B  39425 GX   L3
        (直线起点: -28.8569 , -41.4403) (终点: -68.2819,  -61.9253)
N   3: B  21833 B      0 B  21833 GX   L3
        (直线起点: -68.2819 , -61.9253) (终点: -90.1149,  -61.9253)
N   4: B      0 B  37536 B  37536 GY   L2
        (直线起点: -90.1149 , -61.9253) (终点: -90.1149,  -24.3893)
N   5: B  21784 B      0 B  21784 GX   L1
        (直线起点: -90.1149 , -24.3893) (终点: -68.3309,  -24.3893)
N   6: B    441 B   2531 B   2531 GY   L2
        (直线起点: -68.3309 , -24.3893) (终点: -68.7719,  -21.8583)
N   7: DD
```

图 9-6　详细校验格式

选项 2 选择是否显示代码，即在系统在程序生成后，是否直接显示生成的加工代码。

选项3指定停机码字符串，系统默认为“DD”。

选项4可修改机床的暂停码字符串，系统默认为“D”。

屏幕提示拾取加工轨迹，可以拾取多个加工轨迹，则系统自动将各个加工轨迹按先后顺序连接起来，实现轨迹跳步的功能。完成轨迹拾取，单击鼠标右键，系统自动生成加工代码。

2. 生成4B/R3B代码

生成4B/R3B代码的操作与生成3B代码基本相似，只是其代码的格式有差别。

3. 生成G代码

单击图标，或单击下拉菜单中【线切割】→【生成G代码】，指定文件名，再拾取轨迹，单击鼠标右键完成轨迹拾取，系统自动生成G代码文件。

9.2　校核代码

校核代码是通过代码生成加工轨迹图形，以达到检验代码程序正确性的目的。

1. 校核B代码

单击图标，或单击下拉菜单中【线切割】→【校核B代码】，系统弹出对话框。选择单击“文件类型”选择要反读的数控代码的格式，然后选择数控代码所在路径及其文件名，单击“打开”按钮，系统反读代码自动生成加工轨迹图形，如图9-7所示。

2. 校核G代码

此命令与校核B代码类似，目的都是为了检验数控代码的正确性。但在执行此命令时，如果数控代码中包含圆弧程序，则必须设置相应的圆弧插补程序，否则可能出错。

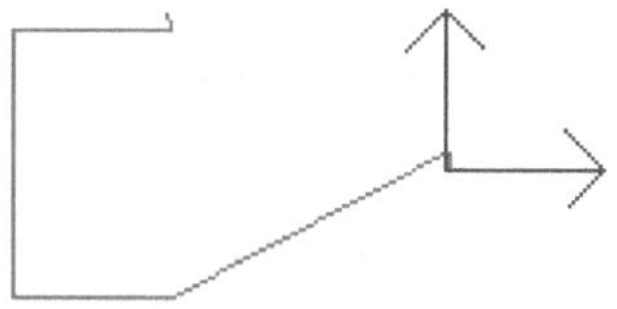

图9-7　校核B代码

9.3　查看/打印代码

此命令能实现对当前代码文件或存在的代码文件进行查看、修改、打印等操作。单击图标，或单击下拉菜单中【线切割】→【查看/打印代码】，可以在立即菜单选择“当前代码文件”选项，或者选择“选择文件”选项，从文件列表打开一个代码文件。

在记事本编辑区中能对程序进行修改等操作，如需打印程序代码，则单击下拉菜单“文件”中的“打印”即可。

9.4　代码生成示例

完成如图9-8所示一个零件的线切割轨迹生成，并生成3B格式的加工程序，并对生成的3B文件进行校验。

步骤1　启动CAXA线切割

在桌面上双击CAXA线切割的快捷方式图标，启动CAXA线切割。

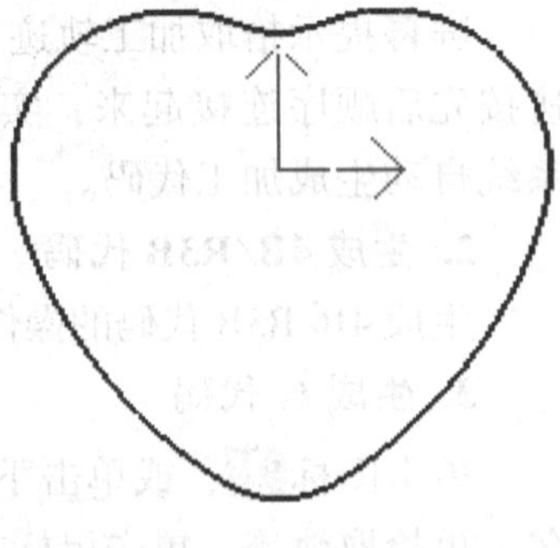

图9-8　示例

步骤2　绘制圆

单击主菜单的【绘制】→【基本曲线】→【圆】指令。在立即菜单上更改第1个选项为“圆心_半径”。

用键盘输入“22，0”，再输入半径值“33”，绘制一个圆，如图9-9所示。

单击鼠标右键，用键盘输入“-22，0”，再输入半径值“33”，绘制一个圆，如图9-10所示。

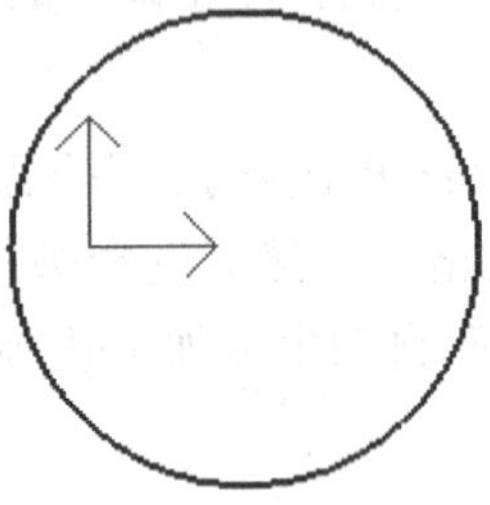

图9-9　绘制圆（一）

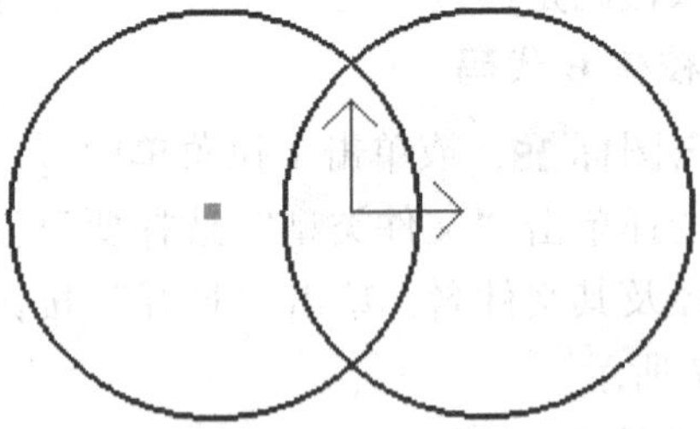

图9-10　绘制圆（二）

步骤3　绘制切圆

在立即菜单上更改第1个选项为“两点半径”。

按键盘的空格键，在点工具中选择“切点”，如图9-11所示。拾取一个圆的下部，再一次打开点工具并选择“切点”，拾取另一个圆的下部，如图9-12所示，再用键盘输入半径值“20”绘制圆，如图9-13所示。

图9-11　点工具

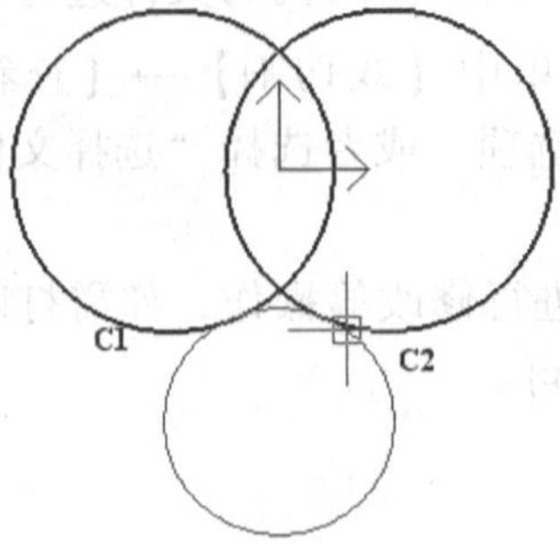

图9-12　拾取切线

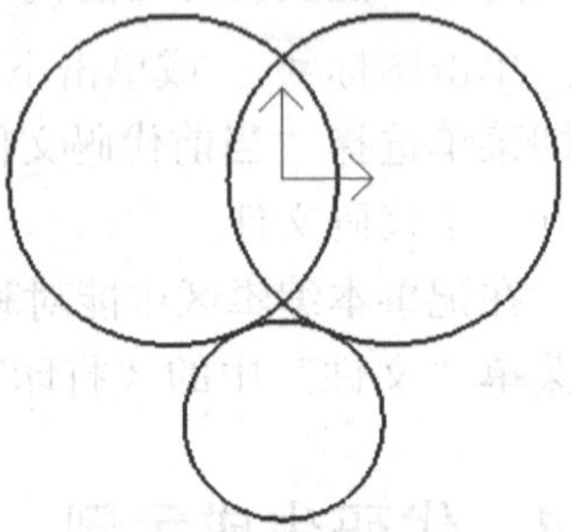

图9-13　绘制圆

再使用切点方式拾取左边的两个圆，绘制一个半径为“100”的圆，如图 9-14 所示。同样方法再绘制右边的圆，如图 9-15 所示。

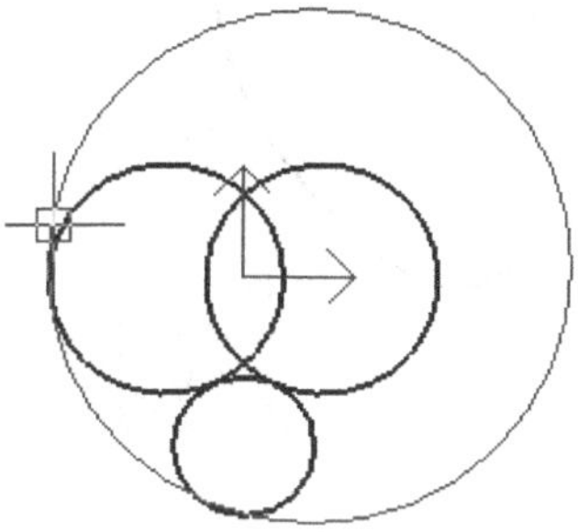

图 9-14　绘制圆（一）

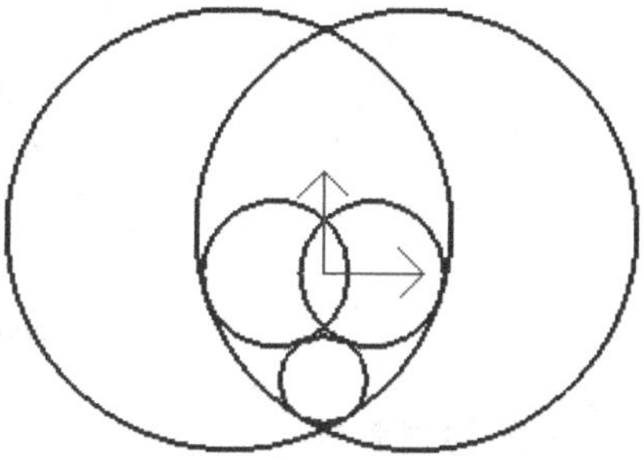

图 9-15　绘制圆（二）

步骤 4　快速裁剪

单击主菜单【绘制】→【曲线编辑】→【裁剪】，在立即菜单上选择类型为“快速裁剪”，拾取如图 9-16 所示的示意位置，裁剪多余的线段，结果如图 9-17 所示。

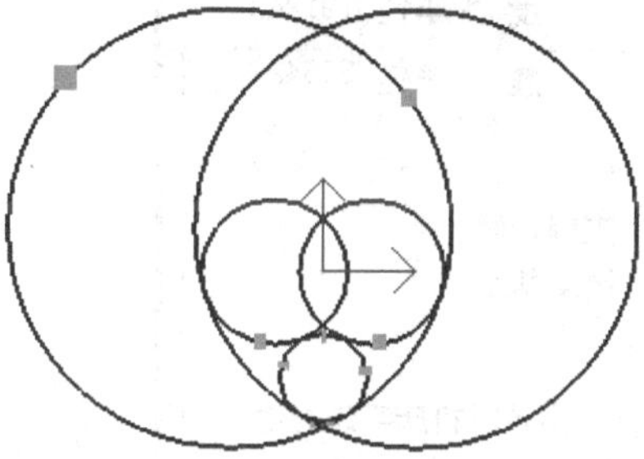

图 9-16　拾取裁剪段

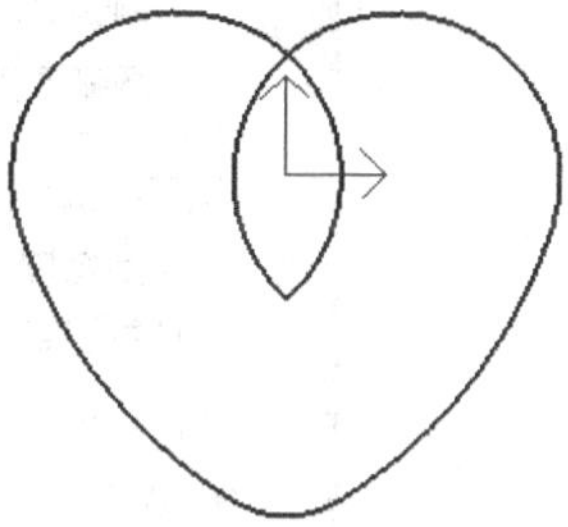

图 9-17　快速裁剪

步骤 5　圆角

单击主菜单的【绘制】→【曲线编辑】→【过渡】指令。在立即菜单上更改第 1 个选项为“圆角”，再设置半径为“20”，如图 9-18 所示。拾取上方的两个圆弧，在中间倒圆角，如图 9-19 所示。

图 9-18　圆角选项

步骤 6　轨迹生成

在主菜单选择【线切割】→【轨迹生成】。

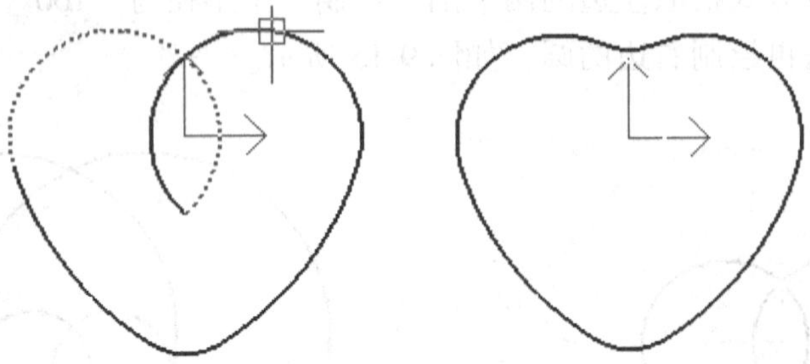

图 9-19　圆角

步骤 7　设置切割参数

在“线切割轨迹生成参数表”对话框中，设置切割参数如图 9-20 所示。

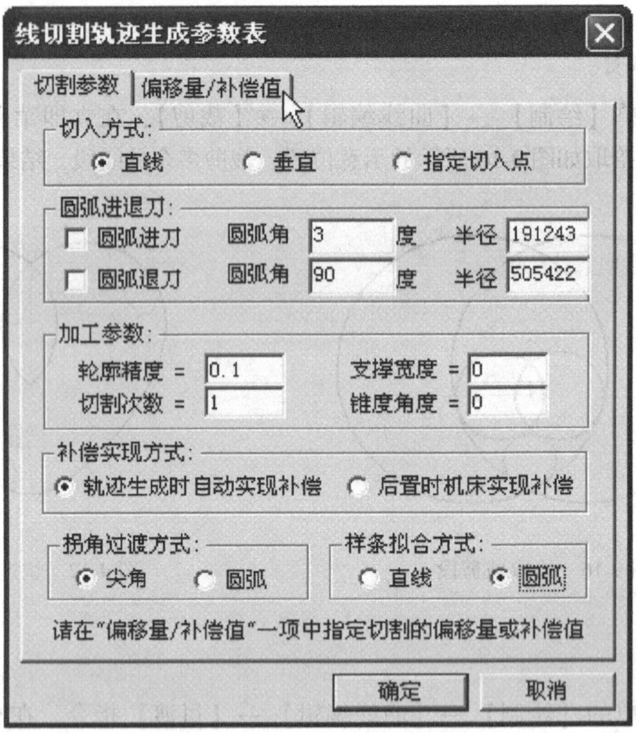

图 9-20　“线切割轨迹生成参数表”对话框

步骤 8　设置偏移量

单击“偏移量/补偿值”标签，设置第 1 次加工的偏移量为“0. 2”，如图9-21 所示。设置完成后单击“确定”按钮。

步骤 9　拾取轮廓

系统提示拾取轮廓，单击拾取底部的圆弧，选择顺时针方向的箭头作为切割的方向，如图 9-22 所示，则整个轮廓都被选中。

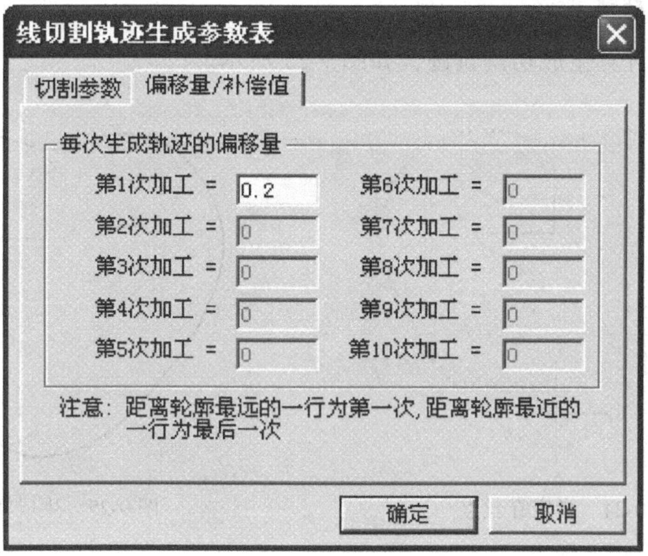

图 9-21　设置偏移量

步骤 10　指定补偿方向

拾取轮廓后，在轮廓法线方向出现一对反向的箭头，选择轮廓内侧的箭头方向作为补偿方向，如图 9-23 所示。

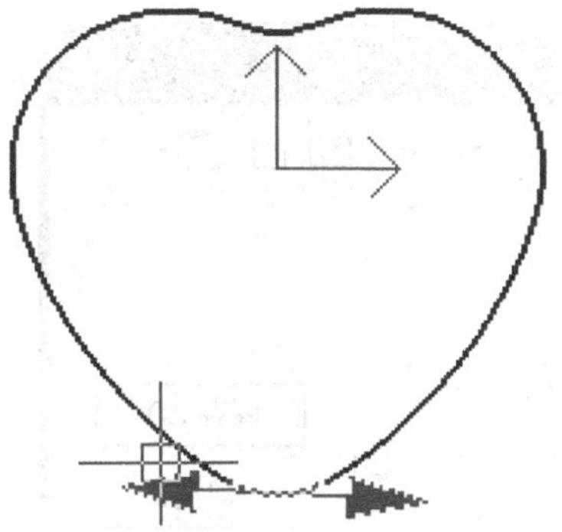

图 9-22　拾取轮廓

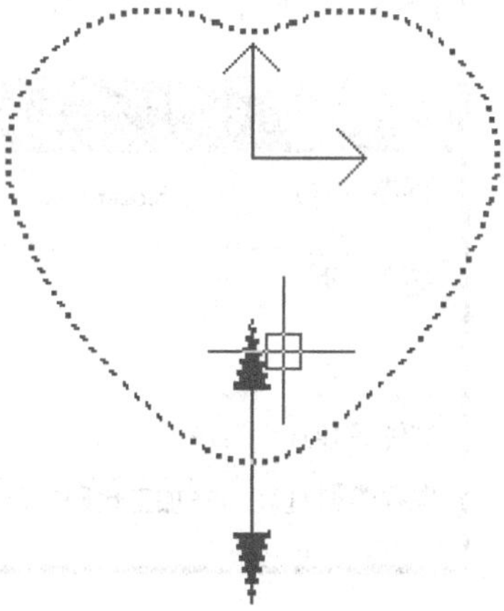

图 9-23　指定补偿方向

步骤 11　指定穿丝点与退出点

系统提示输入穿丝点，移动光标到底部圆弧的圆心位置，拾取圆心点为穿丝点，如图 9-24 所示。

系统提示输入退出点，按回车键，使退出点与穿丝点重合。

步骤 12 生成轨迹

系统通过计算生成切割轨迹，如图 9-25 所示。

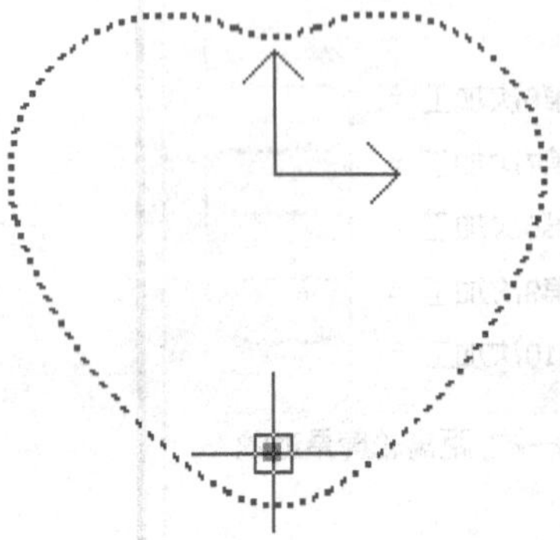

图 9-24　指定穿丝点

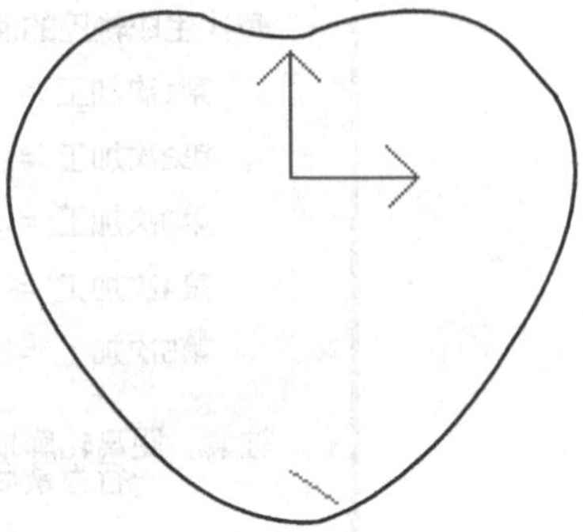

图 9-25　生成轨迹

步骤 13 保存文件

单击工具栏上的【保存】图标，输入文件名为“T9”，单击“保存”按钮保存文件。

步骤 14 生成 3B 代码

单击主菜单【线切割】→【生成 3B 代码】，在系统弹出窗口中输入文件名 T9. 3B，如图 9-26 所示，单击“保存”按钮确认文件名。

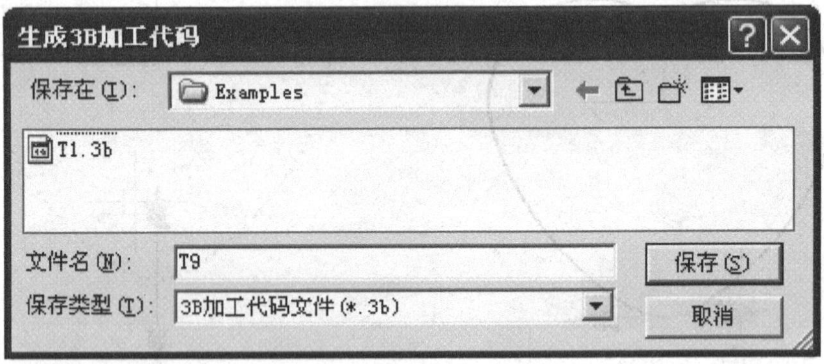

图 9-26　生成 3B 加工代码

在立即菜单上设置选项，如图 9-27 所示。

图 9-27　立即菜单

拾取刚生成的切割轨迹，如图 9-28 所示，按回车键完成轨迹的选择。

系统将生成并保存3B格式的文件T9. 3B。同时在屏幕上以记事本显示代码文件，如图9-29所示。

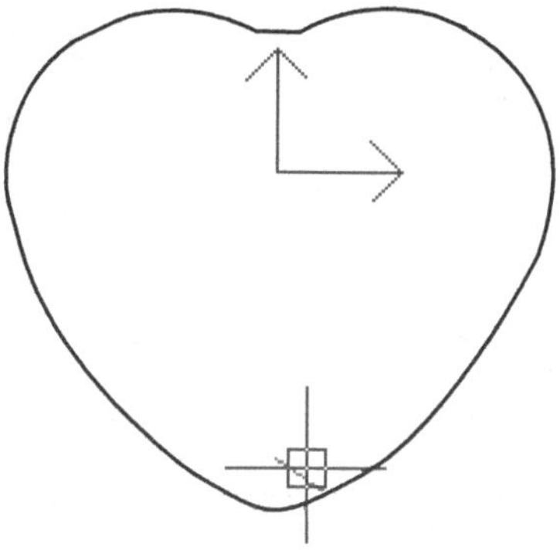

图9-28 选取轨迹

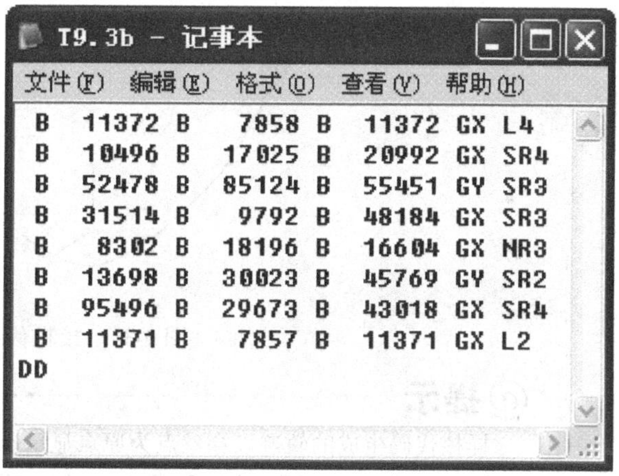

图9-29 显示3B代码

步骤15 新建文件

在工具条上单击【新建】图标，新建一个空白文件。

步骤16 查看代码

单击主菜单【线切割】→【查看/打印代码】，在立即菜单上选择选项为“选择文件”，单击右键，再在弹出的文件列表中选择“T9. 3b”，将以记事本显示代码文件，如图9-29所示。

步骤17 校核代码

单击主菜单【线切割】→【校核B代码】，系统弹出“反读3B/4B/R3B加工代码”对话框，在文件列表中选择“T9. 3b”，如图9-30所示，单击“打开”按钮，则在图形区将显示一个轨迹，如图9-31所示。

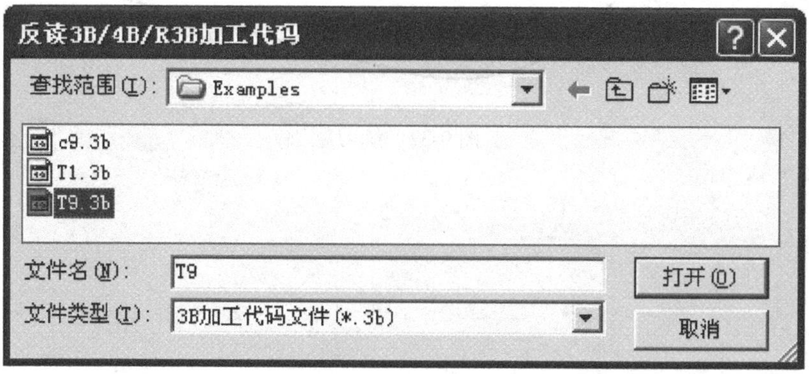

图9-30 “反读3B/4B/R3B加工代码”对话框

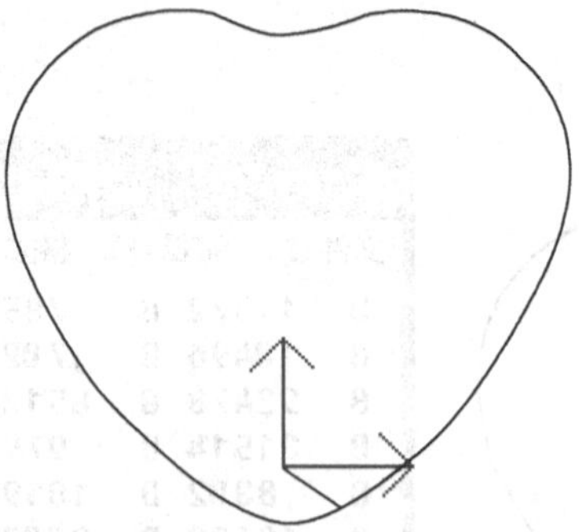

图 9-31　校核代码

@提示：

样核代码生成的轨迹以穿丝点为原点显示。

复习与练习

完成如图 9-32 所示轮廓的设计与线切割程序生成。

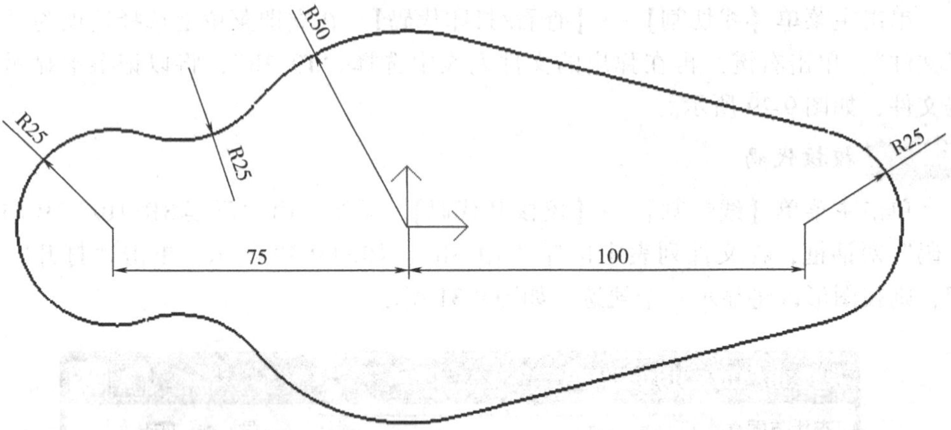

图 9-32　练习题

第10讲　轨迹操作

本讲要点

- ➢ 轨迹跳步
- ➢ 取消跳步
- ➢ 轨迹仿真
- ➢ 查询切割面积

对于生成的多个轨迹，可以通过轨迹跳步进行连接。轨迹仿真可以动态显示加工过程或者静态显示加工顺序。

10.1　轨迹跳步与取消跳步

当同一个零件存在多个加工轨迹时，为确保各轨迹间的相对位置，通常希望能把各个加工轨迹连接成一个轨迹，从而实现一次切割完成。为此，CAXA 线切割软件提供了轨迹跳步命令。

1. 轨迹跳步

单击图标，或单击下拉菜单中【线切割】→【轨迹跳步】，屏幕提示拾取加工轨迹。分别选取已处理的加工轨迹，完毕后单击鼠标右键，系统自动将各个加工轨迹按拾取的先后顺序连接，称为一个跳步加工轨迹。各个轨迹采用首尾相接的方式连接，即前一个加工轨迹的退出点与后一个加工轨迹的穿丝点相连。图 10-1 显示了轨迹跳步后连接的情形。

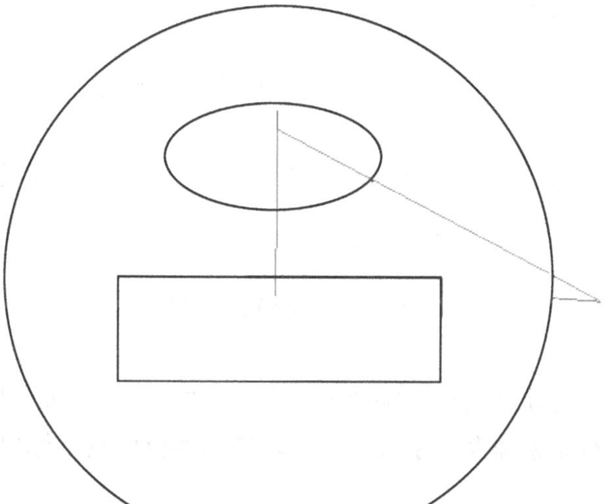

图 10-1　轨迹跳步

@提示

跳步加工轨迹在生成代码或切削仿真等操作时将作为单个轨迹。

2. 取消跳步

与轨迹跳步命令相反，取消跳步是将生成的轨迹跳步分解成多个加工轨迹。单击图标，或单击下拉菜单中【线切割】→【取消跳步】，屏幕提示拾取跳步加工轨迹。拾取完毕后，单击鼠标右键结束命令，系统自动将跳步轨迹分解成多个独立的加工轨迹。

第 10 讲

10.2 轨迹仿真

轨迹仿真命令是生成加工轨迹后，在计算机中模拟实际加工过程中切割工件的状况。单击图标，或单击下拉菜单中【线切割】→【轨迹仿真】。CAXA 线切割提供了 2 种轨迹仿真方式：动态与静态。

1. 动态

轨迹仿真时设置立即菜单的选项 1 为“连续”方式，单击“2:”输入步长数值，此数值控制电极丝的仿真运动速度，步长值越大，仿真运动速度越快。按屏幕提示拾取加工轨迹，完毕后单击鼠标右键结束命令，系统将完整地模拟动态加工的全过程，如图 10-2 所示。

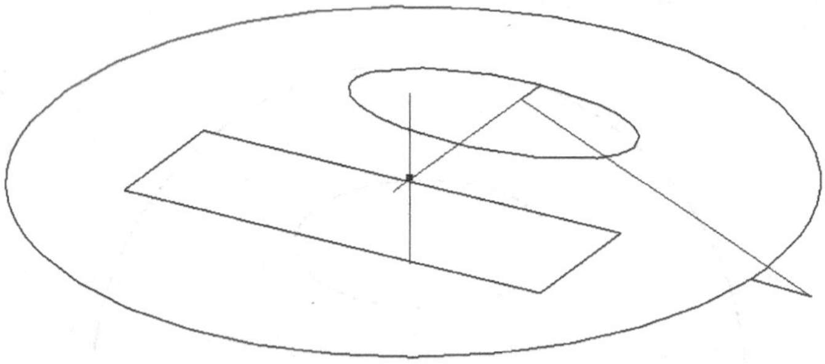

图 10-2 动态轨迹仿真

2. 静态

轨迹仿真时设置立即菜单的选项 1 为“静态”，按屏幕提示拾取加工轨迹，完毕后单击鼠标右键结束命令，系统将加工轨迹用阿拉伯数字标出加工的先后顺序，如图 10-3 所示。

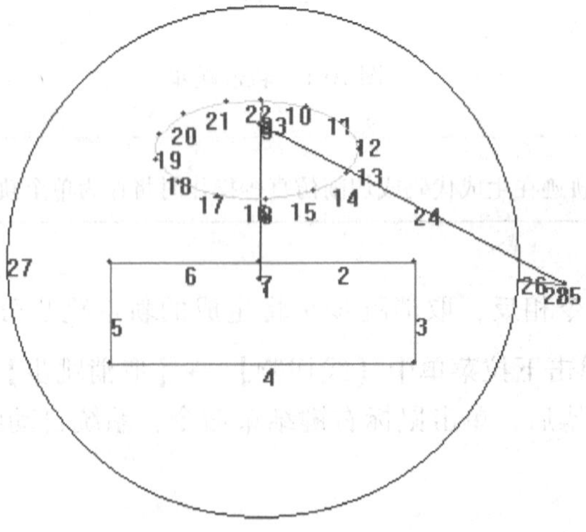

图 10-3 静态轨迹仿真

10.3 查询切割面积

线切割加工的切割速度通常用单位时间内的切割面积来衡量。为了能方便地计算出加工轨迹的长度和切割面积，CAXA 线切割提供了查询切割面积的命令。单击图标，或单击下拉菜单中【线切割】→【查询切割面积】，按屏幕提示选取加工轨迹，此时立即菜单出现如图 10-4 所示的选项，输入工件厚度后回车，系统弹出如图 10-5 所示结果窗口。

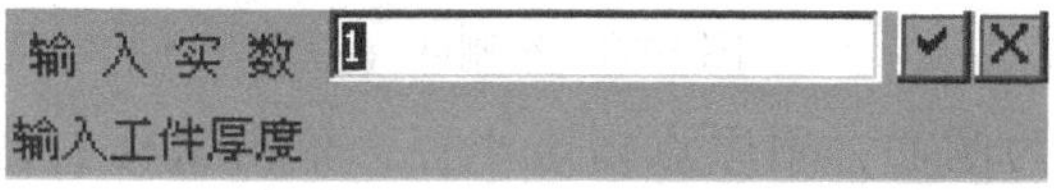

图 10-4 输入工件厚度

图 10-5 查询切割面积

10.4 轨迹操作应用示例

完成如图 10-6 所示一个零件的设计与线切割轨迹生成。

图 10-6 示例

步骤 1 启动 CAXA 线切割

在桌面上双击 CAXA 线切割的快捷方式图标，启动 CAXA 线切割。

步骤 2 绘制圆

单击主菜单的【绘制】→【基本曲线】→【圆】指令。

在立即菜单上更改第 1 个选项为“圆心_半径”。拾取原点为圆心，用键盘输入半径为“30”，单击鼠标右键完成绘制圆，如图 10-7 所示。

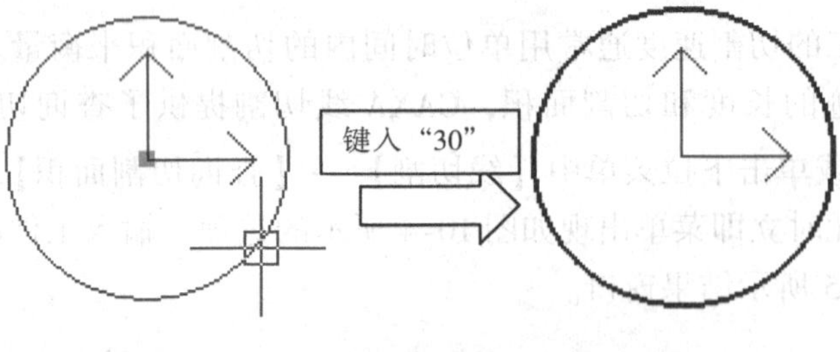

图 10-7　绘制圆（一）

拾取圆的端点为圆心，用原点指定半径，单击鼠标右键完成绘制圆，如图 10-8所示。

再拾取圆的中点为圆心、交点为圆心，分别绘制半径“30”的圆，如图 10-9 所示。

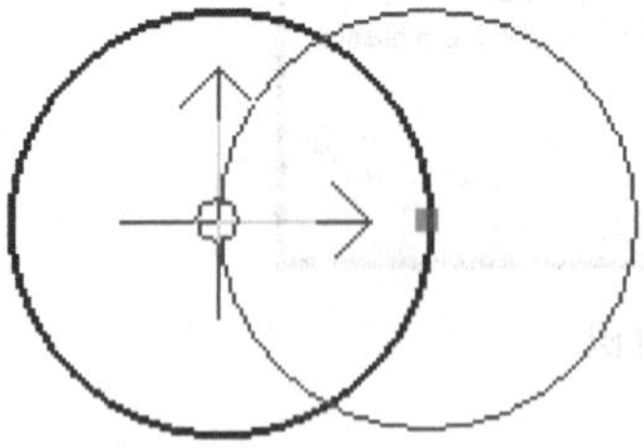

图 10-8　绘制圆（二）

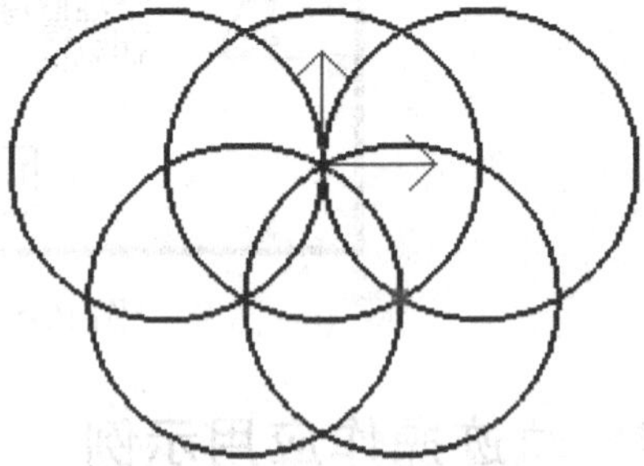

图 10-9　绘制圆（三）

步骤 3　快速裁剪

单击主菜单【绘制】→【曲线编辑】→【裁剪】，在立即菜单上选择类型为“快速裁剪”，拾取如图 10-10 所示的示意位置，裁剪多余的线段，结果如图 10-11 所示。

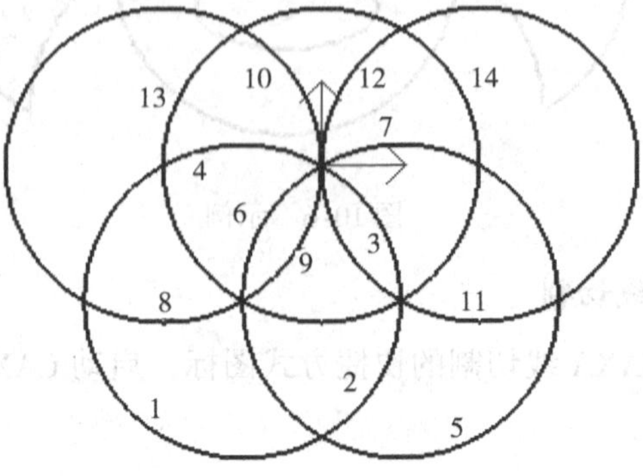

图 10-10　拾取裁剪段

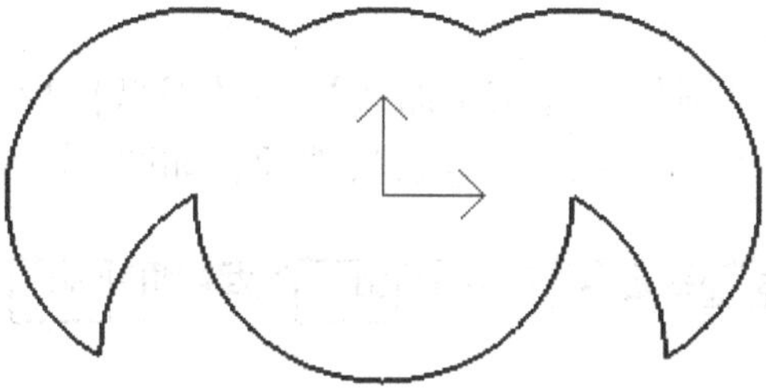

图 10-11　快速裁剪

步骤 4　绘制两点直线

单击主菜单的【绘制】→【基本曲线】→【直线】指令。在立即菜单上更改第 1 个选项为“两点线”，再设置选项，如图 10-12 所示。

图 10-12　直线选项设置

用键盘输入起始点坐标为“－15，15”，再移动光标到右侧拾取一点，生成一条水平直线，如图 10-13 所示。

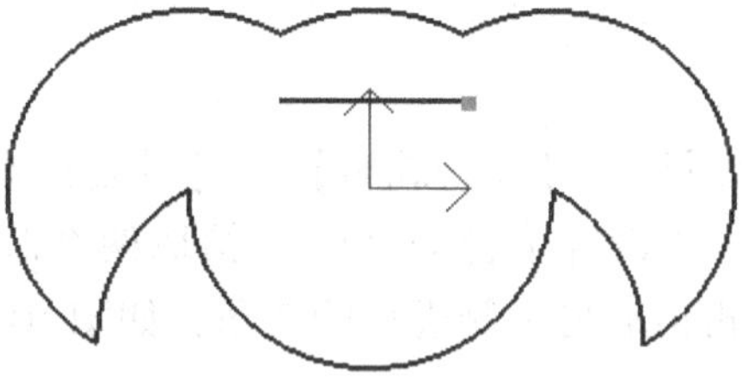

图 10-13　绘制直线

步骤 5　绘制圆

单击主菜单的【绘制】→【基本曲线】→【圆】指令。

在立即菜单上更改第 1 个选项为“圆心_半径”。拾取直线端点为圆心，用键盘输入半径“6”，单击鼠标右键完成绘制圆，如图 10-14 所示。同样方法在另一端点上绘制一个圆，如图 10-15 所示。

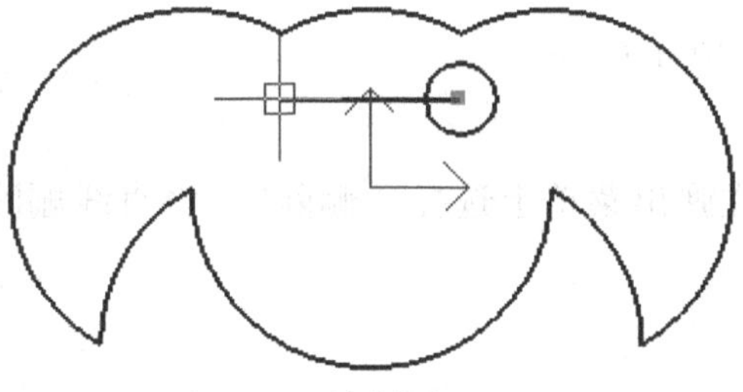

图 10-14　绘制圆（一）

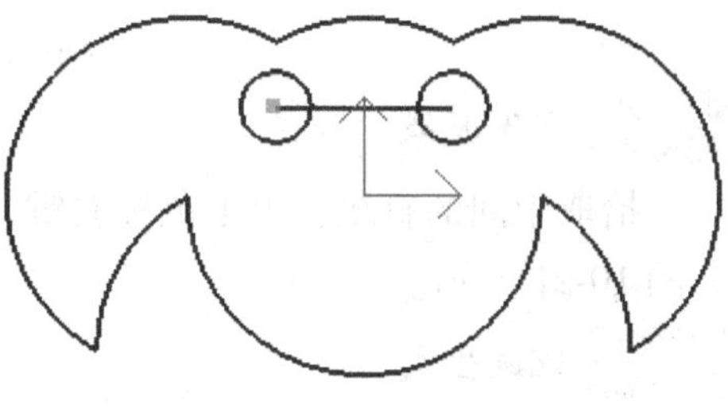

图 10-15　绘制圆（二）

步骤 6　绘制圆弧

单击主菜单的【绘制】→【基本曲线】→【圆弧】指令。单击立即菜单的选项 1，选择“圆心_半径_起终角”，并设置选项，如图 10-16 所示。

图 10-16　圆心_半径_起终角选项

拾取直线的中点为圆心，生成一个圆弧，如图 10-17 所示。

再修改起始角为“0”，终止角为“180”，拾取下方圆弧的中点为圆心生成一个圆弧，如图 10-18 所示。

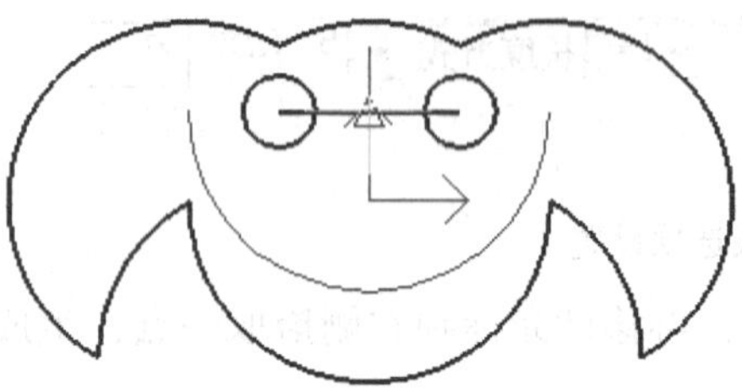

图 10-17　圆心_半径_起终角绘制圆弧（一）

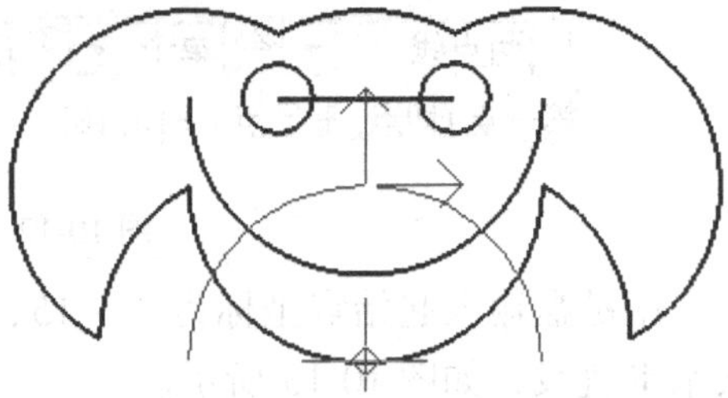

图 10-18　圆心_半径_起终角绘制圆弧（二）

步骤 7　圆角

单击主菜单的【绘制】→【曲线编辑】→【过渡】指令。在立即菜单上更改第 1 个选项为“圆角”，再设置半径为“5”。拾取两个圆弧的同一侧，进行倒圆角，如图 10-19 所示。再拾取另一侧进行倒圆角，如图 10-20 所示。

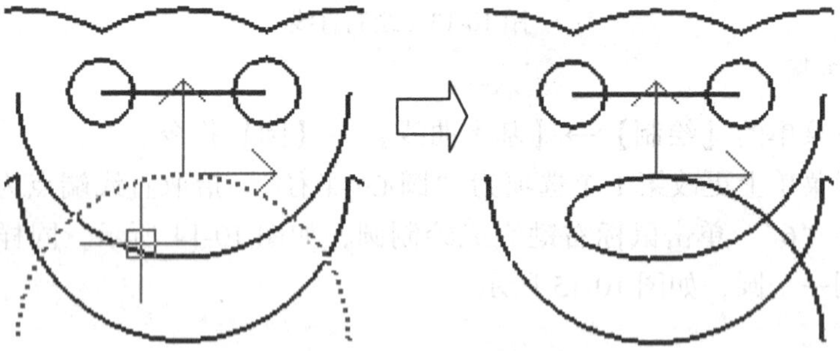

图 10-19　圆角（一）

步骤 8　删除直线

拾取中间的直线，单击鼠标右键，在弹出菜单上选择“删除”，将直线删除，如图 10-21 所示。

步骤 9　轨迹生成

在主菜单选择【线切割】→【轨迹生成】。

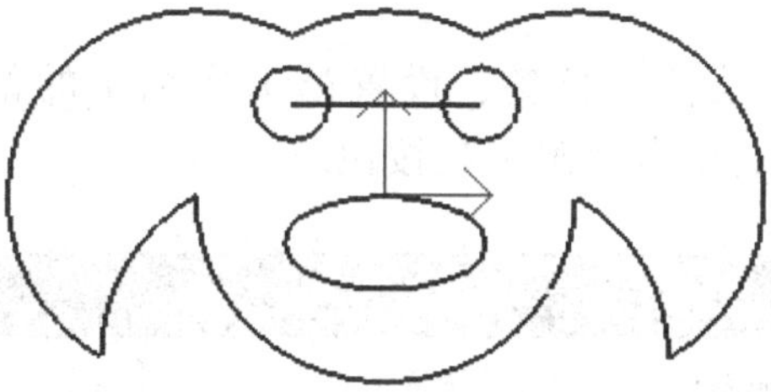

图 10-20 圆角（二）

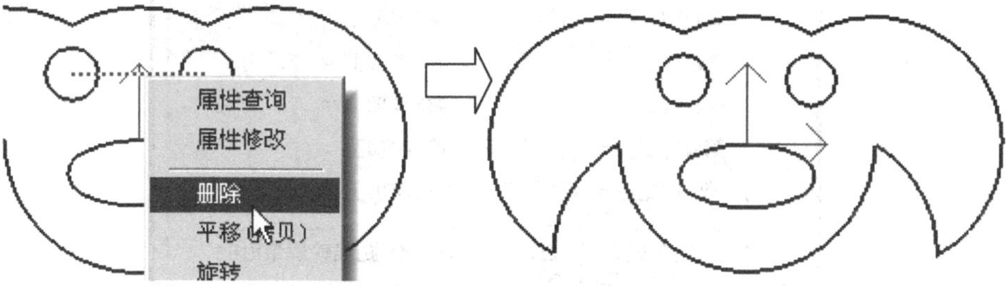

图 10-21 删除直线

步骤 10 **设置切割参数**

系统弹出“线切割轨迹生成参数表”对话框，设置切割参数如图 10-22 所示。

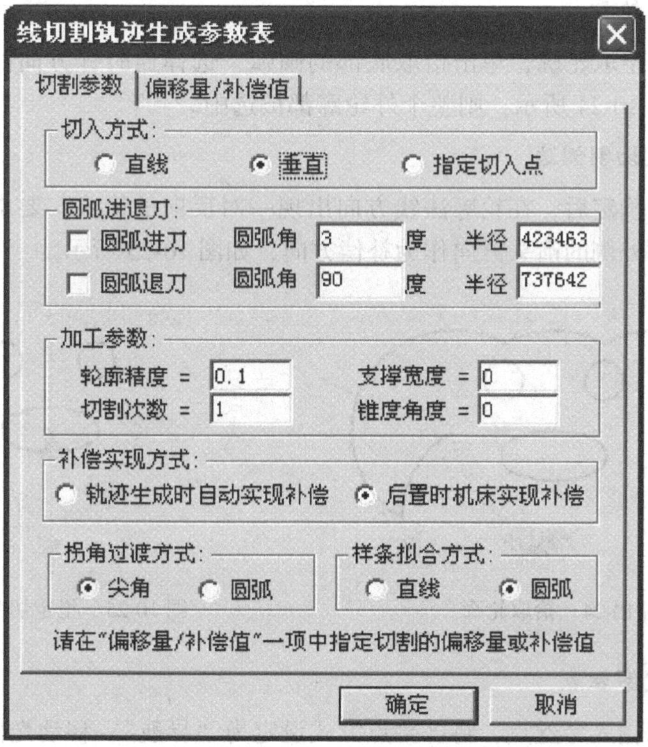

图 10-22 “线切割轨迹生成参数表”对话框

步骤 11　设置偏移量

单击“偏移量/补偿值”标签，设置第 1 次加工的偏移量为“0.2”，如图 10-23所示。设置完成后单击“确定”按钮。

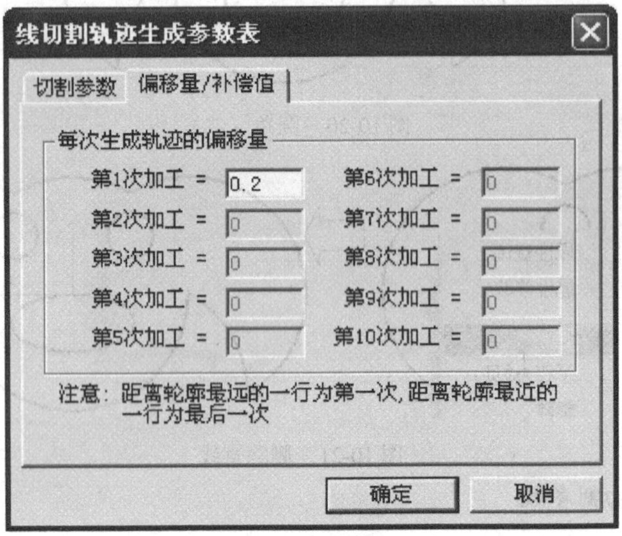

图 10-23　设置偏移量

步骤 12　拾取轮廓

系统提示拾取轮廓，单击拾取底部的圆弧，选择逆时针方向的箭头作为切割的方向，如图 10-24 所示，则整个外轮廓都被选中。

步骤 13　指定切割侧边

切割方向确定后，在轮廓法线方向出现一对反向的箭头，要求选择补偿的方向，选择轮廓外侧的箭头方向作为补偿方向，如图 10-25 所示。

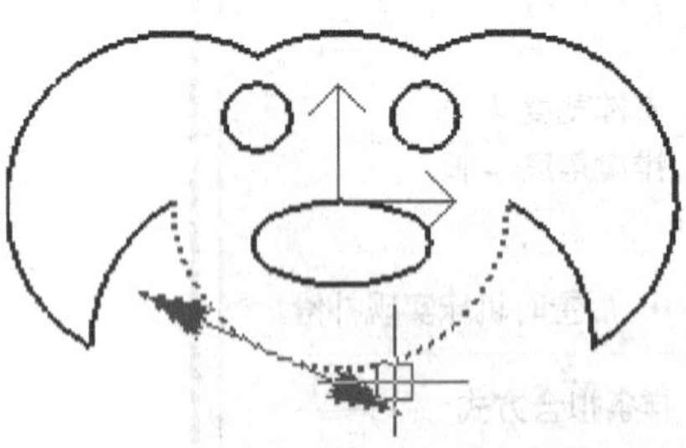

图 10-24　拾取轮廓

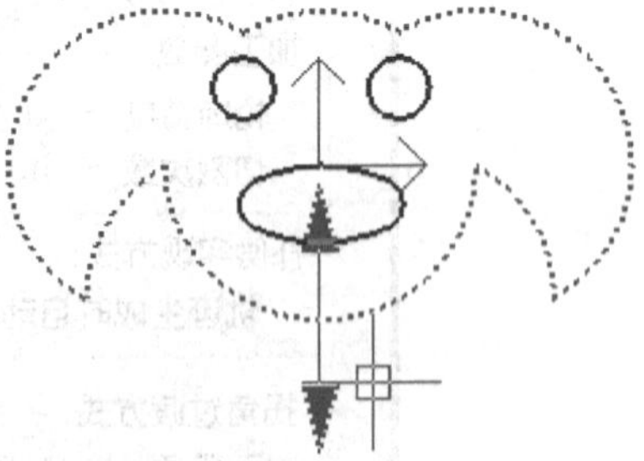

图 10-25　指定切割侧边

步骤 14　指定穿丝点

系统提示输入穿丝点，将屏幕点方式设定为“导航”，移动光标到正下方拾取一点为穿丝点，如图 10-26 所示。

系统提示输入退出点，按回车键，使退出点与穿丝点重合。

步骤15 生成轨迹

系统通过计算生成切割轨迹，如图10-27所示。

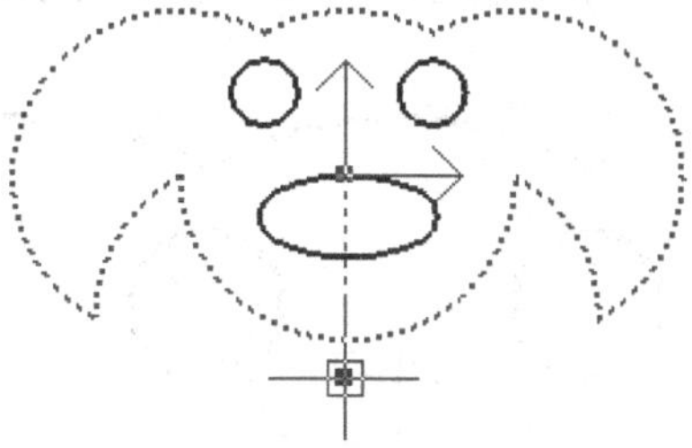

图10-26 指定穿丝点

图10-27 生成轨迹

步骤16 生成圆加工轨迹

在主菜单选择【线切割】→【轨迹生成】。

系统弹出“线切割轨迹生成参数表”对话框，设置切割参数。

单击“偏移量/补偿值”标签，设置第1次加工的偏移量为“0.2”。设置完成后单击“确定”按钮。

系统提示拾取轮廓，拾取圆并选择逆时针方向的箭头作为切割的方向。

选择轮廓内侧的箭头方向作为补偿方向。

系统提示输入穿丝点，拾取圆心点为穿丝点。

系统提示输入退出点，按回车键，使退出点与穿丝点重合。

系统通过计算生成切割轨迹，如图10-28所示。

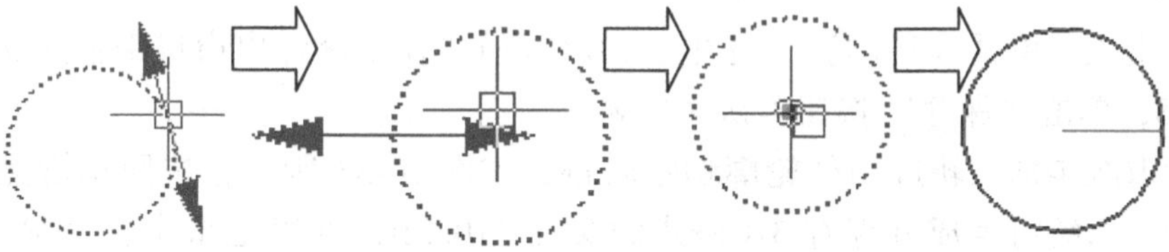

图10-28 生成圆加工轨迹（一）

同样方法，生成另一个圆的加工轨迹，如图10-29所示。使用类似方法，再生成下方轮廓的加工轨迹，如图10-30所示。

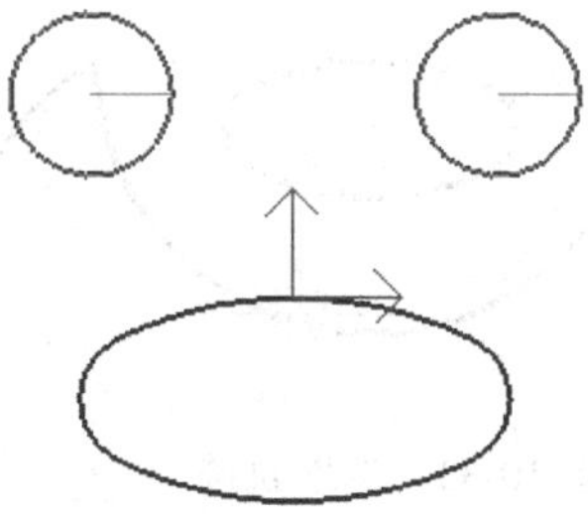

图10-29 生成圆加工轨迹（二）

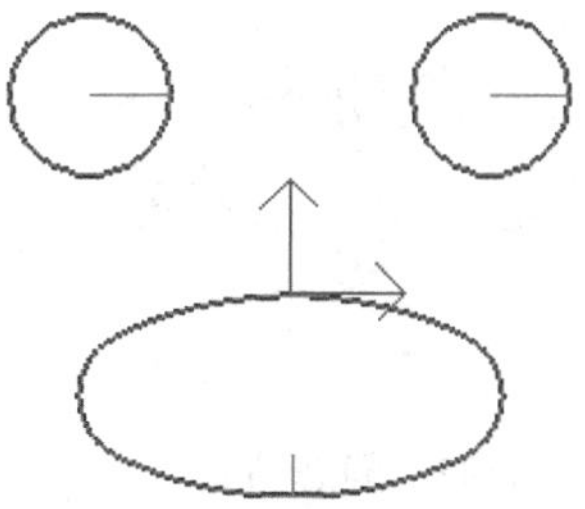

图10-30 生成轨迹

步骤 17　轨迹跳步

单击主菜单【线切割】→【轨迹跳步】，依次拾取左侧圆加工轨迹、右侧圆加工轨迹、底部轮廓加工轨迹，按回车键创建跳步加工轨迹，如图 10-31 所示。

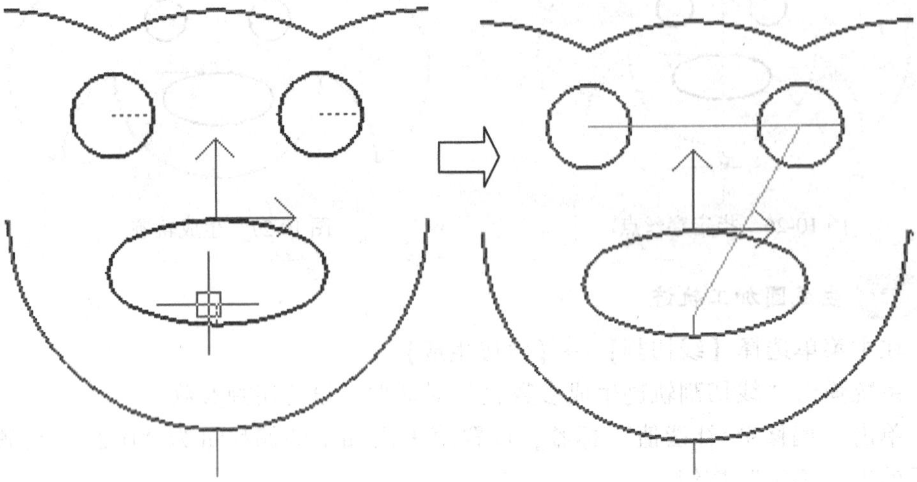

图 10-31　轨迹跳步

步骤 18　轨迹仿真

单击主菜单【线切割】→【轨迹仿真】，拾取跳步加工轨迹，进行轨迹仿真。图 10-32 所示为进行静态仿真的结果。

步骤 19　生成 3B 代码

单击主菜单【线切割】→【生成 3B 代码】，在系统弹出窗口中输入文件名为 T10. 3B，单击“保存”按钮确认文件名。

拾取跳步加工轨迹与外轮廓切割轨迹，如图 10-33 所示，按回车键完成轨迹的选择。系统将生成并保存 3B 格式的文件 T10. 3B，并以记事本打开显示文件，如图 10-34 所示。

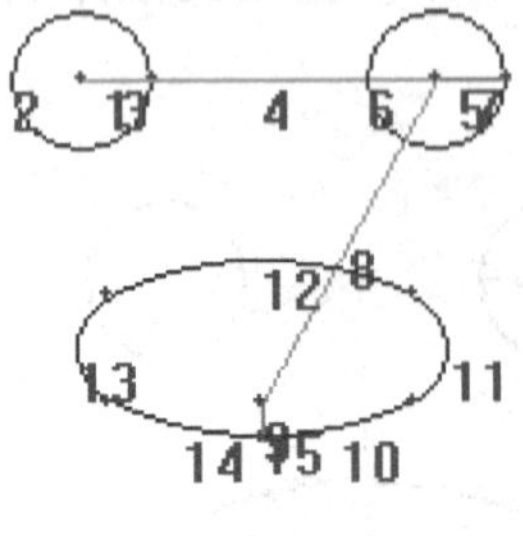

图 10-32　静态仿真

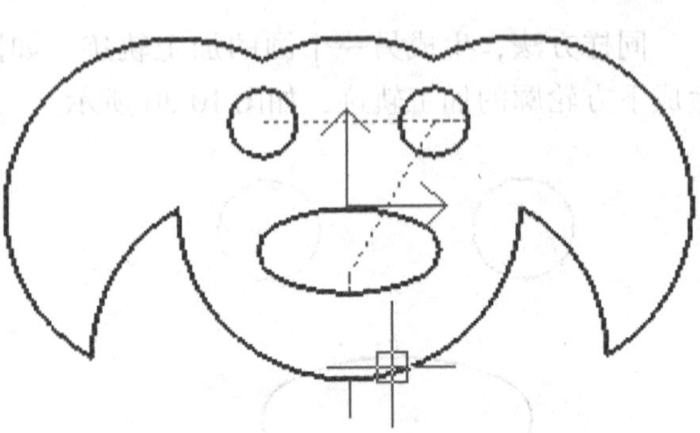

图 10-33　选取轨迹

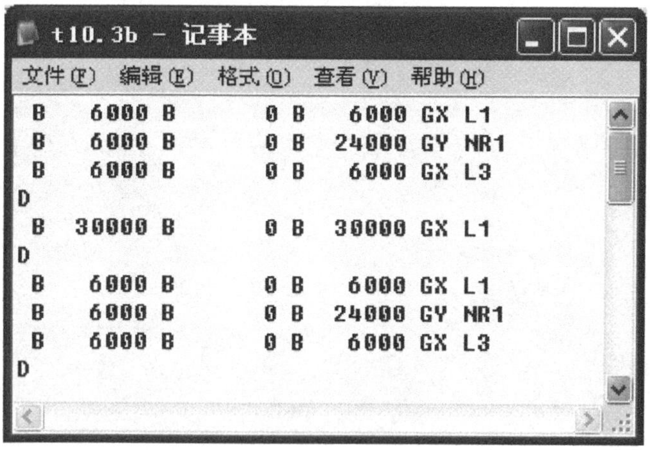


```
 B    6000 B       0 B    6000 GX L1
 B    6000 B       0 B   24000 GY NR1
 B    6000 B       0 B    6000 GX L3
D
 B   30000 B       0 B   30000 GX L1
D
 B    6000 B       0 B    6000 GX L1
 B    6000 B       0 B   24000 GY NR1
 B    6000 B       0 B    6000 GX L3
D
```

图 10-34　生成 3B 代码

步骤 20　查询切割面积

单击下拉菜单中【线切割】→【查询切割面积】，拾取跳步加工轨迹与外轮廓切割轨迹再单击右键完成，再在立即菜单中输入厚度为“12”后回车，系统弹出如图 10-35 所示结果窗口。

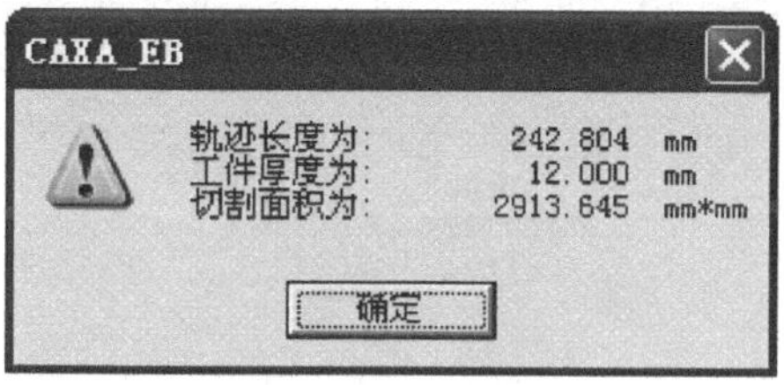

图 10-35　查询切割面积

步骤 21　保存文件

单击工具栏上的【保存】图标，输入文件名为“T10”，单击“保存”按钮保存文件。

复习与练习

完成如图 10-36 所示轮廓的设计与线切割程序生成。

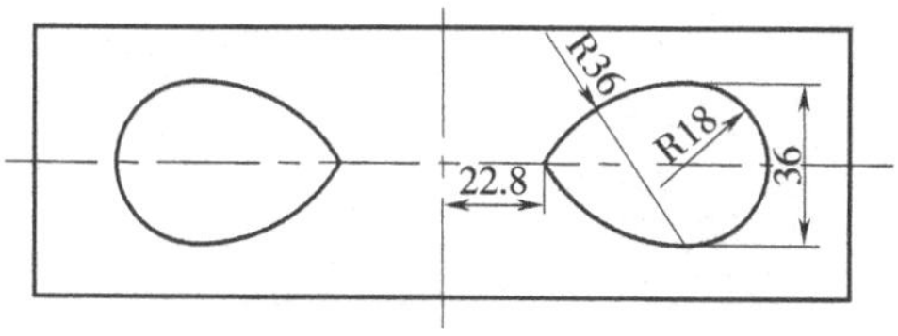

图 10-36　练习题

第11讲 矩形与多边形

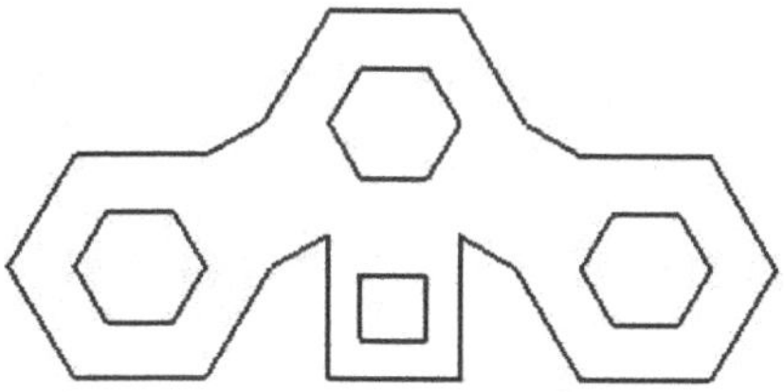

本讲要点

- 两点角绘制矩形
- 中心定位绘制矩形
- 多边形的绘制

矩形与多边形可以一次性地绘制多条直线，矩形可以使用中心定位或者两角点方式进行绘制。多边形也可以用中心或者边方式进行绘制。

11.1　矩形

矩形可以通过“两点矩形”和“中心_长_宽”两种方式进行绘制。

在菜单上选择【造型】→【基本曲线】→【矩形】或者在曲线工具条上选择图标□，系统将出现立即菜单。首先选择矩形绘制方式再按提示完成矩形的绘制。

> **@提示**
> 绘制的矩形 4 条边是相互独立的，相当于 4 条直线。

1. 两角点

给定两点绘制矩形。直接在图形上拾取两个点绘制一个矩形，如图 11-1 所示。

绘制矩形时，可以同时生成中心线，将选项 2 改为“有中心线”，生成的矩形如图 11-2 所示。

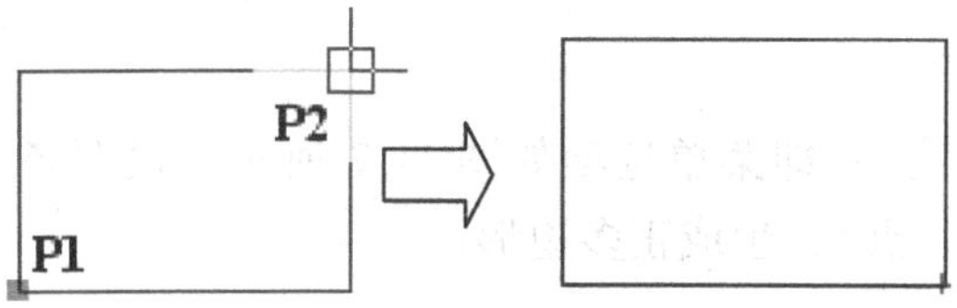

图 11-1　两点矩形

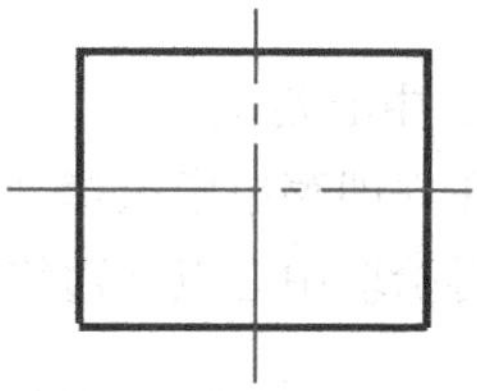

图 11-2　有中心线

2. 长度与宽度

选择矩形的选项 1 为“长度和宽度”方式时，输入长度和宽度尺寸值，选项如图 11-3 所示。再拾取一个中心点来绘制矩形，如图 11-4 所示。

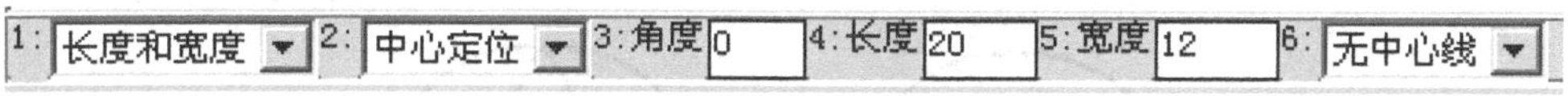

图 11-3　矩形选项

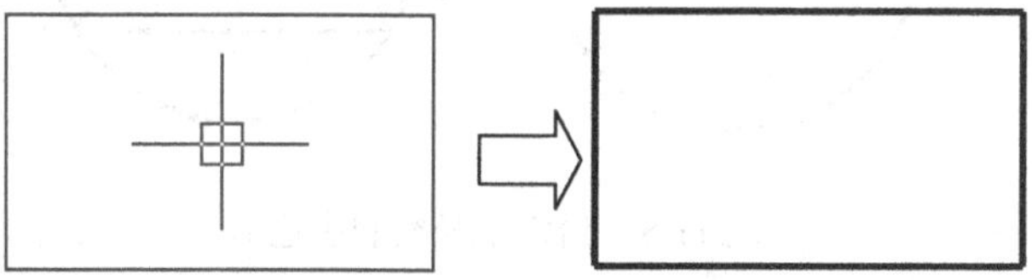

图 11-4　长度和宽度绘制矩形

使用长度和宽度方式绘制矩形，选项 2 可以选择“中心定位”或“顶边中点”，如图 11-5 所示。

选项 3 可以指定倾斜角度。图 11-6 所示为角度“30”的矩形。

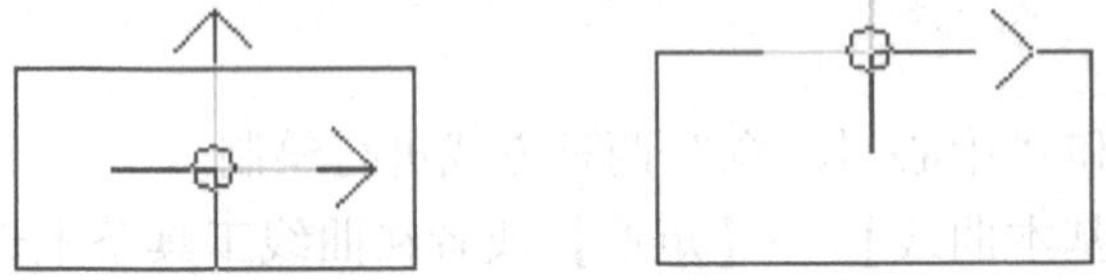

图 11-5　定位方式

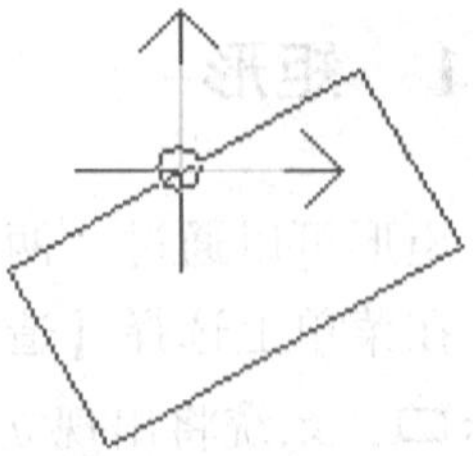

图 11-6　角度

11.2　多边形

多边形工具可以快速绘制等边多边形。在菜单上选择【造型】→【高级曲线】→【多边形】或者在曲线工具条上选择图标，系统将出现立即菜单。首先选择多边形绘制方式并指定边数与旋转角，再按提示拾取点完成多边形的绘制。

1. 中心定位

在立即菜单中选择“中心定位”，立即菜单选项如图 11-7 所示。设置各个选项，再拾取中心点和边终点（或边中点），生成正多边形。

图 11-7　多边形选项

（1）给定半径　将选项 2 设置为“给定半径”，指定一点或者直接输入半径值，创建多边形，如图 11-8 所示。

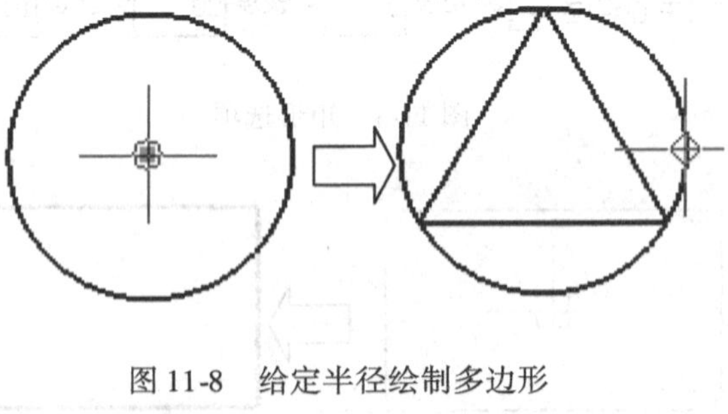

图 11-8　给定半径绘制多边形

使用给定半径方式时，选项 3 可以选择“内接”或者“外切”，两者的不同效果如图 11-9 所示。

@提示

通过指定点绘制一个圆，但多边形并不一定通过指定点。

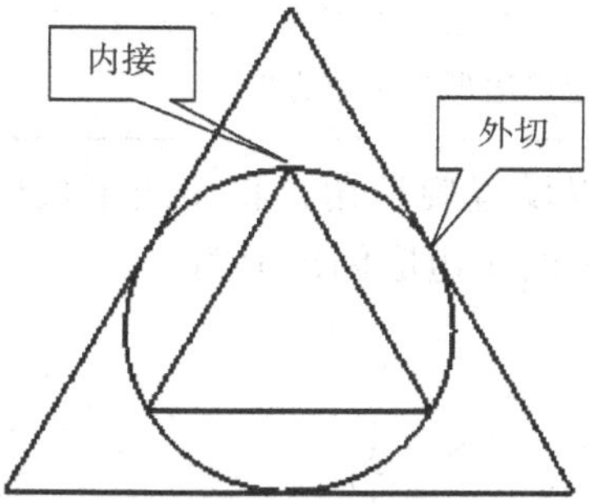

图 11-9　内接/外切

（2）给定边长　将选项 2 设置为“给定边长”，并指定边数，如图 11-10 所示。再拾取中心点并输入距离值，绘制多边形如图 11-11 所示。

图 11-10　中心方式绘制多边形

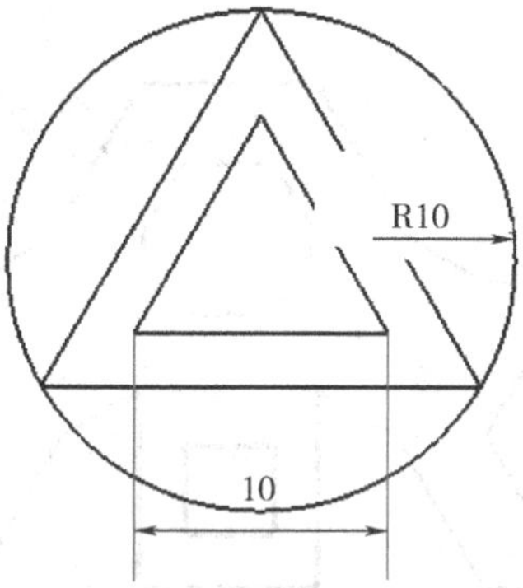

图 11-11　给定边长绘制多边形

2. 底边定位

在多边形的选项 1 中选择“底边定位”，输入边数；指定边的起点和终点，生成正多边形，如图 11-12 所示。

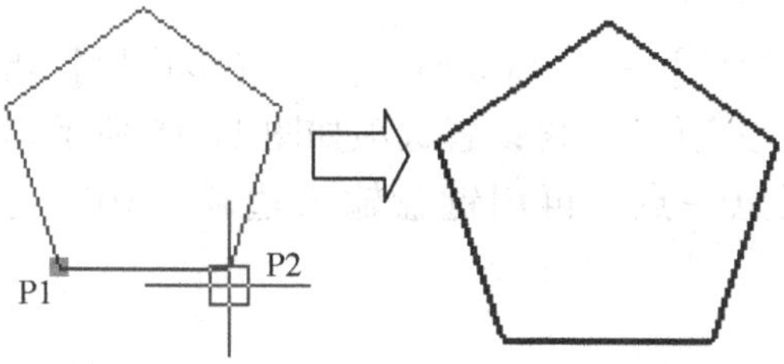

图 11-12　边方式绘制多边形

@警告

拾取点的顺序将决定多边形的生成方向。

多边形创建时，还可以设置旋转角，将多边形旋转。图 11-13 所示为设置角度后的中心定位与底边定位的多边形创建示例。

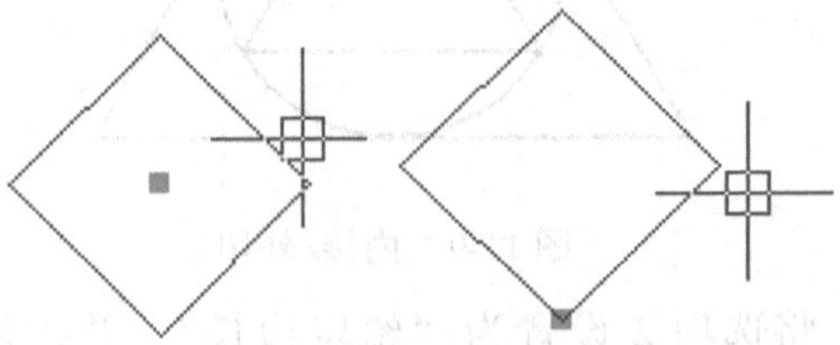

图 11-13　多边形的旋转角为“45”

11.3　矩形与多边形应用示例

完成如图 11-14 所示图形的绘制。该图形可以通过绘制多边形与矩形来完成。

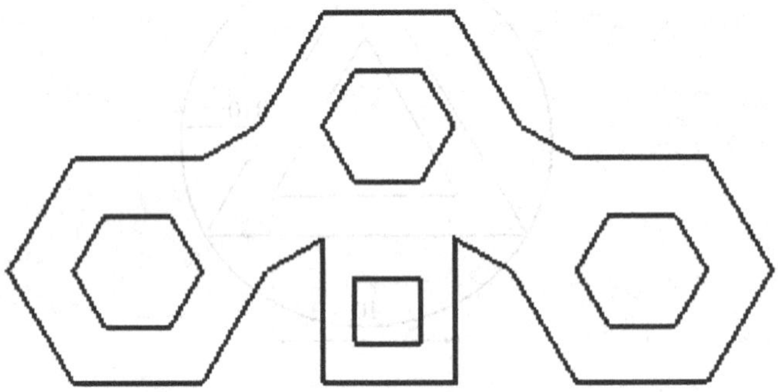

图 11-14　示例

步骤 1　启动 CAXA 线切割

在桌面上双击 CAXA 线切割的快捷方式图标，启动 CAXA 线切割。

步骤 2　中心定位绘制多边形

单击主菜单的【绘制】→【高级曲线】→【多边形】指令。在立即菜单上更改第 1 个选项为“中心定位”，再设置选项如图 11-15 所示。

在屏幕上指定任意一点，再用键盘输入边长“10”，生成正六边形，如图 11-16所示。

步骤 3　绘制矩形

单击主菜单的【绘制】→【基本曲线】→【矩形】指令。在立即菜单上更改第 1 个选项为“长度和宽度”，再设置选项，如图 11-17 所示。

图 11-15　多边形选项

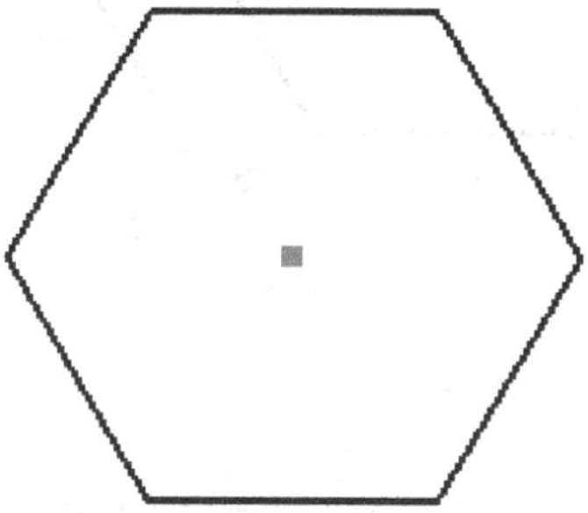

图 11-16　绘制正六边形

图 11-17　矩形选项

拾取六边形右下角边线的中点，绘制一个倾斜的矩形，如图 11-18 所示。

修改角度值为“－60”，拾取六边形左下角边线的中点，绘制一个倾斜的矩形，如图 11-19 所示。

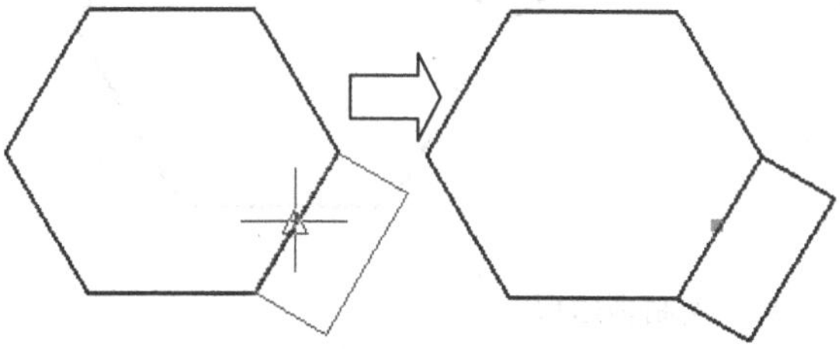

图 11-18　绘制矩形（一）

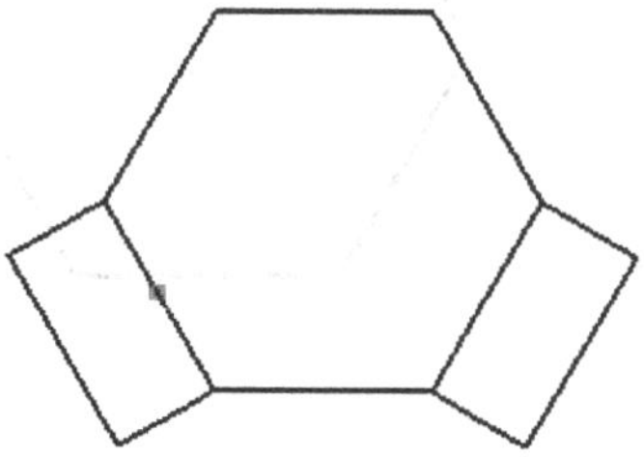

图 11-19　绘制矩形（二）

步骤 4　底边定位绘制多边形

单击主菜单的【绘制】→【高级曲线】→【多边形】指令。在立即菜单上更改第 1 个选项为“底边定位”，再设置选项，如图 11-20 所示。

图 11-20　多边形选项

拾取矩形的右侧边线的两端点，生成正六边形，如图 11-21 所示。

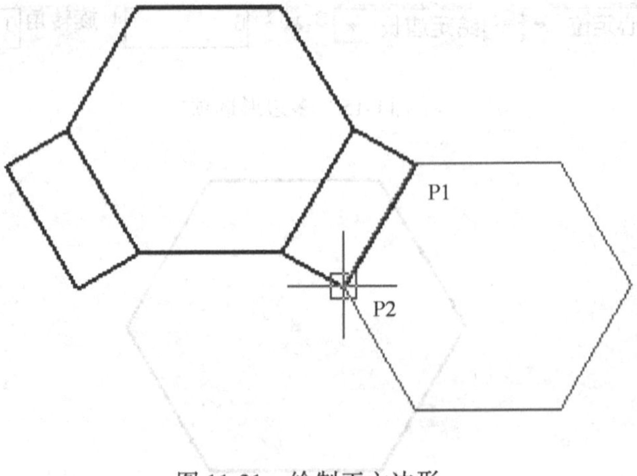

图 11-21　绘制正六边形

修改角度值为“-60”，拾取矩形的左侧边线的两端点，生成正六边形，如图 11-22 所示。

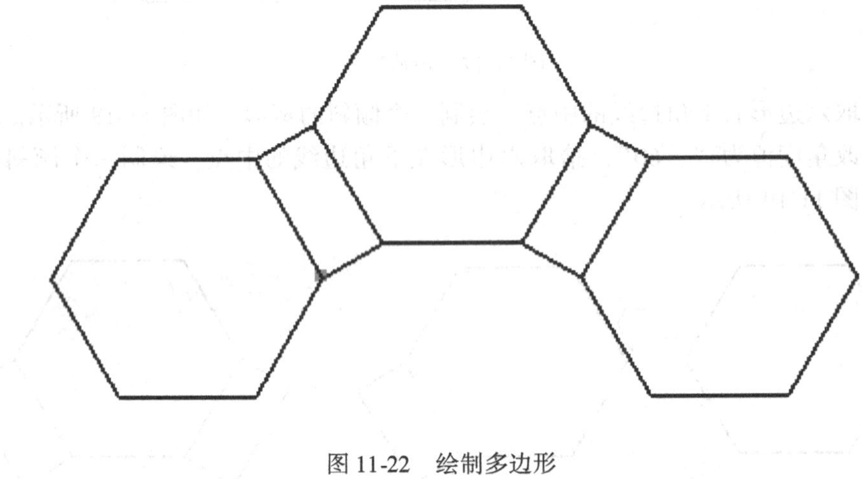

图 11-22　绘制多边形

步骤 5　切换屏幕点方式

在屏幕右下角选择屏幕点方式选项，从下拉选项中选择“导航”，如图 11-23 所示。

步骤 6　中心定位绘制多边形

在立即菜单上更改第 1 个选项为“中心定位”，再设置选项，如图 11-24 所示。

导航对齐拾取六边形中心点为中心，再导航对齐拾取点为圆上的点，生成正六边形，如图 11-25 所示。

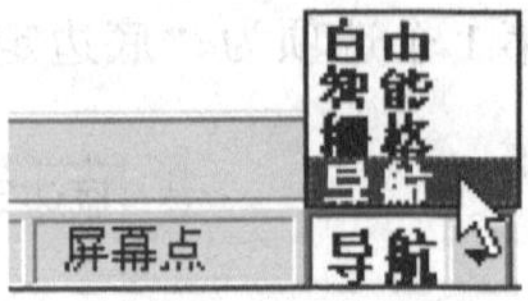

图 11-23　选择屏幕点方式

图 11-24　多边形选项

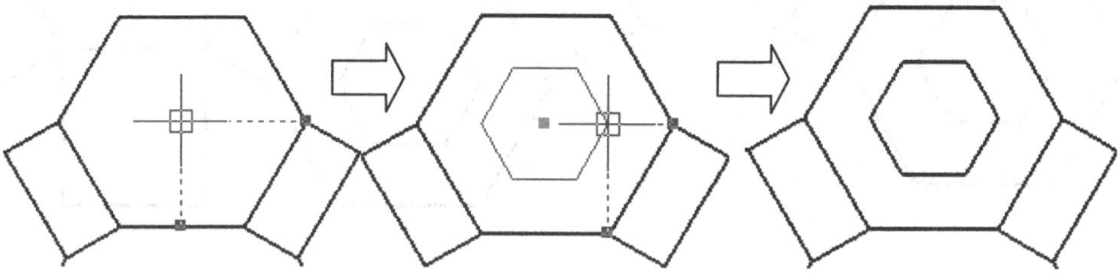

图 11-25　绘制正六边形

同样方法绘制另外两个六边形中的正多边形，如图 11-26 所示。

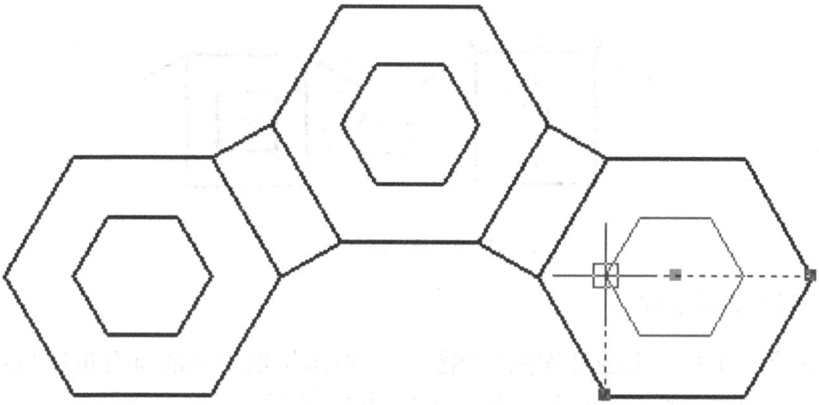

图 11-26　绘制正多边形

步骤 7　两角点绘制矩形

单击主菜单的【绘制】→【基本曲线】→【矩形】指令。在立即菜单上更改第 1 个选项为“两角点”。

拾取六边形底边的左端点，再导航对齐拾取右端点下方与底部水平线对齐点，绘制一个矩形，如图 11-27 所示。

步骤 8　中心点绘制矩形

在立即菜单上更改第 1 个选项为“长度和宽度”，再设置选项如图 11-28 所示。

导航对齐拾取矩形的中心点，绘制一个矩形，如图 11-29 所示。

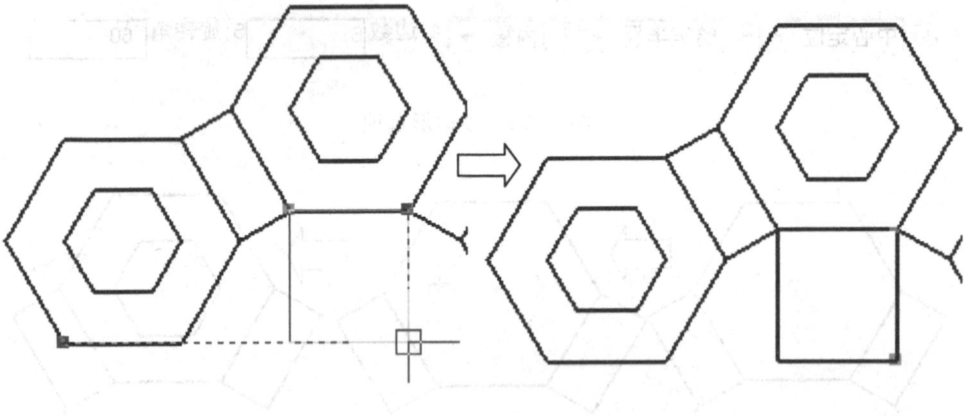

图 11-27　绘制矩形（一）

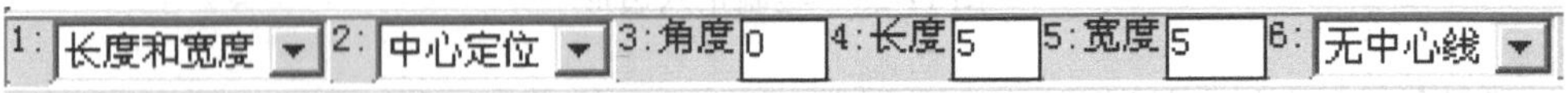

图 11-28　矩形选项

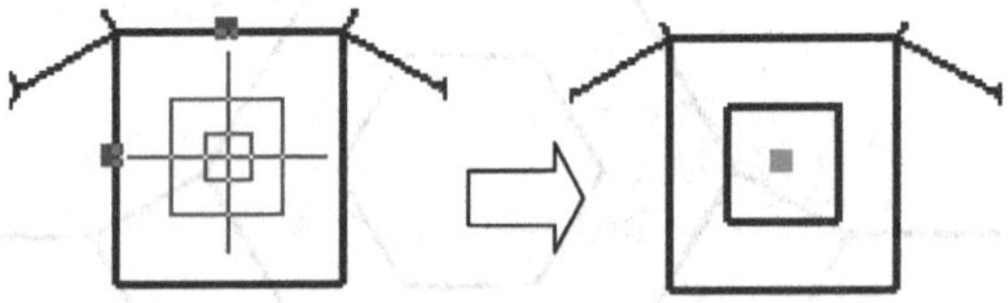

图 11-29　绘制矩形（二）

步骤 9　删除公共直线

单击常用工具栏上的【删除】图标，窗选拾取中间的所有矩形与六边形的公用直线，单击鼠标右键进行删除，如图 11-30 所示。

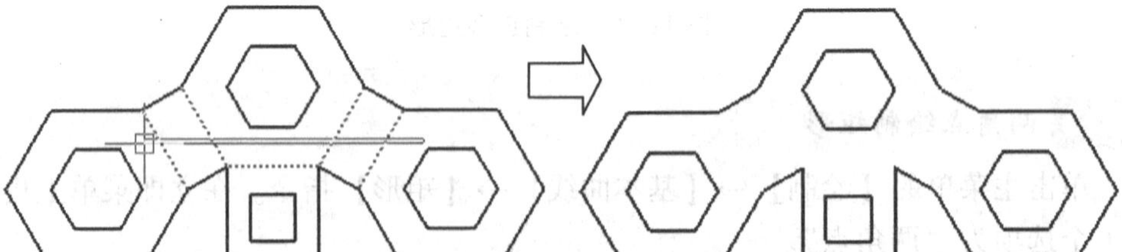

图 11-30　删除直线

步骤 10　生成外轮廓轨迹

在主菜单选择【线切割】→【轨迹生成】。系统弹出“线切割轨迹生成参数表”对话框，设置切割参数。

单击“偏移量/补偿值”标签，设置第 1 次加工的偏移量为“0.2”。设置完成后单击“确定”按钮。

系统提示拾取轮廓，拾取底边并选择逆时针方向的箭头作为切割的方向。选择轮廓外侧的箭头方向作为补偿方向。拾取底部下边一点为穿丝点，并按回车键，使退出点与穿丝点重合。

系统通过计算生成切割轨迹，如图 11-31 所示。

步骤 11　生成内轮廓轨迹

再生成多个内轮廓的加工轨迹，每个轮廓的补偿方向都指向内部，再指定中心点为穿丝点生成轨迹，如图 11-32 所示。

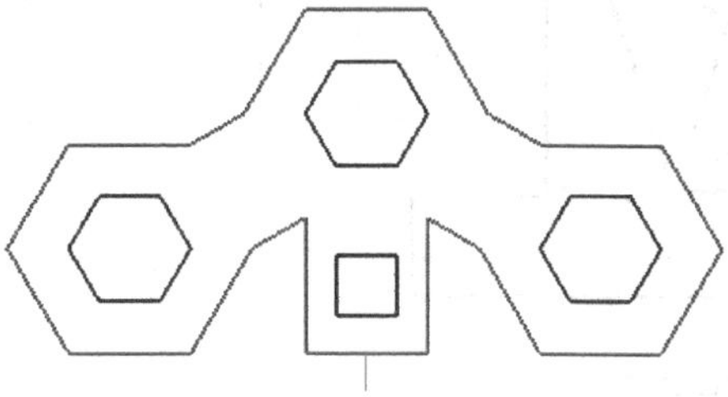

图 11-31　生成外轮廓轨迹

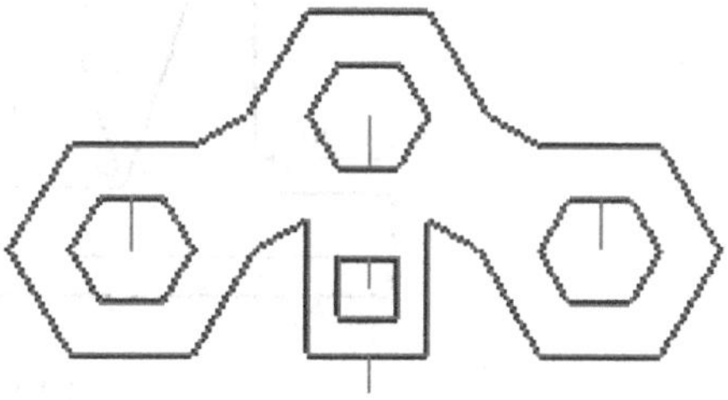

图 11-32　生成轨迹

步骤 12　生成 3B 代码

单击主菜单【线切割】→【生成 3B 代码】，在系统弹出窗口中输入文件名为 T11. 3B，单击“保存”按钮确认文件名。

依次拾取内部各轨迹与外轮廓切割轨迹，按回车键完成轨迹的选择。系统将生成并保存 3B 格式的文件 T11. 3B，并以记事本打开显示文件，如图 11-33 所示。

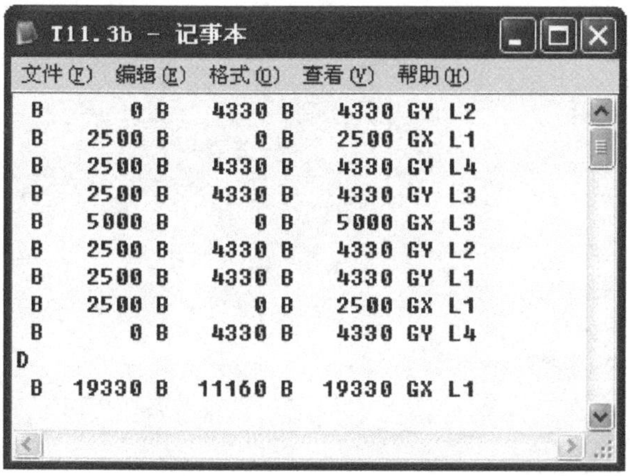


```
 B      0 B   4330 B   4330 GY L2
 B   2500 B      0 B   2500 GX L1
 B   2500 B   4330 B   4330 GY L4
 B   2500 B   4330 B   4330 GY L3
 B   5000 B      0 B   5000 GX L3
 B   2500 B   4330 B   4330 GY L2
 B   2500 B   4330 B   4330 GY L1
 B   2500 B      0 B   2500 GX L1
 B      0 B   4330 B   4330 GY L4
D
 B  19330 B  11160 B  19330 GX L1
```

图 11-33　生成 3B 代码

步骤 13　保存文件

单击工具栏上的【保存】图标，输入文件名为“T11”，单击“保存”按钮保存文件。

复习与练习

完成如图 11-34 所示图形的绘制。

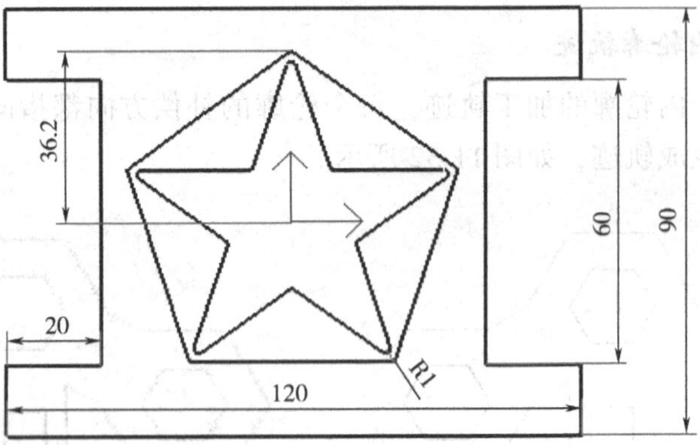

图 11-34　练习题

第12讲　几何变换

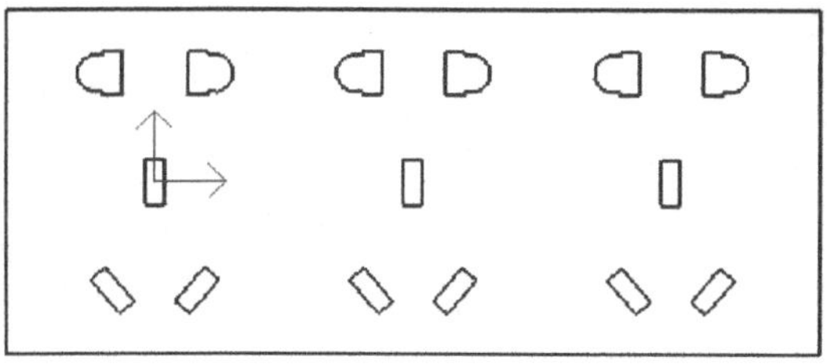

本讲要点

- 平移
- 旋转
- 镜像
- 矩形阵列与圆形阵列
- 比例缩放

通过几何变换可以将已有的几何特征进行复制使用，从而缩短设计过程。几何变换有平移、旋转、镜像、阵列和缩放等5种方式。

12.1 平移

对拾取到的曲线进行平移或拷贝⊖。平移有两种方式：两点或偏移量。

单击主菜单【绘制】→【曲线编辑】→【平移】，或者直接在工具栏单击按钮。设置立即菜单选项并按状态栏提示操作。

1. 给定偏移

给出在 XY 两个方向的偏移量，来实现曲线的平移或拷贝。

在立即菜单中的选项 1 中选取“给定偏移”，此时立即菜单选项如图 12-1 所示。选择曲线，选择完成后按右键确认，再输入偏移值或者指定位置点进行平移，如图 12-2 所示。

图 12-1 平移立即菜单

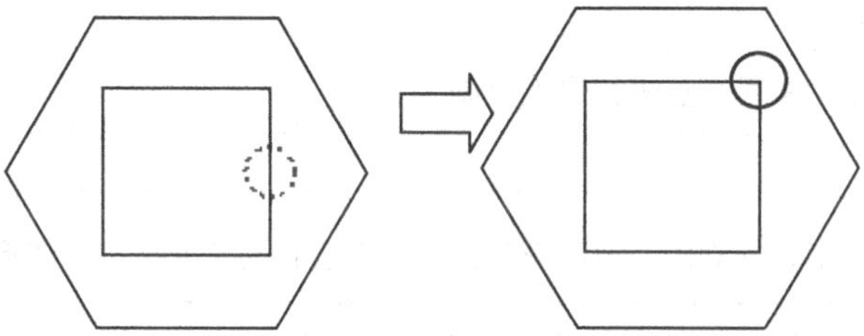

图 12-2 给定偏移平移

> **@提示**
> 位置点将作为平移后的曲线的重心位置。

2. 两点方式

给定平移元素的基点和目标点，来实现平移或拷贝。

选择“两点”方式平移，拾取曲线，按右键确认，输入基点，光标将可以拖动图形，指定目标点，进行平移操作，如图 12-3 所示。

3. 选项

（1）移动/拷贝　在几何变换时，都有一个“移动”/“拷贝”选项。使用“移动”方式将不保留原始图素；而使用“拷贝”方式则保留原图素。图 12-4 所示为两者的对比。

⊖ 规范的术语应为“复制”，俗称“拷贝”。因软件中采用“拷贝”，故本书统一“拷贝”。

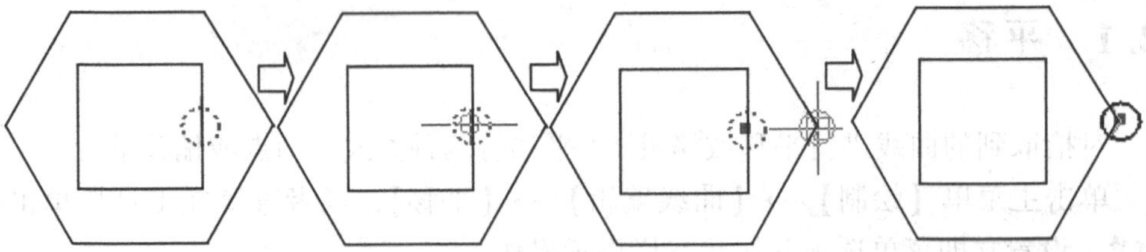

图 12-3　给定两点平移

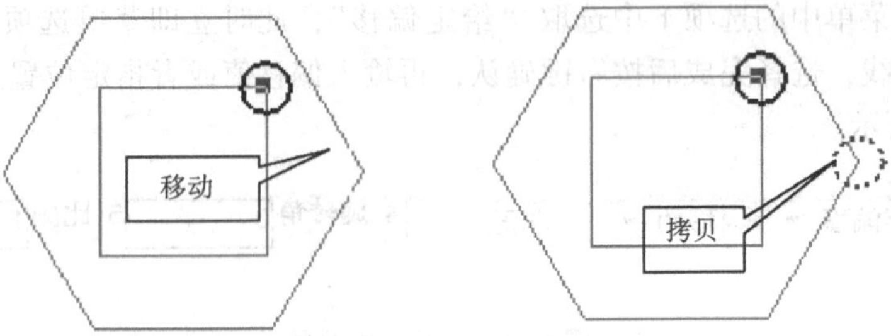

图 12-4　移动/拷贝

@提示

可以指定多个目标点进行多次复制。

@警告

复制的图形是独立的，原图形的修改并不会自动改变拷贝的图形。

（2）正交　平移的选项 3 可以选择“正交”或者“非正交”。正交方式只能在水平或者铅垂线上移动，非正交方式则可直接到指定的点。图 12-5 所示为两者的对比。

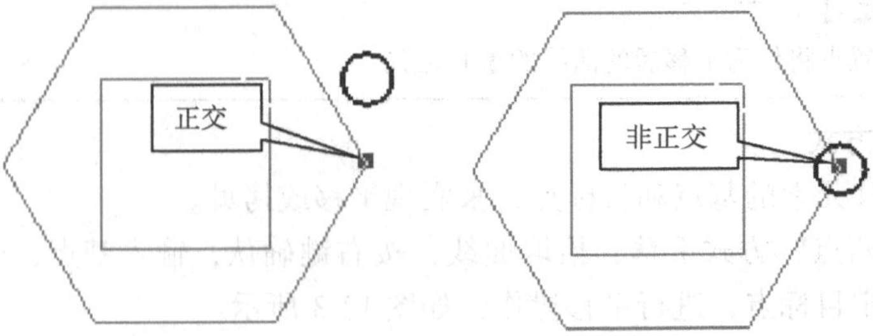

图 12-5　正交

（3）旋转角　选项 4 可以指定旋转角，可以实现在平移同时进行旋转操作，旋转将绕曲线的重心进行旋转。

（4）比例　选项 5 可以设置比例，在平移同时进行比例缩放，比例缩放时以曲线的重心为基点。

12.2 旋转

对拾取到的图素绕基准点进行旋转。

单击主菜单【绘制】→【曲线编辑】→【旋转】，或者直接在工具栏单击按钮。

1. 旋转角度

立即菜单上选择旋转方式为“旋转角度”，再拾取要旋转的图素，按右键确认，指定基点，输入角度或者指定位置点进行旋转，如图 12-6 所示。

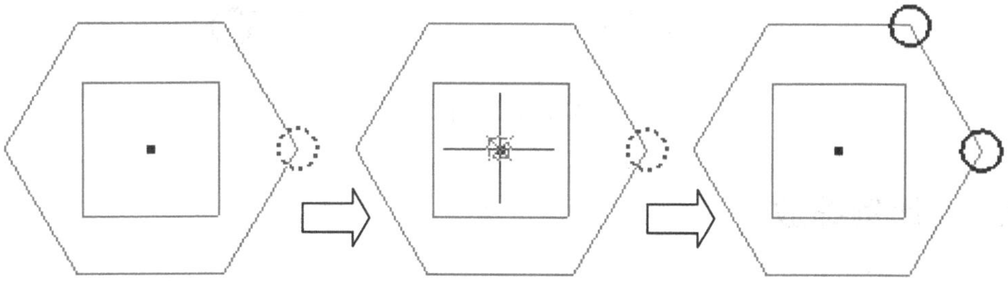

图 12-6 旋转

2. 起始终止点

在立即菜单上选择选项 1 为“起始终止点”，拾取再拾取要旋转的图素，按右键确认，指定基点，然后拾取一个起始点，再指定终止点进行旋转，如图 12-7 所示。

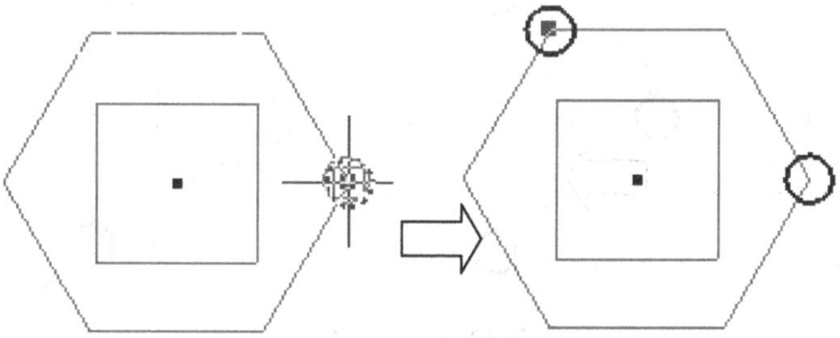

图 12-7 指定起始终止点

在旋转操作时，可以选择“旋转”或者“拷贝”确定是否保留原图素。

12.3 镜像

对拾取的图素以某一条直线为对称轴，进行对称镜像移动或对称拷贝。

单击主菜单【绘制】→【曲线编辑】→【镜像】，或者直接在工具栏单击按钮。

在立即菜单中指定镜像线的选择方式为“选择轴线”或者“指定两点”。

拾取要镜像的图素，按右键确认。

然后选取一条直线或者是拾取两个点进行镜像，如图 12-8 所示。

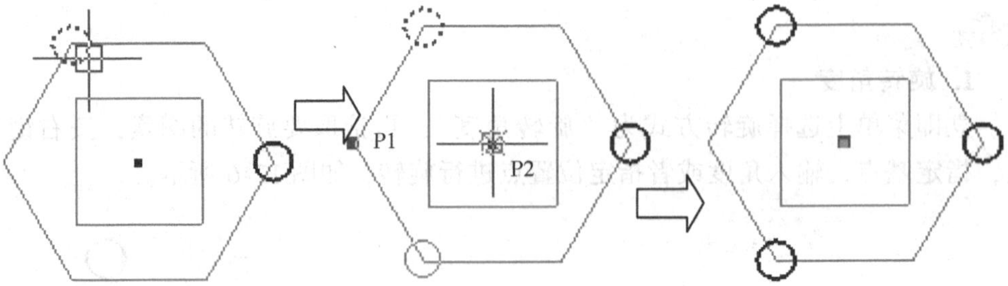

图 12-8　镜像

12.4　比例缩放

对拾取到的图素以指定的基点进行等比例缩放。单击主菜单【绘制】→【曲线编辑】→【比例缩放】，或者直接在工具栏单击按钮。

拾取要缩放的图素并按右键确认，在立即菜单中选取“移动”或“拷贝”并设置其他选项，再指定缩放的基点，输入缩放比例，进行缩放操作，如图 12-9 所示。

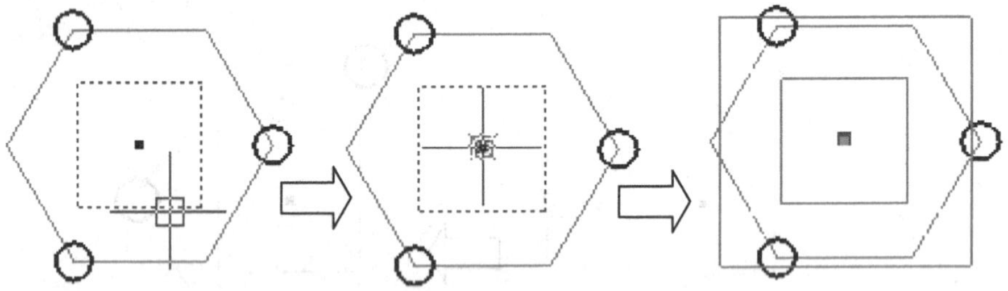

图 12-9　比例缩放

12.5　阵列

对拾取到的图素，按圆形或矩形方式进行阵列拷贝。阵列分为圆形或矩形两种方式。

单击主菜单【造型】→【几何变换】→【阵列】，或者直接在几何变换工具栏单击按钮。在立即菜单中选取“圆形”或“矩形”并按提示进行操作。

1. 圆形阵列

选择阵列指令，并在立即菜单中选取“圆形”，再指定“夹角”或“均布”。若选择“均布”，指定份数。再拾取需阵列的元素，并单击右键完成选择，指定中心点，创建圆形阵列，如图 12-10 所示。

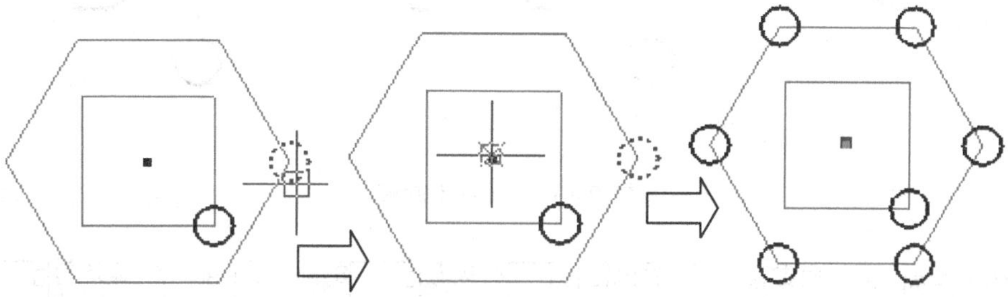

图 12-10　均布圆形阵列

@提示

阵列中指定的份数包括原始的一个图素。

圆形阵列也可以选择选择“夹角”，给出相邻夹角和陈列填角值，如图 12-11 所示。再拾取元素，并指定中心点创建圆形阵列，如图 12-12 所示。

图 12-11　圆形阵列选项

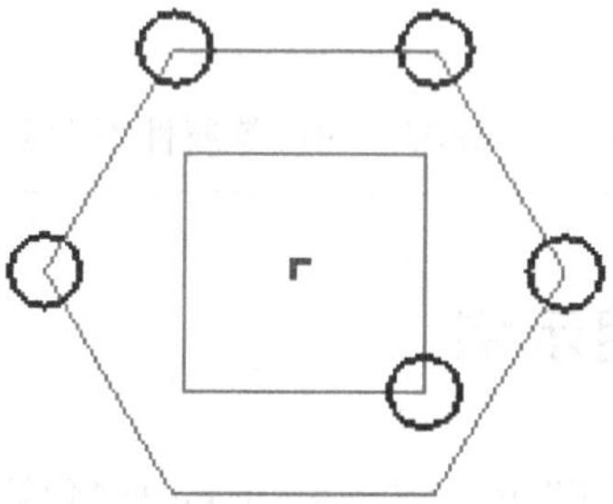

图 12-12　夹角圆形阵列

在圆形阵列中，选项 2 可以设置是否进行自身的旋转。图 12-13 所示为旋转与不旋转的对比。

2. 矩形阵列

对拾取到的图素，按矩形方式进行阵列拷贝。

选择阵列指令，并在立即菜单中选取选项 1 为“矩形阵列”，并输入行数、行距、列数、列距与旋转角度值，如图 12-14 所示。拾取需阵列的元素，按右键确认完成，创建矩形阵列，如图 12-15 所示。

第 12 讲

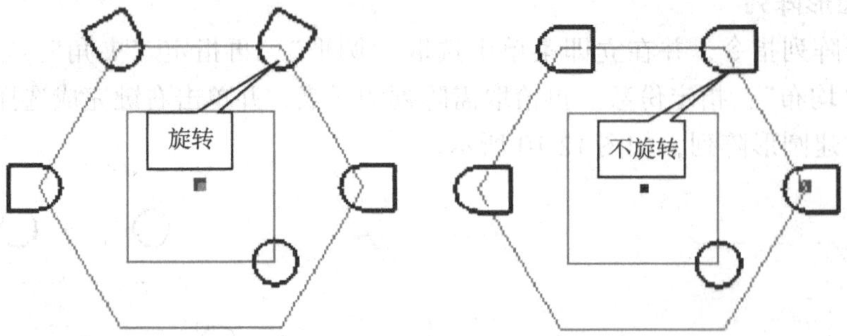

图 12-13　旋转/不旋转

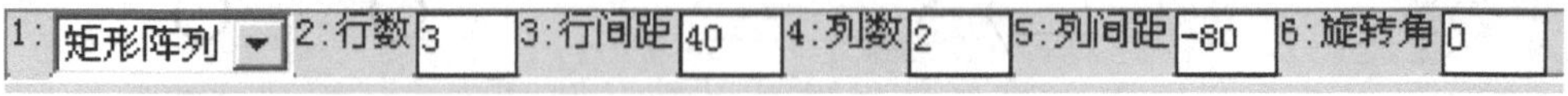

图 12-14　矩形阵列选项

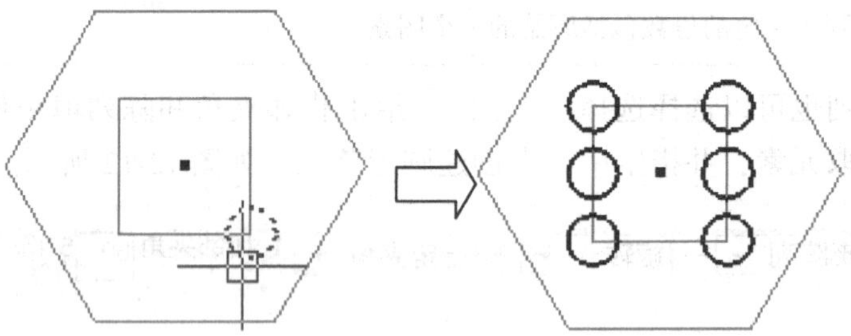

图 12-15　矩形阵列

@提示

几何变换前后曲线颜色、线型、图层等属性不发生变化。

12.6　几何变换应用示例

绘制如图 12-16 所示的图形，这一图形绘制将应用多种几何变换功能。在图形绘制时，将先在最简单，最容易绘制的位置创建基础图形，再通过平移、旋转、阵列、镜像等方式来完成正确的零件设计。

步骤 1　启动 CAXA 线切割

在桌面上双击 CAXA 线切割的快捷方式图标，启动 CAXA 线切割。

步骤 2　绘制矩形

单击主菜单的【绘制】→【基本曲线】→【矩形】指令。在立即菜单上更改第 1 个选项为“长度和宽度”，设置选项如图 12-17 所示。

拾取原点，绘制一个矩形，如图 12-18 所示。

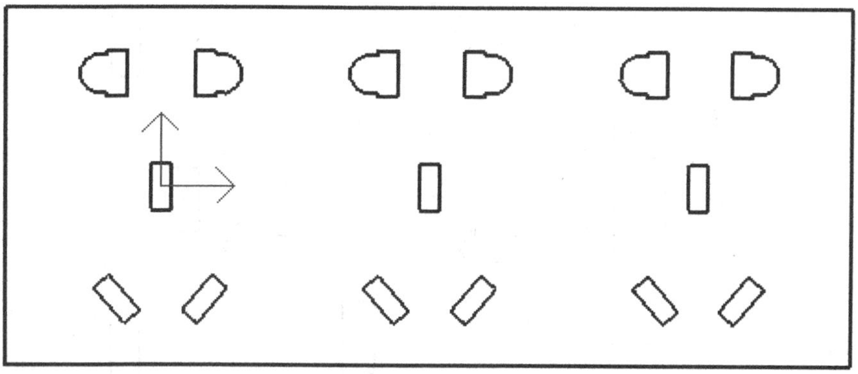

图 12-16 示例

图 12-17 矩形选项

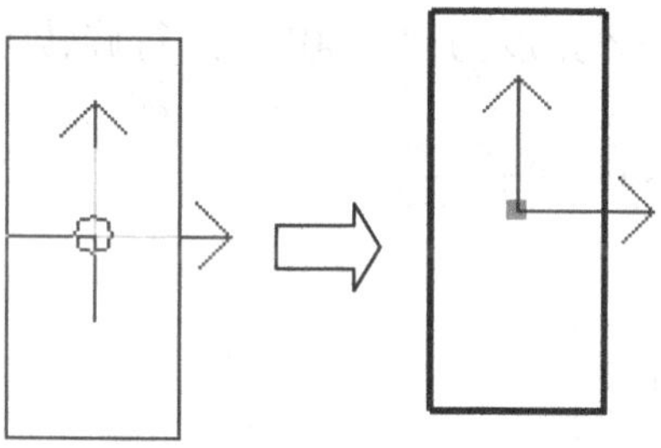

图 12-18 绘制矩形

步骤 3 平移复制

单击主菜单的【绘制】→【曲线编辑】→【平移】指令。在立即菜单上更改第 1 个选项为“给定偏移”，设置选项如图 12-19 所示。

图 12-19 平移选项

选择矩形，单击右键确认，再输入偏移值为“6.5，－17”，进行平移拷贝，再输入偏移值为“6.5，17”进行拷贝，如图 12-20 所示。

@提示

可以指定多个偏移值进行多次复制，所有偏移以原始位置为参考。

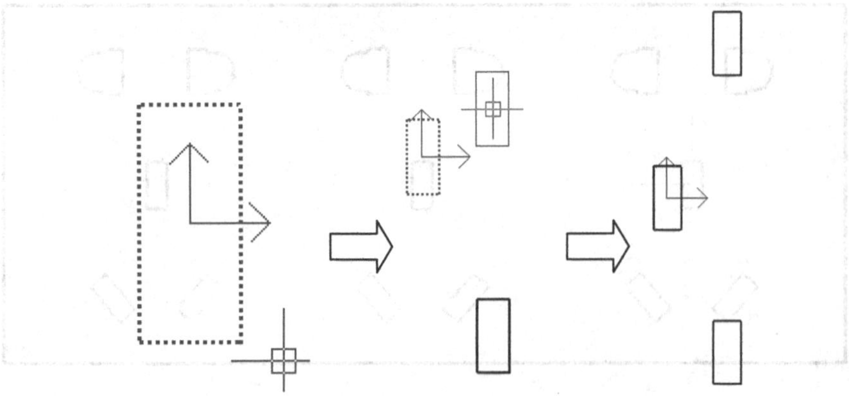

图 12-20　平移复制矩形

步骤 4　旋转

单击主菜单的【绘制】→【曲线编辑】→【旋转】指令。在立即菜单上更改第 1 个选项为“旋转角度”，设置选项 2 为“旋转”。

拾取下方的矩形，单击右键完成选择，设置屏幕点方式为“导航”，拾取矩形的中心点为旋转基点，输入角度为“－40”，进行旋转，如图 12-21 所示。

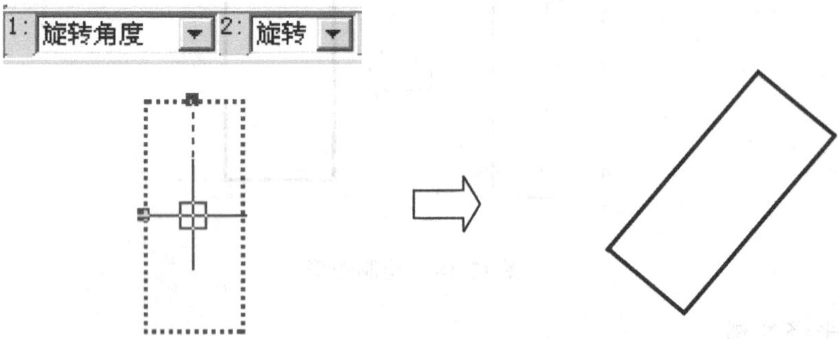

图 12-21　旋转

步骤 5　平移复制

单击主菜单的【绘制】→【曲线编辑】→【平移】指令。

选择上方矩形的右边线，单击右键确认，再输入偏移值为“1”，进行平移拷贝，如图 12-22 所示。

步骤 6　绘制圆

单击主菜单的【绘制】→【基本曲线】→【圆】指令。

在立即菜单上更改第 1 个选项为“圆心_半径”。拾取复制的直线中点为圆心，用键盘输入半径为“3”，单击鼠标右键完成绘制圆，如图 12-23 所示。

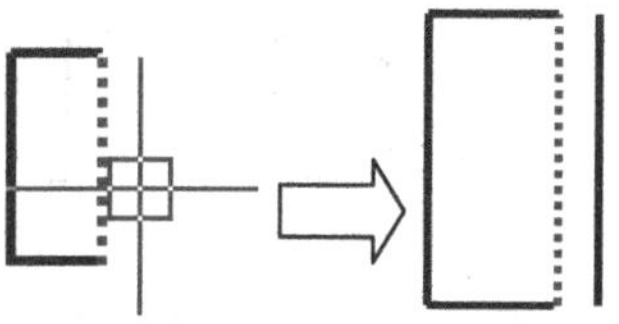

图 12-22 复制直线

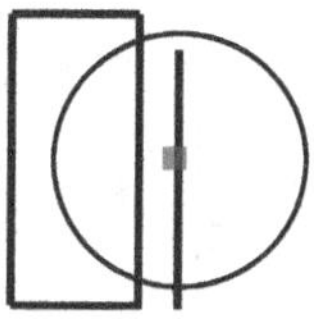

图 12-23 绘制 R3mm 圆

步骤 7 **快速裁剪**

单击主菜单【绘制】→【曲线编辑】→【裁剪】，在立即菜单上选择类型为“快速裁剪”，拾取如图 12-24 所示的示意位置，裁剪多余的线段，结果如图 12-25 所示。

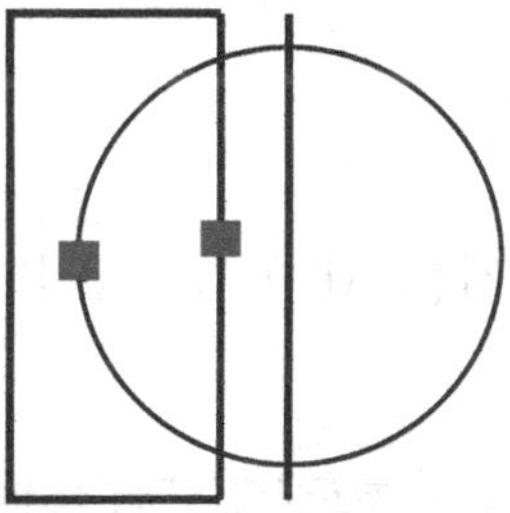

图 12-24 拾取位置

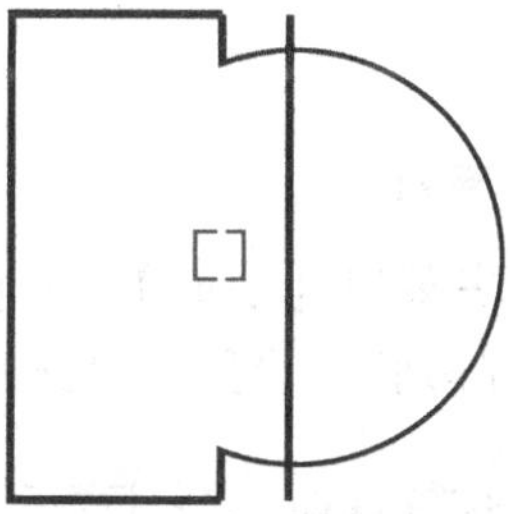

图 12-25 快速裁剪

步骤 8 **删除直线**

拾取平移复制产生的直线，单击鼠标右键，在弹出菜单上选择“删除”，将直线删除，如图 12-26 所示。

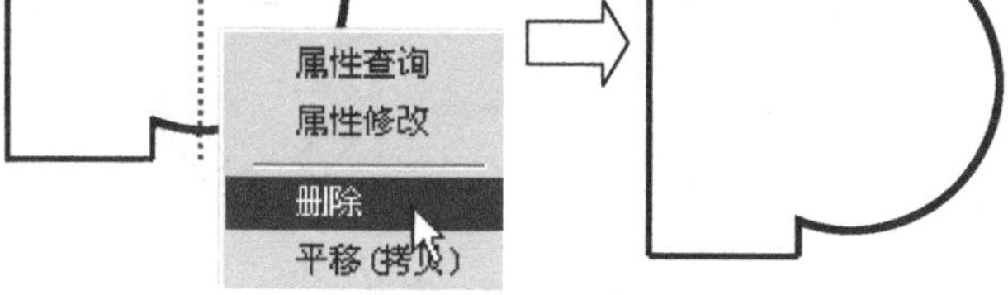

图 12-26 删除直线

步骤 9 **镜像**

单击主菜单【绘制】→【曲线编辑】→【镜像】，在立即菜单中指定镜像线的选择方式为“指定两点”。窗选拾取右侧的图形，单击右键完成，拾取中间的矩形的下边线中点与上边线中点，进行镜像，如图 12-27 所示。

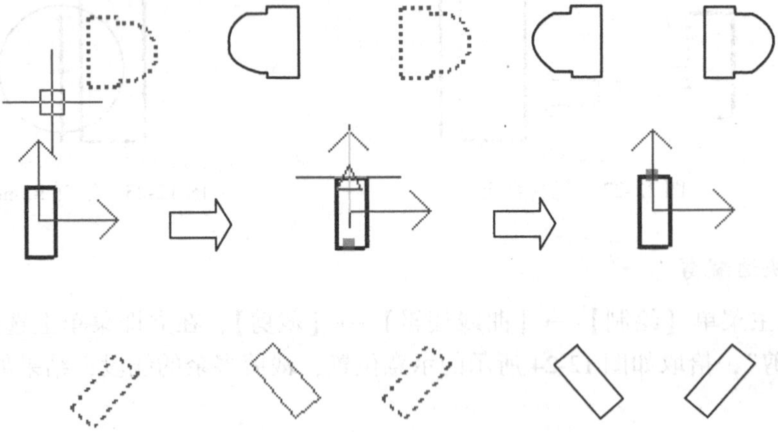

图 12-27　镜像

步骤 10　阵列

单击主菜单【绘制】→【曲线编辑】→【阵列】，在立即菜单中指定选项 1 为“矩形阵列”，设置阵列选项如图 12-28 所示。

图 12-28　阵列选项

窗选所有的图形，单击右键完成，进行阵列操作，如图 12-29 所示。

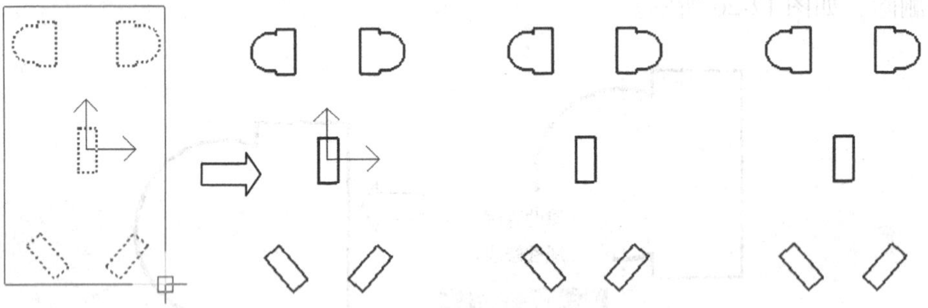

图 12-29　阵列

步骤 11　旋转

单击主菜单的【绘制】→【曲线编辑】→【旋转】指令。在立即菜单上更改第 1 个选项为“旋转角度”，设置选项 2 为“拷贝”。

拾取中间的矩形，单击右键完成选择，用导航点的方式拾取矩形的中心点为旋转基点，再拾取矩形下边形的中点，进行旋转复制，如图 12-30 所示。

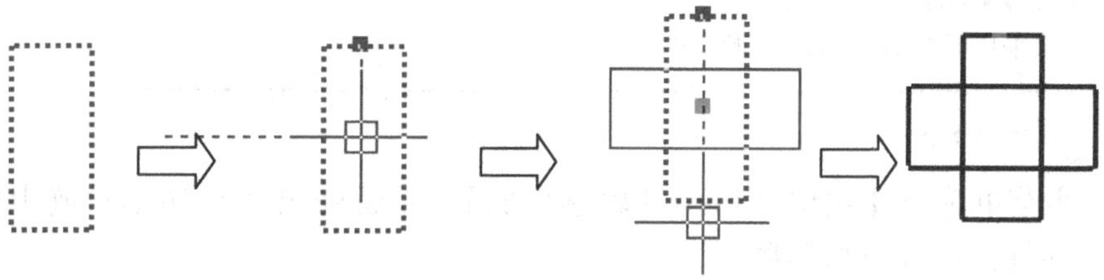

图 12-30　旋转

步骤 12　比例缩放

单击主菜单的【绘制】→【曲线编辑】→【比例缩放】指令。在立即菜单上更改第 1 个选项为“移动”。

拾取中间的旋转复制的矩形，单击右键完成选择，用导航点的方式拾取矩形的中心点为比例缩放基点，如图 12-31 所示。输入比例为“18”，进行放大操作，如图 12-32 所示。

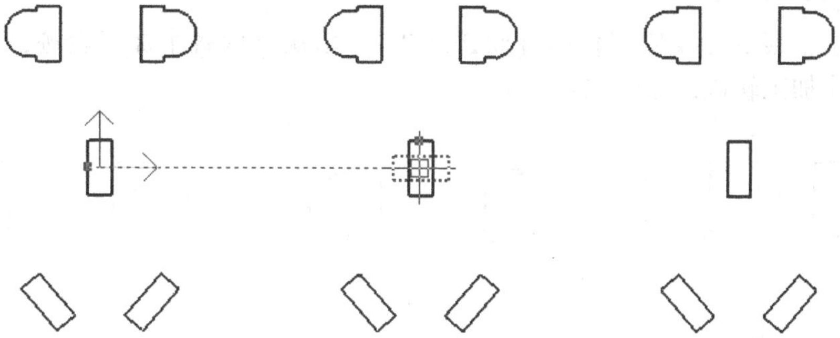

图 12-31　拾取矩形与基点

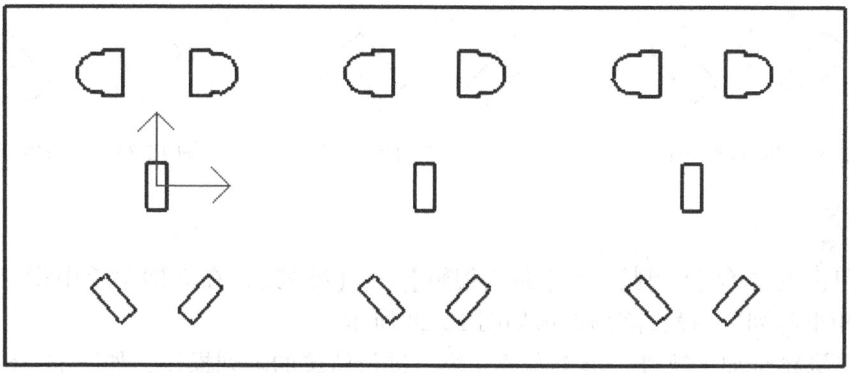

图 12-32　比例缩放

@ 关键

采用导航方式拾取矩形的中心点。

步骤 13 生成轨迹

在主菜单选择【线切割】→【轨迹生成】。系统弹出“线切割轨迹生成参数表”对话框，设置切割参数。

单击“偏移量/补偿值”标签，设置第 1 次加工的偏移量为“0.2”。设置完成后单击“确定”按钮。

拾取一个轮廓，并选择轮廓内侧的箭头方向作为补偿方向。拾取矩形的中心点为穿丝点，并按回车键，使退出点与穿丝点重合。

系统通过计算生成切割轨迹，如图 12-33 所示。

步骤 14 生成内轮廓轨迹

再生成多个内轮廓的加工轨迹，每个轮廓的补偿方向都指向内部，再指定中心点为穿丝点生成轨迹，如图 12-34 所示。

步骤 15 轨迹跳步

单击主菜单【线切割】→【轨迹跳步】，依次拾取各个加工轨迹，按回车键创建跳步加工轨迹，如图 12-35 所示。

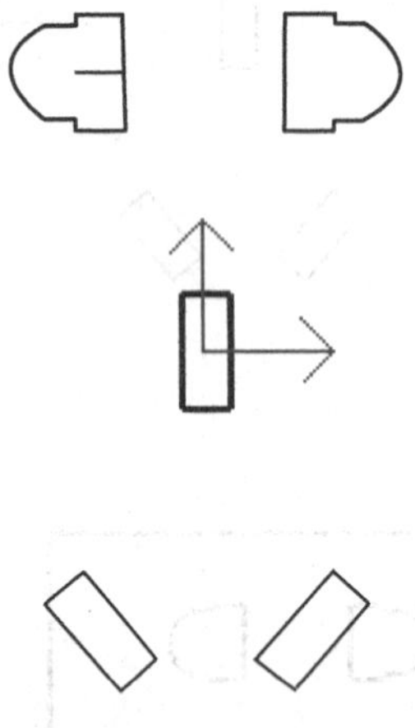

图 12-33 生成轨迹（一）

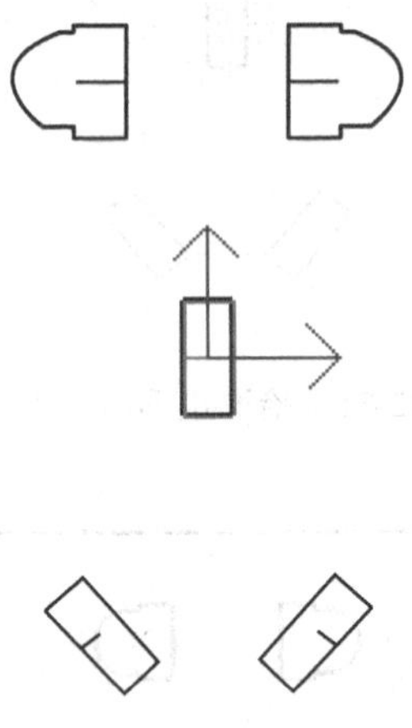

图 12-34 生成轨迹（二）

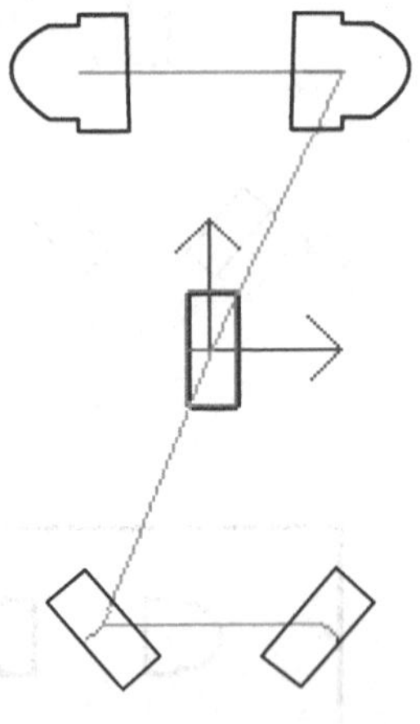

图 12-35 轨迹跳步

步骤 16 阵列

单击主菜单【绘制】→【曲线编辑】→【阵列】，在立即菜单中指定选项 1 为“矩形阵列”，设置阵列选项如图 12-28 所示。

拾取跳步加工轨迹，单击右键完成，进行轨迹的阵列操作，如图 12-36 所示。

@ 关键

生成的加工轨迹也可以作为图素进行处理。

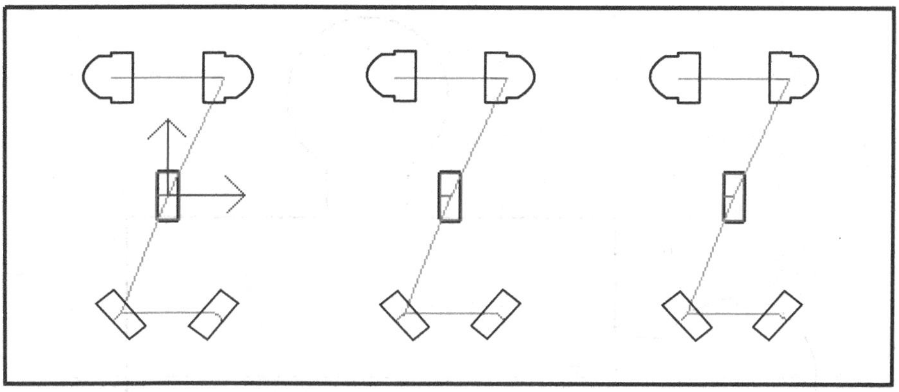

图 12-36　阵列

步骤 17　保存文件

单击工具栏上的【保存】图标，输入文件名为“T12”，单击“保存”按钮保存文件。

步骤 18　生成 3B 代码

单击主菜单【线切割】→【生成 3B 代码】，在系统弹出窗口中输入文件名为 T12. 3B，单击“保存”按钮确认文件名。

依次拾取跳步加工轨迹，按回车键完成轨迹的选择。系统将生成并保存 3B 格式的文件 T12. 3B，并以记事本打开显示文件，如图 12-37 所示。

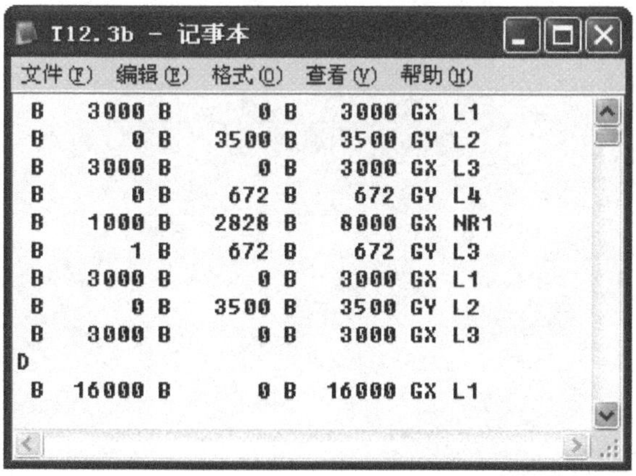

T12. 3b - 记事本
文件(F)　编辑(E)　格式(O)　查看(V)　帮助(H)

```
B   3000 B      0 B   3000 GX L1
B      0 B   3500 B   3500 GY L2
B   3000 B      0 B   3000 GX L3
B      0 B    672 B    672 GY L4
B   1000 B   2828 B   8000 GX NR1
B      1 B    672 B    672 GY L3
B   3000 B      0 B   3000 GX L1
B      0 B   3500 B   3500 GY L2
B   3000 B      0 B   3000 GX L3
D
B  16000 B      0 B  16000 GX L1
```

图 12-37　显示代码

复习与练习

完成如图 12-38 所示图形的绘制。

第 12 讲

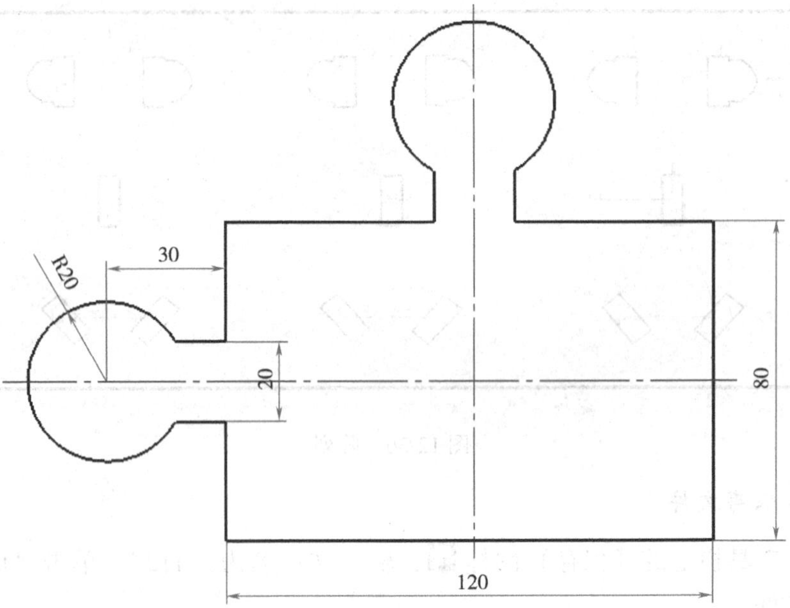

图 12-38　练习题

第13讲 辅助功能

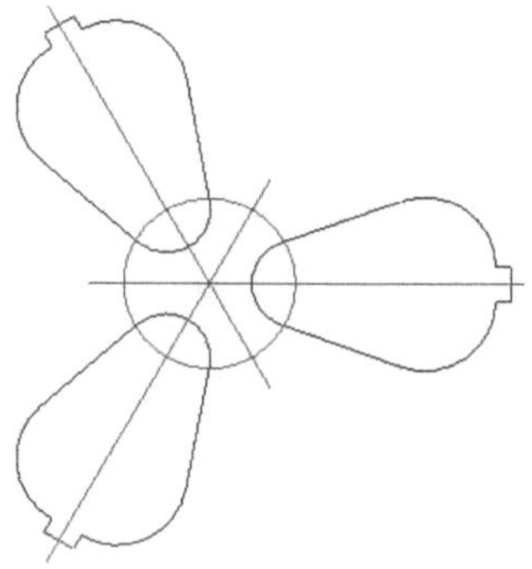

本讲要点

- 数据接口
- 查询工具
- 属性修改

CAXA线切割可以读取其他CAD设计的图形文件再进行轨迹的创建和代码的生成。本讲同时介绍查询工具的应用与图素属性修改操作。

13.1 数据接口

CAXA 线切割可以直接读取 EXB、DWG、DXF 文件以及 IGES 格式、DAT 格式等类型的文件，使得其他 CAD 软件生成的图形都能直接读入到 CAXA 线切割。同样也可以将 CAXA 线切割中的图形输出为各种文件格式以供其他 CAD 软件调用。

在主菜单上选择【文件】→【数据接口】，显示的子菜单如图 13-1 所示。选择文件格式，并确定读入还是输出。在子菜单上选择对应指令。

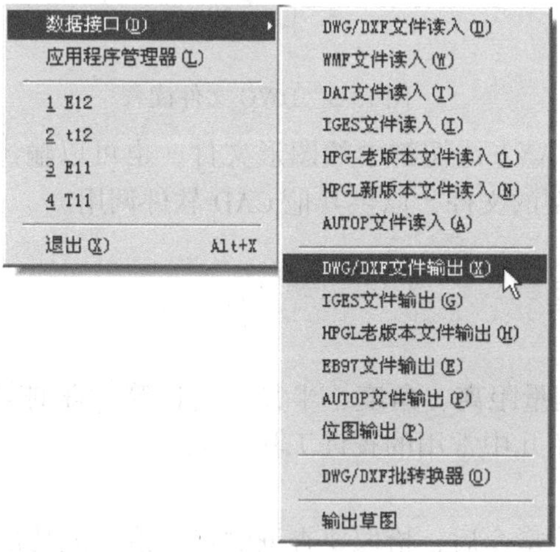

图 13-1 数据接口菜单

在 AutoCAD 中绘制完成的图形，可以通过主菜单【数据接口】→【DXF/DWG 文件读入】，系统弹出打开文件对话框，如图 13-2 所示，选择文件类型，并指定文件夹和文件名，单击“打开”按钮，将图形读入到 CAXA 线切割中，并在屏幕上显示，如图 13-3 所示。

图 13-2 打开文件对话框

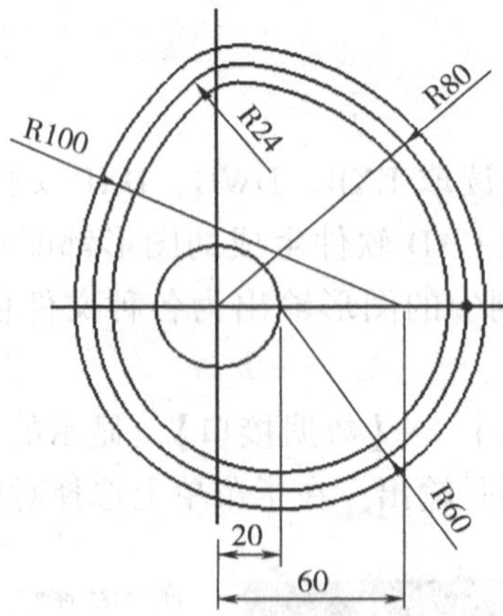

图 13-3　DWG 文件读入

同样对于当前 CAXA 线切割中的图形文件，也可以输出为 DWG/DXF 文件或 IGES 格式等各种类型的文件，以供其他 CAD 软件调用。

13.2　查询工具

查询操作可以测量距离、角度、半径、周长等。查询菜单的子菜单选项如图 13-4 所示。以下介绍几中常用的查询工具。

1. 点坐标

单击【点坐标】指令后，拾取要查询的点，拾取成功的点将出现用拾取颜色显示的点标识，如图 13-5 所示。单击鼠标右键结束拾取，屏幕上立刻弹出查询结果对话框将查询到的点坐标信息显示出来，如图 13-6 所示。

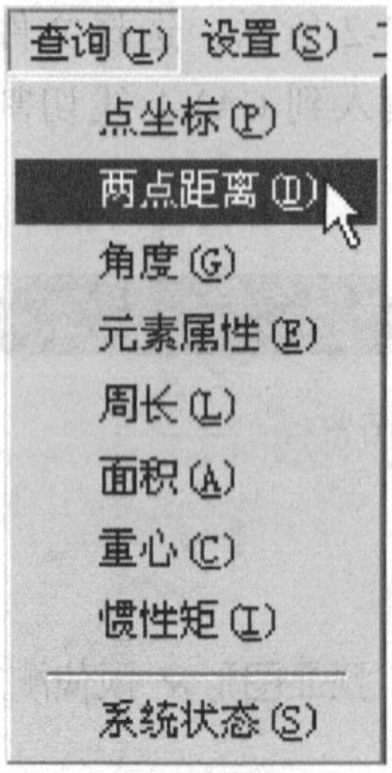

图 13-4　查询菜单

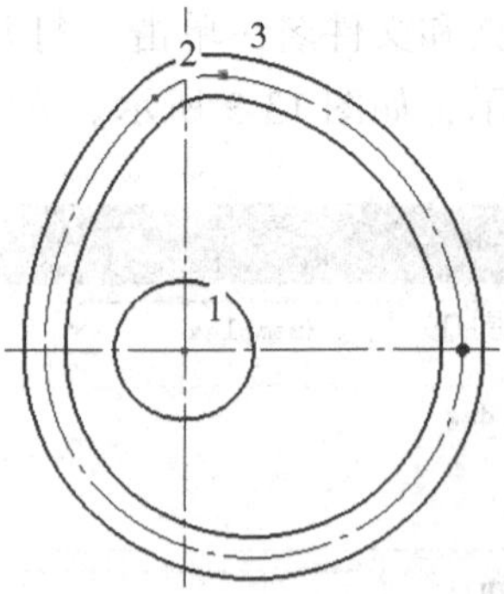

图 13-5　拾取点

2. 两点距离

单击【查询】→【两点距离】指令后，拾取要查询的起点与终点，拾取成功

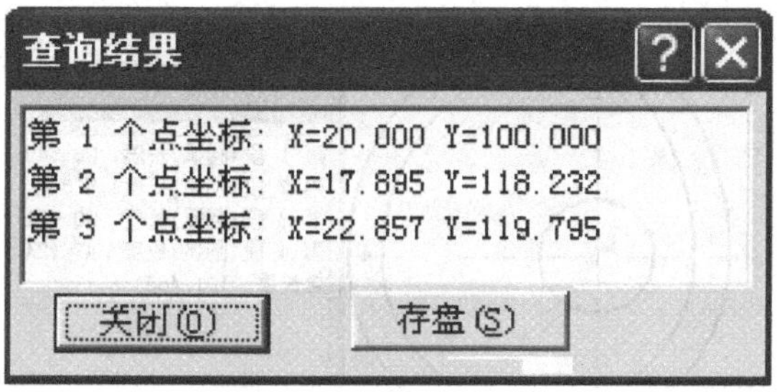

图 13-6　显示点坐标

的点将出现用拾取颜色显示的点标识，屏幕上立刻弹出查询结果对话框，将查询到的点坐标与两点距离信息显示出来，如图 13-7 所示。

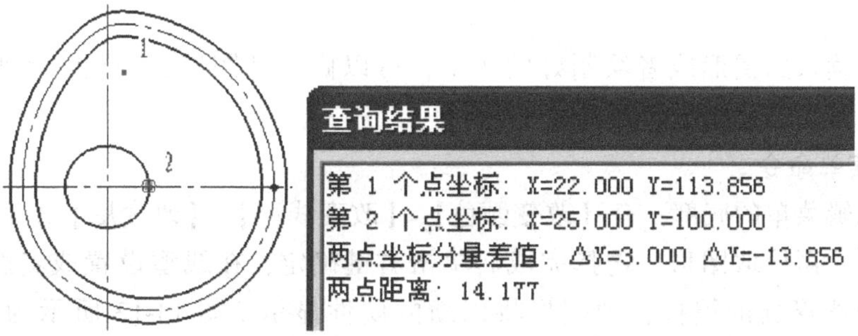

图 13-7　查询两点距离

3. 角度

查询角度有 3 个选项，分别是圆心角、两直线夹角和三点夹角。

选择圆心角时，拾取一段圆弧，即显示圆弧圆心角，如图 13-8 所示。

选择两直线夹角时，要拾取两条直线，如图 13-9 所示。

选择三点夹角时，先拾取顶点，再拾取起点与终点显示角度，如图 13-10 所示。

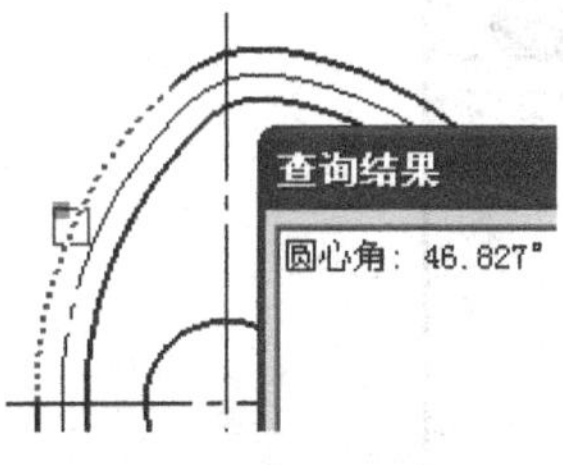

图 13-8　圆心角

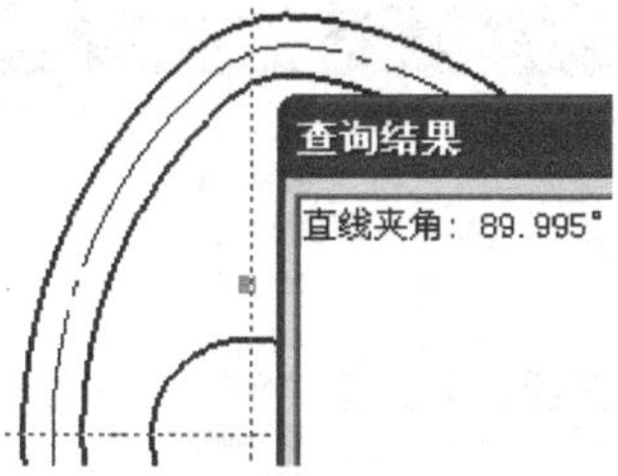

图 13-9　直线夹角

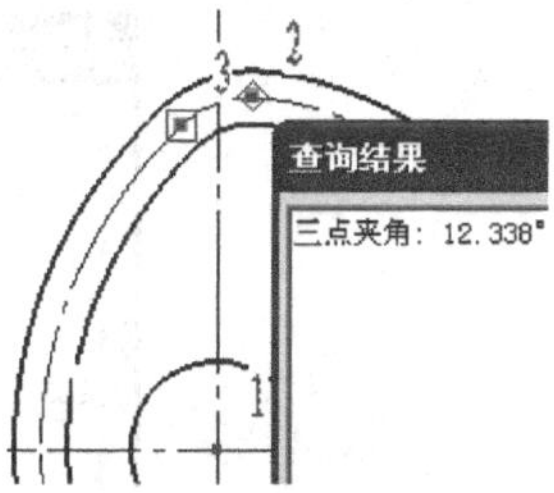

图 13-10　三点夹角

4. 周长

拾取一条串连曲线，屏幕上立刻弹出查询结果对话框，将查询到的曲线长度显示出来，如图 13-11 所示。

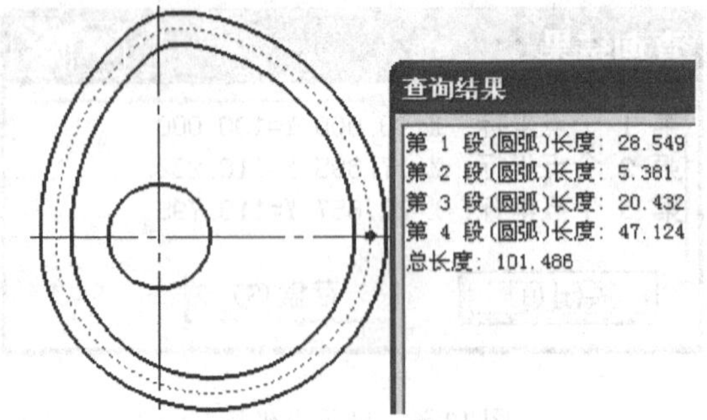

图 13-11　查询周长

13.3　属性修改

对于读入的图形或者绘制好的图形，可以修改其图层、颜色、线型等属性。修改属性可以通过以下两种方式。

1. 菜单命令

在编辑菜单的底部，有【改变颜色】、【改变线型】、【改变层】3 个指令。选择指令后，再拾取图形，选择完成后单击右键确定，在线型设置或者颜色设置、层设置中选择新的属性，则图形将以新的属性显示。图 13-12 所示为修改线型

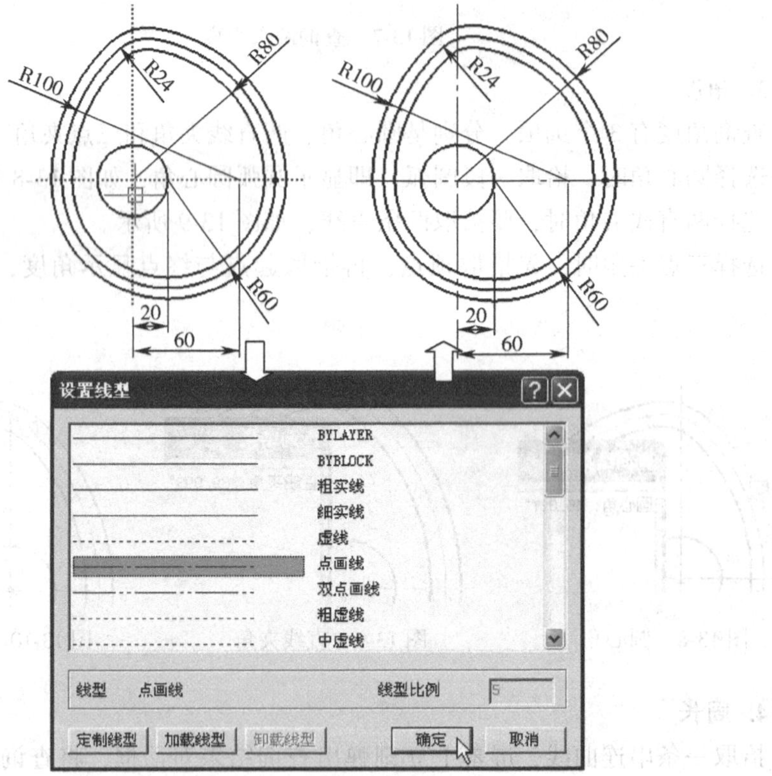

图 13-12　修改线型

示例。

选择【改变层】指令时，可以在立即菜单上选择“移动”或者“拷贝”，选择移动改变所拾取图形元素的图层。选择“拷贝”将所拾取到的图形元素复制到其他图层上。

2. 快捷菜单

属性修改也可以先选择图素，再单击鼠标右键，在弹出的快捷菜单上选择“属性修改”，如图 13-13 所示。系统将弹出如图 13-14 所示的“属性修改”对话框，可以在对话框中选择改变层、线型或颜色。

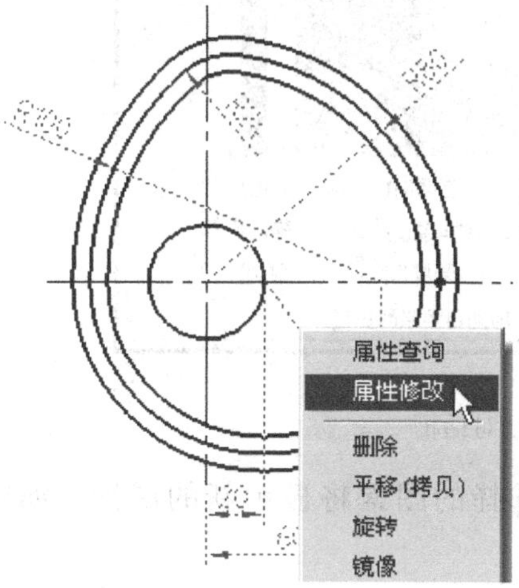

图 13-13　快捷菜单

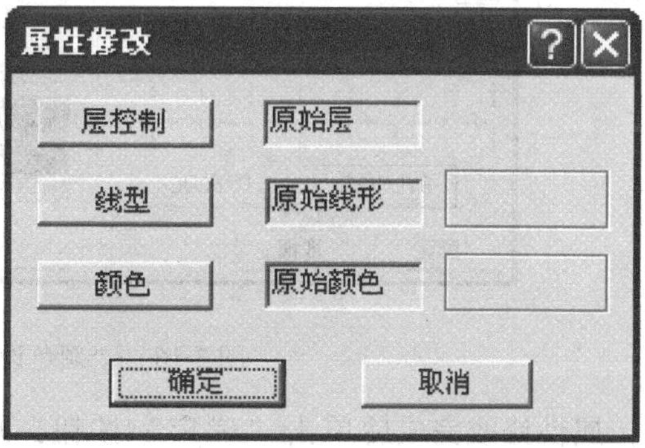

图 13-14　“属性修改”对话框

单击“层控制”按钮，弹出如图 13-15 所示的“层控制”对话框，选择一个图层再确定返回。

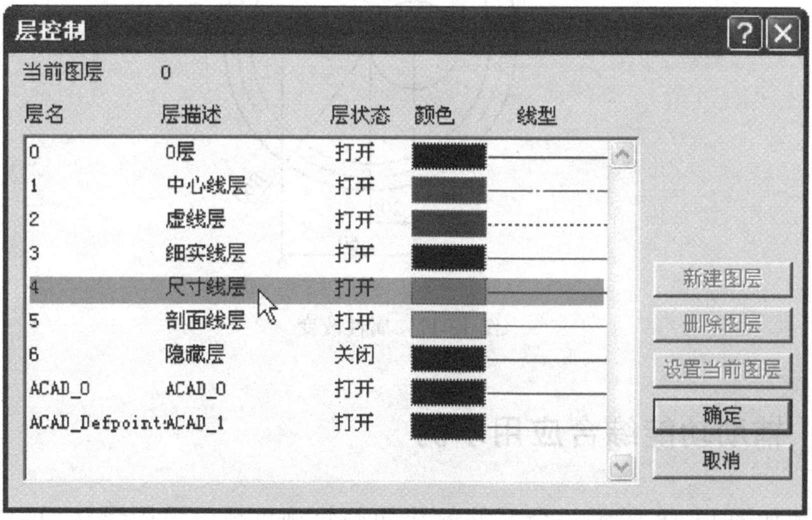

图 13-15　“层控制”对话框

单击“线型”按钮，弹出“线型设置”对话框，指定线型再确定返回。

单击“颜色”按钮，弹出如图 13-16 所示的“颜色设置”对话框，指定颜色或者指定为“BYLAYER”、“BYBLOCK”再确定返回。

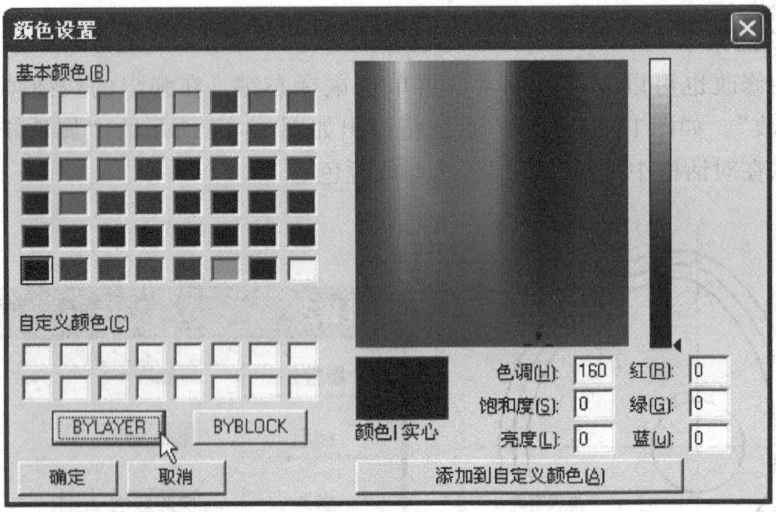

图 3-16 “颜色设置”对话框

属性修改完成后单击“确定”按钮，则选择的图素将显示新的属性，如图 13-17所示。

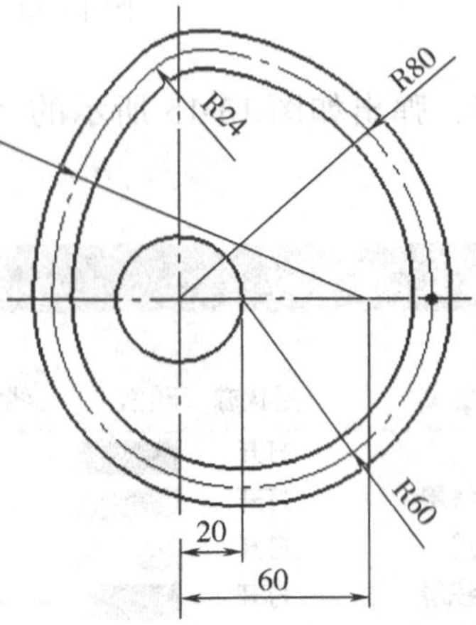

图 13-17 属性改变

13.4 辅助功能综合应用示例

完成如图 13-18 所示一个零件的线切割轨迹生成，该图形从 DWG 文件读入。

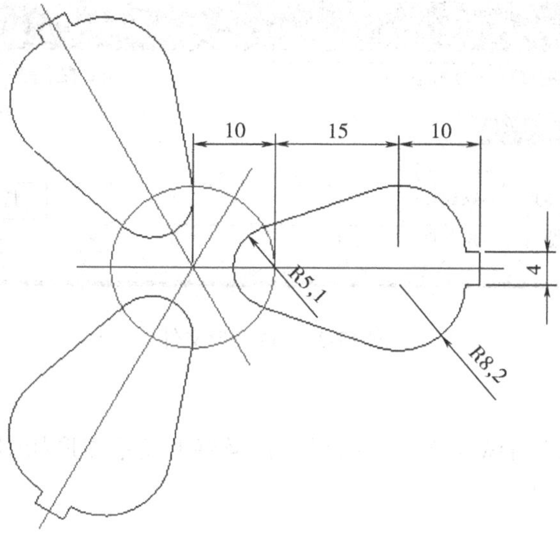

图 13-18　示例

步骤 1　启动 CAXA 线切割

在桌面上双击 CAXA 线切割的快捷方式图标，启动 CAXA 线切割。

步骤 2　DWG/DXF 文件读入

单击主菜单的【文件】→【数据接口】→【DWG/DXF 文件读入】指令。在弹出的选择窗口选择正确的路径，并选择文件名 T13. DWG 的文件，如图 13-19 所示，单击“打开”。

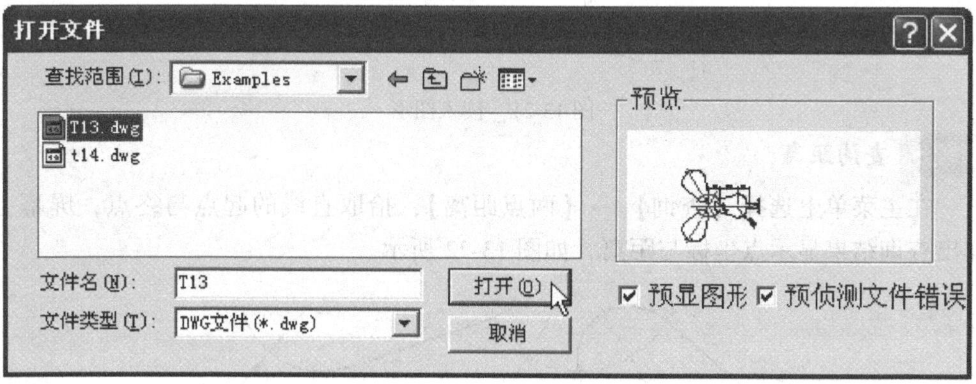

图 13-19　打开文件

步骤 3　替换字形文件

系统弹出“请查找或替换形文件”文件，选择 CAXA 线切割安装目录的 FONTS 文件夹下的 Acadtxt. shx 作为替换形文件，如图 13-20 所示。用这一形文件中的字体替代读入文件中的字体。

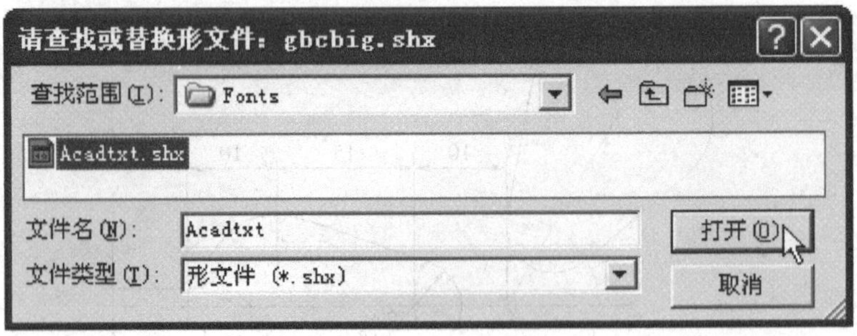

图 13-20　替换形文件

步骤 4　读入图形

系统将会读入该 DWG 文件的图形，在屏幕上显示图形如图 13-21 所示。

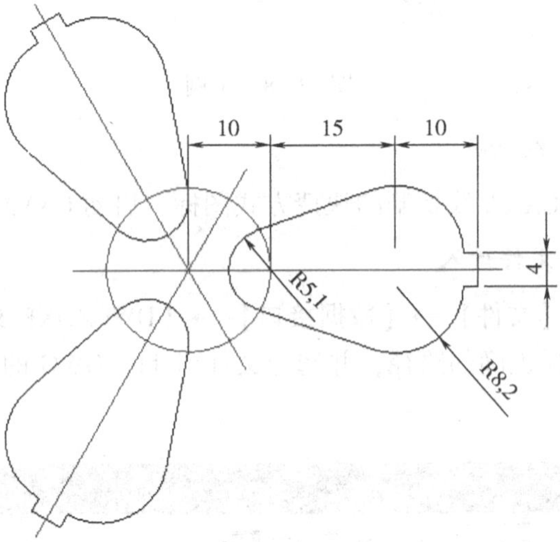

图 13-21　读入图形

步骤 5　查询距离

在主菜单上选择【查询】→【两点距离】，拾取直线的起点与终点，屏幕上弹出查询结果显示点坐标与距离，如图 13-22 所示。

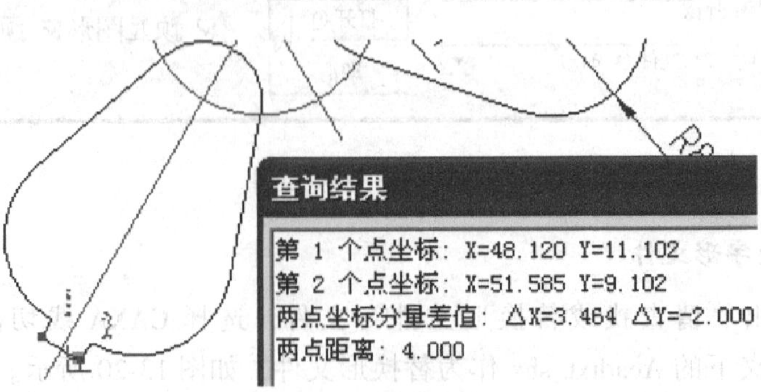

图 13-22　查询两点距离

步骤 6　属性修改

在图形上拾取所有的尺寸标注，单击鼠标右键，并在弹出的快捷菜单上选择“属性修改”，如图 13-23 所示。弹出如图 13-24 所示的对话框，单击“层控制”，在弹出的层控制对话框中选择层“4-尺寸线层”，如图 13-25 所示。单击“确定”修改图层，在属性修改对话框中单击“确定”修改图层。

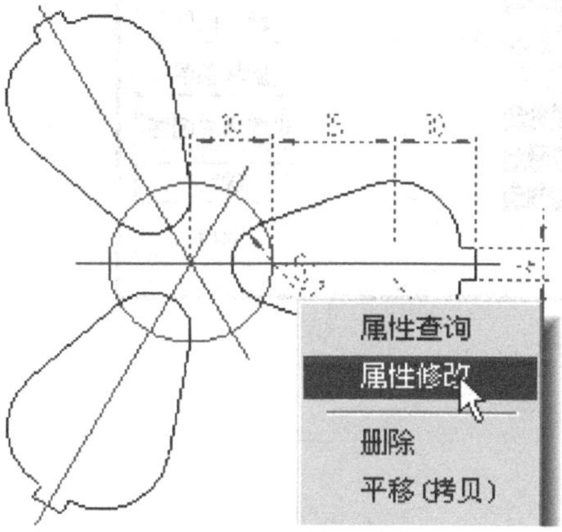

图 13-23　快捷菜单

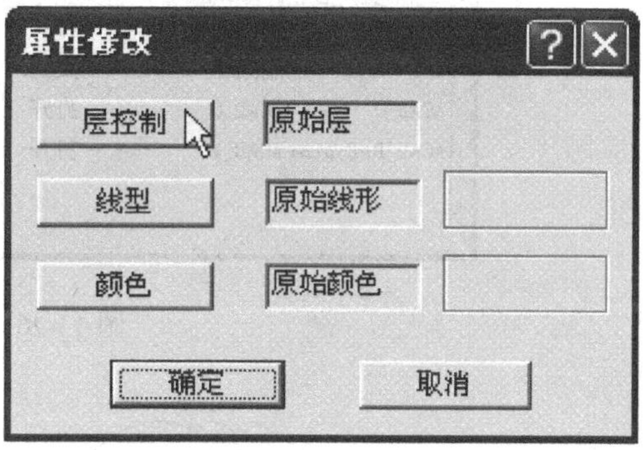

图 13-24　属性修改

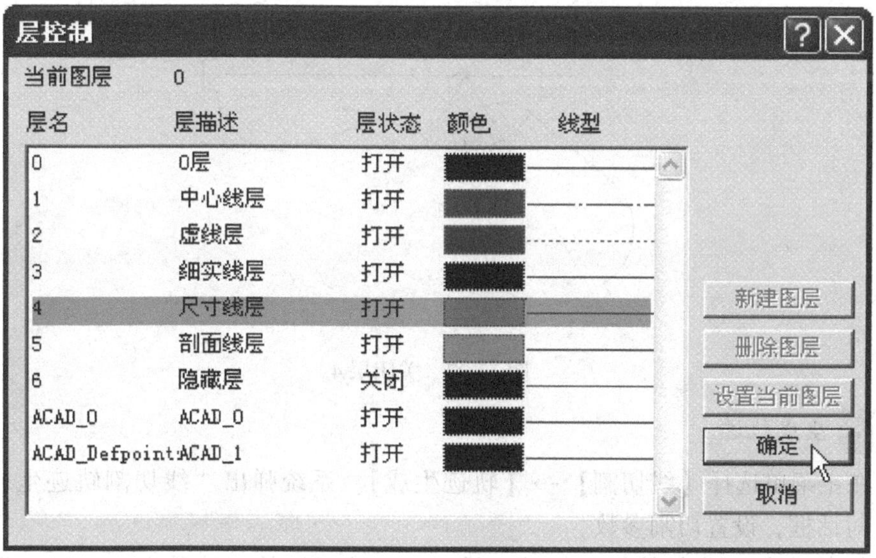

图 13-25　选择图层

步骤 7　层控制

在工具条上单击【层控制】按钮，弹出层控制对话框，双击图层 4 的层状态，将其“关闭”，如图 13-26 所示，单击“确定”关闭对话框。在图形上将不再显示尺寸线，如图 13-27 所示。

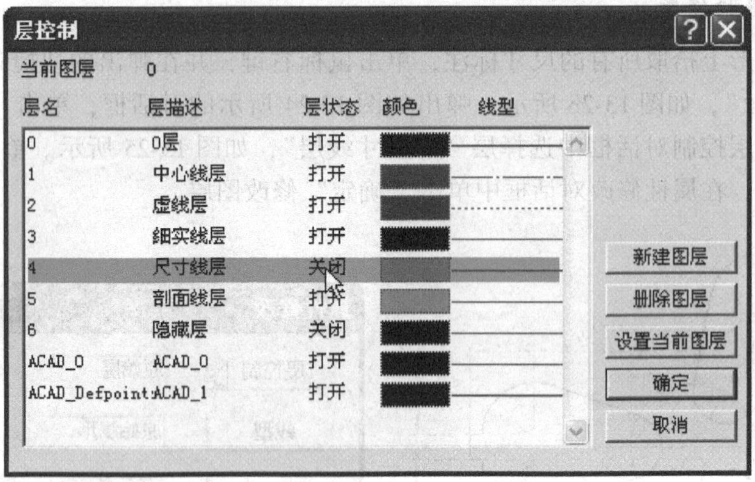

图 13-26 层控制

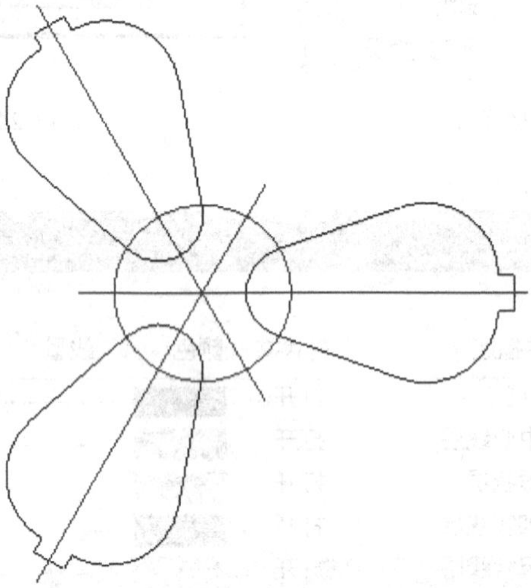

图 13-27 关闭层 4

步骤 8 生成轨迹

在主菜单选择【线切割】→【轨迹生成】。系统弹出“线切割轨迹生成参数表”对话框，设置切割参数。

单击“偏移量/补偿值”标签，设置第 1 次加工的偏移量为“0.2”。设置完成后单击“确定”按钮。

系统提示拾取轮廓，拾取中间圆弧并选择逆时针方向的箭头作为切割的方向。选择轮廓内侧的箭头方向作为补偿方向。拾取圆弧的圆心点为穿丝点，并按回车键，使退出点与穿丝点重合。

系统通过计算生成切割轨迹，如图 13-28 所示。

步骤 9 生成切割轨迹

再生成另外两个轮廓的加工轨迹，每个轮廓的补偿方向都指向内部，指定交点为穿丝点生成轨迹，如图 13-29 所示。

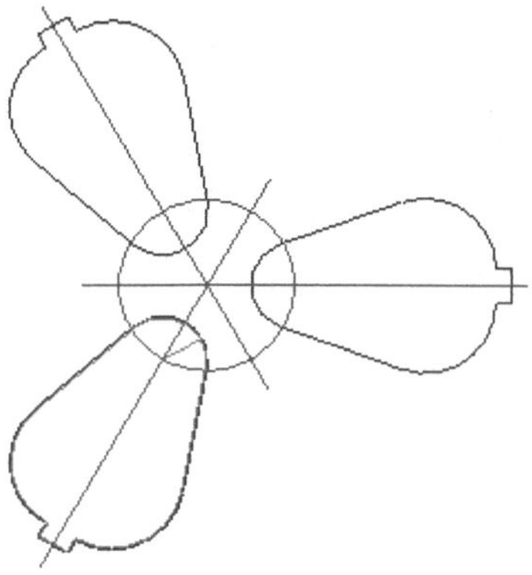

图 13-28 生成外轮廓轨迹

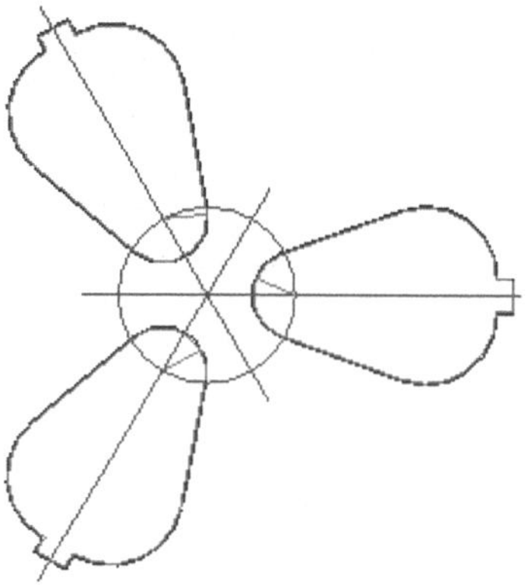

图 13-29 生成轨迹

步骤 10 生成 3B 代码

单击主菜单【线切割】→【生成 3B 代码】，在系统弹出窗口中输入文件名为 T13. 3B，单击“保存”按钮确认文件名。

依次拾取各个切割轨迹，按回车键完成轨迹的选择。系统将生成并保存 3B 格式的文件 T13. 3B。

步骤 11 保存文件

点击工具栏上的【保存】图标，输入文件名为“T13”，单击“保存”按钮保存文件。

复习与练习

完成如图 13-30 所示轮廓（E13. DWG）的线切割程序生成。

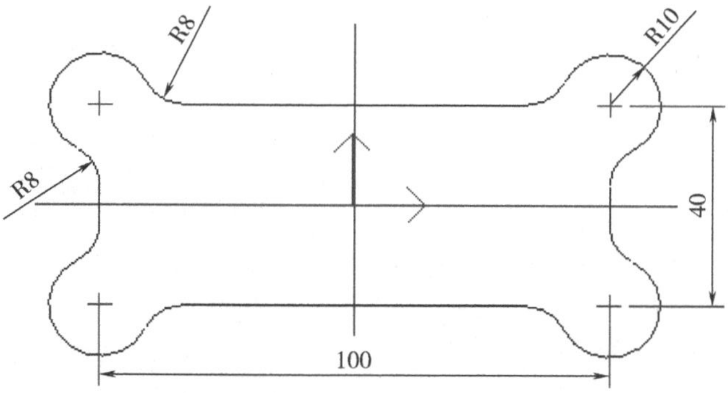

图 13-30 练习题

第14讲　轮廓线与等距线

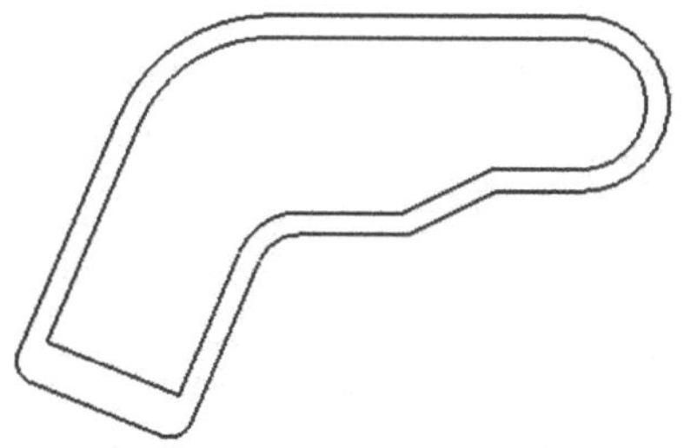

本讲要点

- 轮廓线的应用
- 轮廓线中的直线与圆弧
- 单个拾取等距线
- 链拾取等距线

轮廓线可以绘制连续的直线和圆弧，并且绘制直线和圆弧还可以通过不同选项绘制不同特征的线条。等距线通过偏移产生，可以单个拾取，也可链拾取。

14.1　轮廓线

生成由直线和圆弧构成的连续线。在菜单上选择【造型】→【基本曲线】→【轮廓线】或者在工具条上选择图标，开始轮廓线绘制。

在立即菜单的选项 1 中可以选择轮廓为“直线”或“圆弧”。

1. 直线

当轮廓为直线时，选项 2 有 4 个选择，如图 14-1 所示。不同选项创建的直线如图 14-2 所示。

图 14-1　直线选项（一）

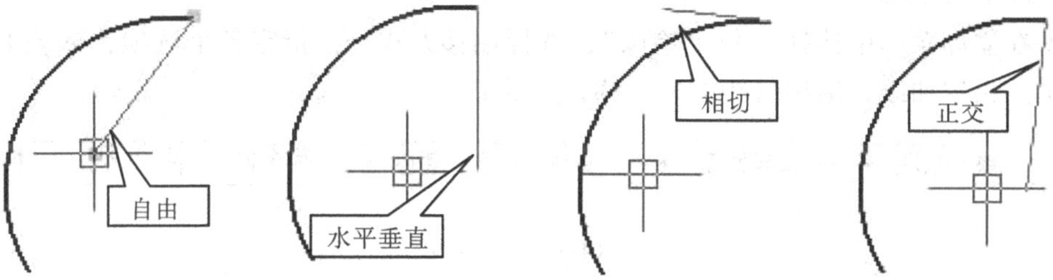

a)　b)　c)　d)

图 14-2　直线选项（二）

（1）自由　绘制的直线直接连接到终点。

（2）水平垂直　绘制水平线或者铅垂线。

（3）相切　绘制与曲线相切的直线。

（4）正交　绘制与前一直线垂直的直线。

选项 3 选择轮廓的封闭与否。若选择“封闭”，则轮廓线的最后一点可省略（不输入），直接单击鼠标右键结束操作，系统将自行使最后一点回到第一点，使轮廓图形封闭，如图 14-3 所示。

2. 圆弧

轮廓为圆弧时，指定终点绘制圆弧，该圆弧将与前一直线或圆弧在起点处相切，如图 14-4 所示。

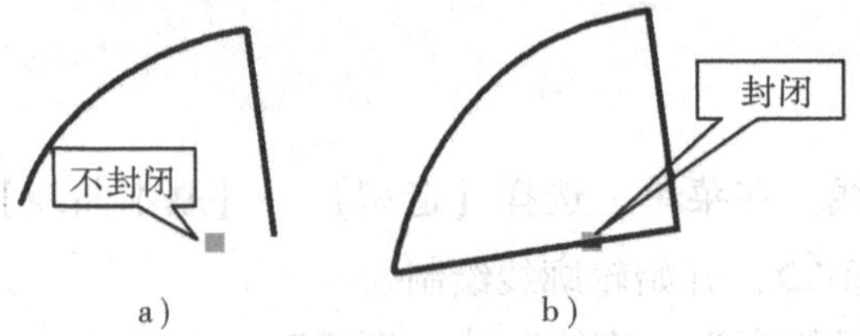

图 14-3　封闭

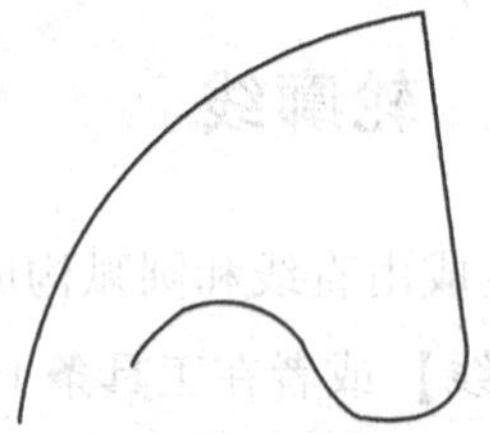

图 14-4　绘制圆弧

@提示：

封闭的轮廓最后一段线不保证相切或正交。

14.2　等距线

绘制给定曲线的等距线，可以生成单向或者双向的偏置曲线。

在菜单上选择【造型】→【基本曲线】→【等距线】或者在曲线工具条上选择图标。

1. 单个拾取

在立即菜单中选择“单个拾取”，选择偏移方式，再指定各个选项，如图 14-5 所示。拾取曲线，给出等距方向，生成等距线。

图 14-5　立即菜单

选项 2 的偏移方式可以“指定距离”或者“过点方式”。

(1) 指定距离　在距离栏输入距离值，并可以指定份数。图 14-6 所示为根据距离生成等距线。

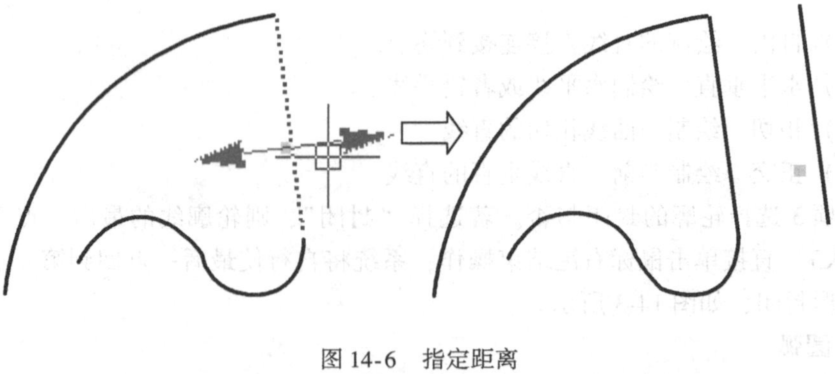

图 14-6　指定距离

(2) 过点方式　拾取曲线后，再指定一个通过点，生成等距线，如图 14-7 所示。

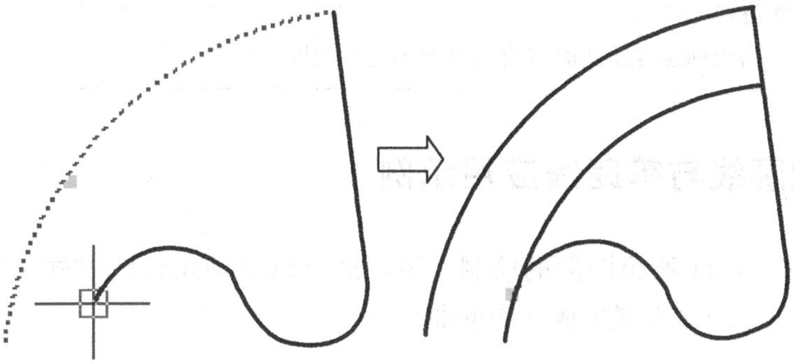

图 14-7　等距线

选项 3 可以指定单向或者双向，如图 14-8 所示为双向偏移的示例。选择双向方式时将无需指定方向。

选项 4 可以生成实心的等距线。

最后选项可以指定份数，如图 14-9 所示为指定份数为 4 产生的等距线。

图 14-8　双向

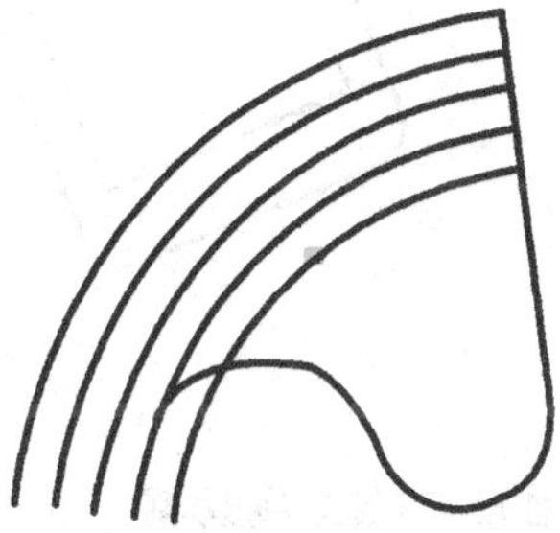

图 14-9　多份数等距线

2. 链拾取

在等距线的立即菜单中选择选项 1 为“链拾取”，选择一个组合曲线，可以将一连串的曲线进行偏移，如图 14-10 所示。

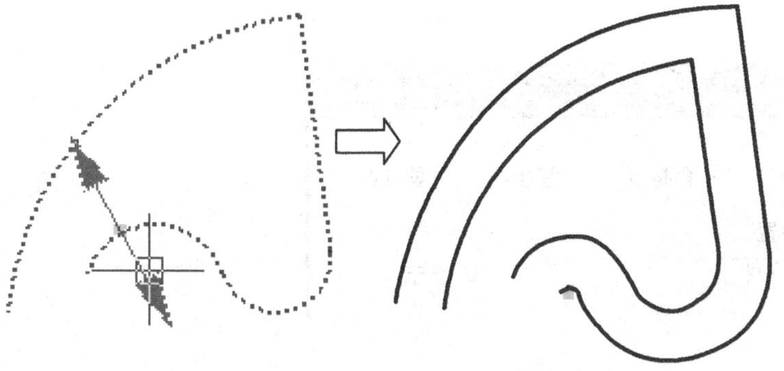

图 14-10　链拾取曲线的等距线

> **@提示**
> 串连曲线创建等距线时将自动延伸到交点位置。

14.3 轮廓线与等距线应用示例

完成如图 14-11 所示图形的绘制。该图形可以使用轮廓线方式来绘制直线与圆弧，并通过等距线方式生成外圈的曲线。

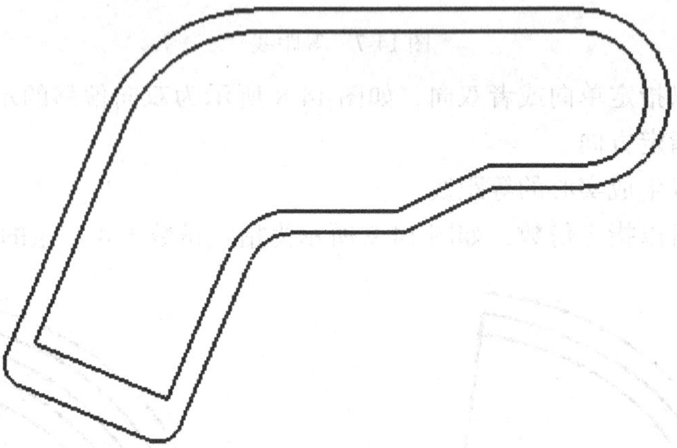

图 14-11 示例

步骤 1 启动 CAXA 线切割

在桌面上双击 CAXA 线切割的快捷方式图标，启动 CAXA 线切割。

步骤 2 设置栅格点

单击主菜单的【设置】→【屏幕点设置】，系统弹出屏幕点设置对话框，选择屏幕点方式为“栅格点”，并设置间距为“10”，如图 14-12 所示。设置完成后单击“确定”按钮，在绘图区将显示栅格点，如图 14-13 所示。

图 14-12 屏幕点设置

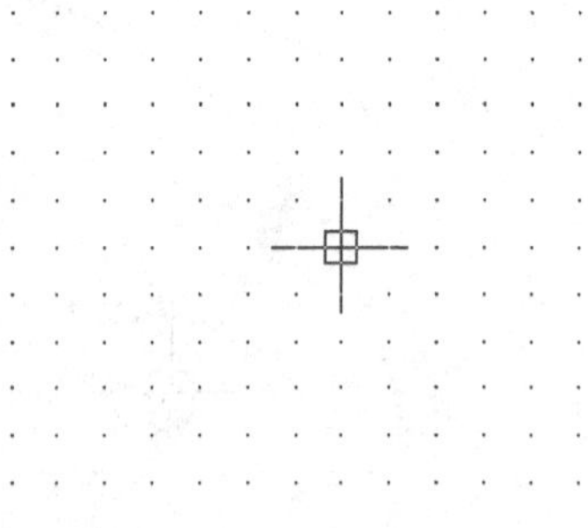

图 14-13 显示栅格点

步骤 3　绘制轮廓线

单击主菜单的【绘制】→【基本曲线】→【轮廓线】指令。

步骤 4　绘制直线

在立即菜单上更改第 1 个选项为“直线”。设置选项如图 14-14 所示。

图 14-14　轮廓线选项

在屏幕上拾取一个栅格点为起点，再拾取右侧间距为 3 的栅格点为终点绘制直线；在右侧 2 格，上方 1 格位置指定一点绘制斜线；拾取右侧 2 格位置绘制直线，如图 14-15 所示。

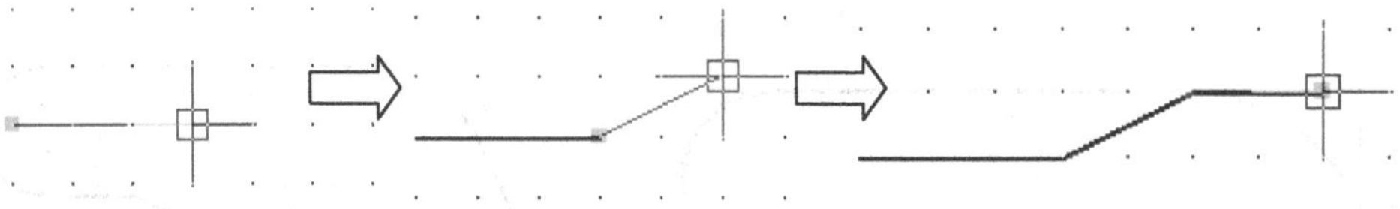

图 14-15　绘制直线

步骤 5　绘制圆弧

在键盘上按［ALT＋1］，切换立即菜单的第 1 个选项为“圆弧”。在正上方 3 格位置拾取点，绘制圆弧，如图 14-16 所示。

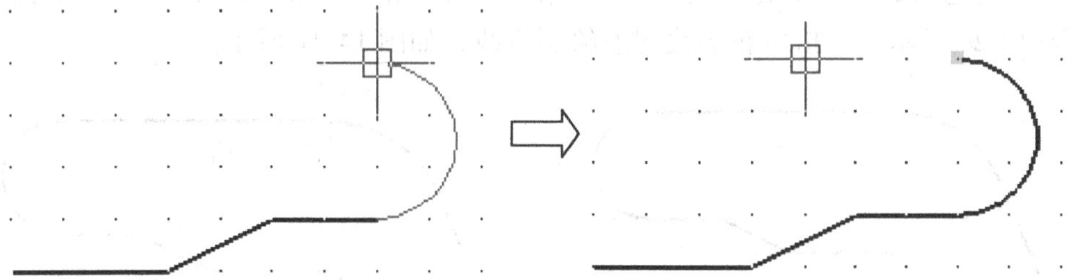

图 14-16　绘制圆弧

步骤 6　绘制直线

在键盘上按［ALT＋1］，切换立即菜单的第 1 个选项为“直线”。改变选项 2 为“水平垂直”，拾取轮廓线的起点，绘制一条直线，如图 14-17 所示。

步骤 7　绘制圆弧

在键盘上按［ALT＋1］，切换立即菜单的第 1 个选项为“圆弧”。在左侧 3 格、下方 2 格位置拾取点，绘制圆弧，如图 14-18 所示。

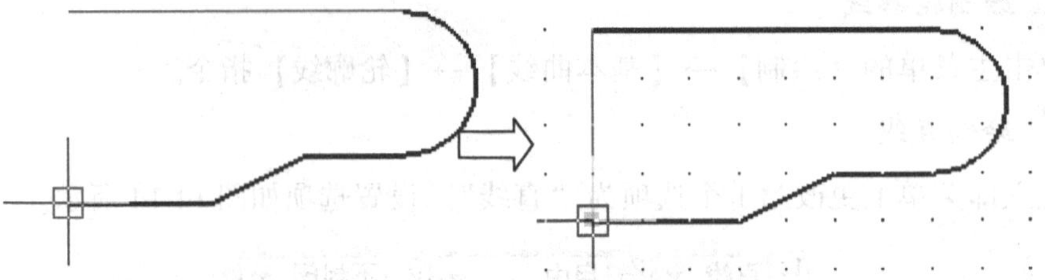

图 14-17　绘制直线

步骤 8　绘制直线

在键盘上按［ALT+1］，切换立即菜单的第 1 个选项为“直线”。改变选项 2 为“相切”，在左侧 2 格、下方 5 格位置拾取点，绘制一条直线，如图 14-19 所示。

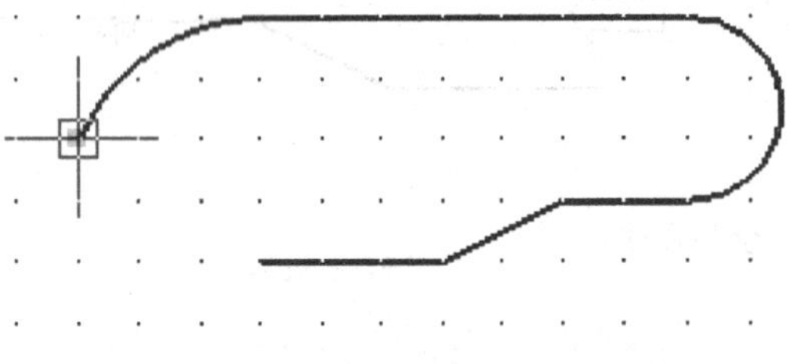

图 14-18　绘制圆弧

图 14-19　绘制切线

改变选项 2 为“正交”，在右侧 3 格，下方 1 格位置拾取点，绘制一条直线，如图 14-20 所示。再拾取轮廓线起点绘制直线，如图 14-21 所示。

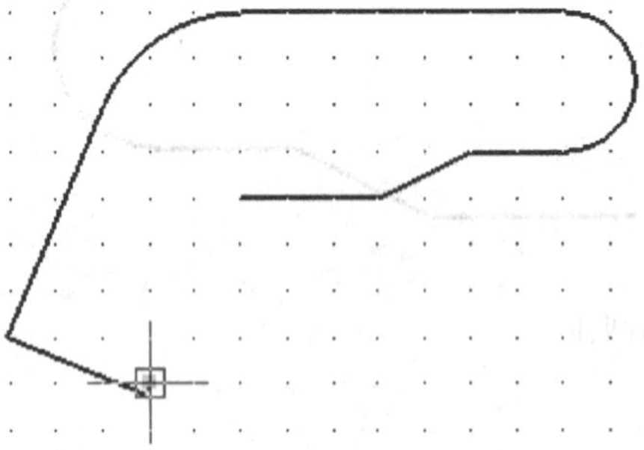

图 14-20　绘制正交直线

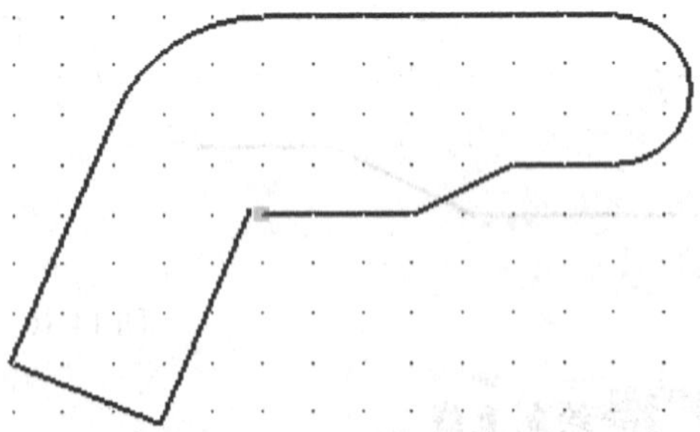

图 14-21　绘制直线

步骤 9　圆角

单击主菜单的【绘制】→【曲线编辑】→【过渡】指令。在立即菜单上更改第 1 个选项为“圆角”，设置半径为“10”，拾取原点附近的两直线进行倒圆角，如图 14-22 所示。

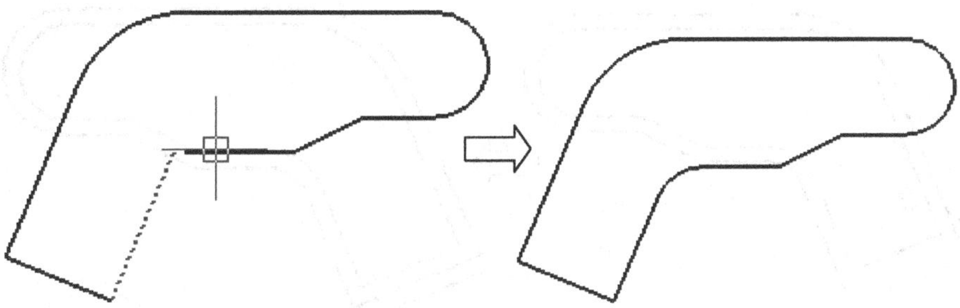

图 14-22　圆角

步骤 10　绘制等距线（一）

单击主菜单的【绘制】→【基本曲线】→【等距线】指令。在立即菜单上设置选项 1 为“链拾取”，再设置选项如图 14-23 所示。

图 14-23　等距线选项

拾取任一曲线，系统自动拾取整个轮廓，再指定偏移方向朝外，生成等距线，如图 14-24 所示。

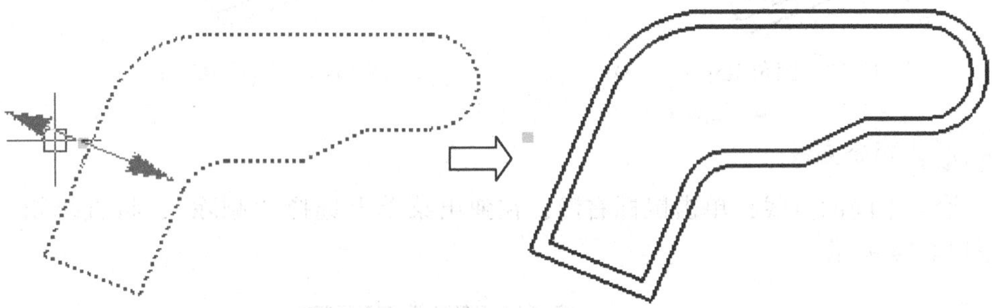

图 14-24　绘制等距线

步骤 11　绘制等距线（二）

在立即菜单上设置选项 1 为“单个拾取”，再设置选项如图 14-25 所示。

图 14-25　等距线选项

拾取左侧的斜线，再指定偏移方向朝外，生成等距线，如图 14-26 所示。

步骤 12　圆角

单击主菜单的【绘制】→【曲线编辑】→【过渡】指令。在立即菜单上更改

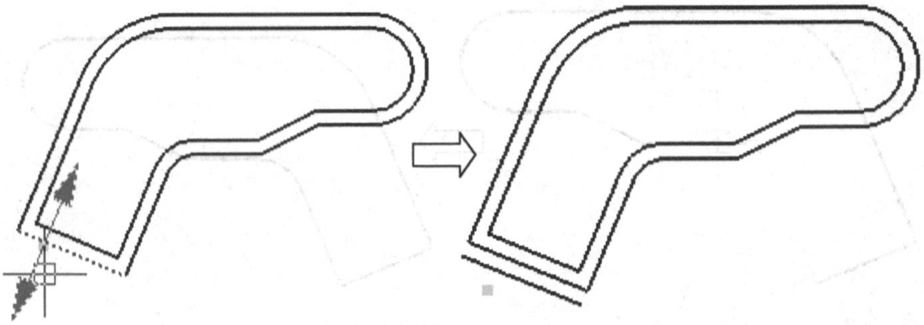

图 14-26 绘制等距线

第 1 个选项为“圆角”，再设置半径为“5”，拾取右侧相交的两个圆弧，进行倒圆角，如图 14-27 所示。再拾取另一侧进行圆角，如图 14-28 所示。

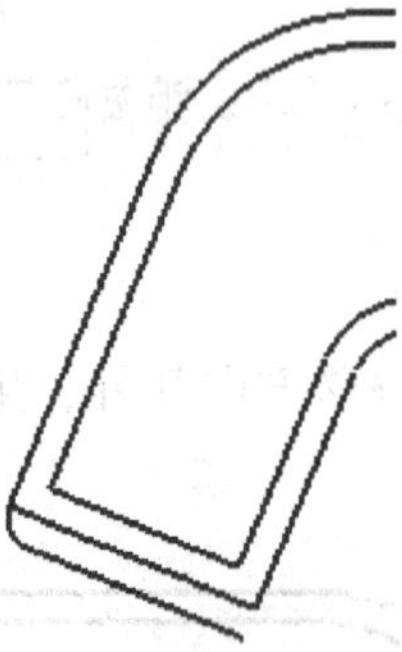

图 14-27 圆角 R5mm（一）

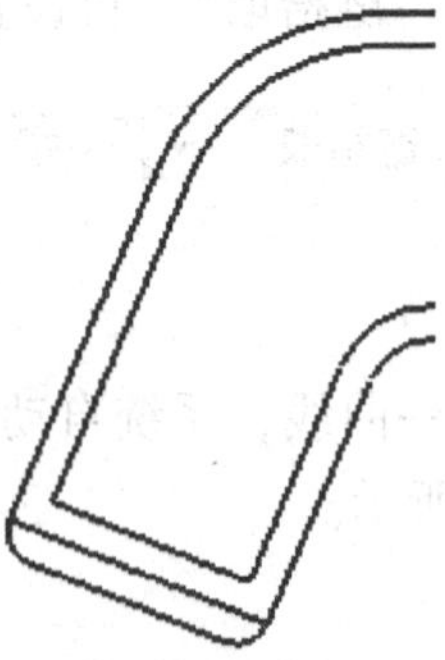

图 14-28 圆角 R5mm（二）

步骤 13 删除直线

拾取中间的直线，单击鼠标右键，在弹出菜单上选择“删除”，将直线删除，如图 14-29 所示。

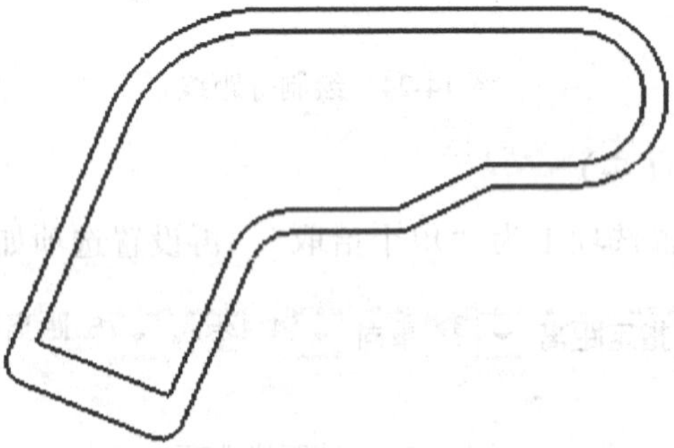

图 14-29 删除直线

步骤 14 保存文件

单击工具栏上的【保存】图标，输入文件名为“T14”，单击“保存”按钮保存文件。

复习与练习

完成如图 14-30 所示图形的绘制。

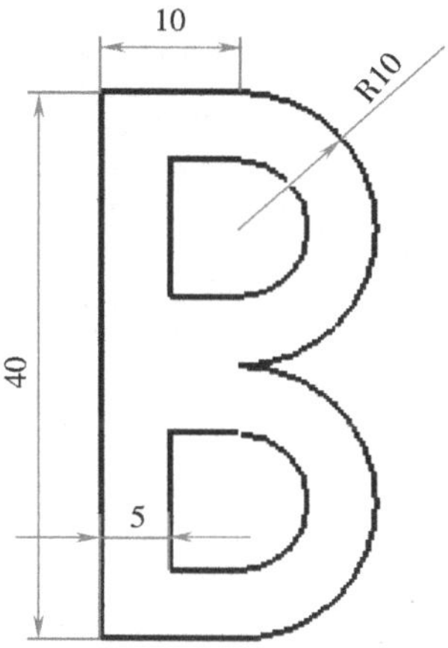

图 14-30　练习题

第15讲　齿轮与花键

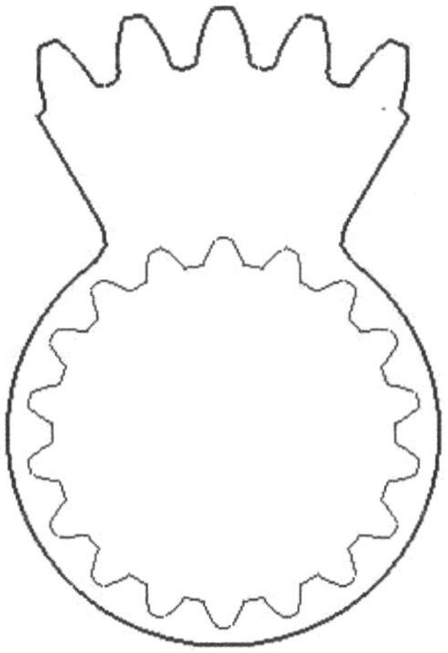

本讲要点

- 齿轮绘制
- 齿轮参数设置
- 花键曲线绘制

CAXA线切割可以直接指定齿轮或者花键参数生成渐开线齿轮或渐开线花键。

15.1　齿轮

按给定的参数生成整个齿轮或给定个数的齿形曲线。

在菜单上选择【绘制】→【高级曲线】→【齿轮】或者在曲线工具条上选择图标，系统将弹出如图 15-1 所示的对话框。

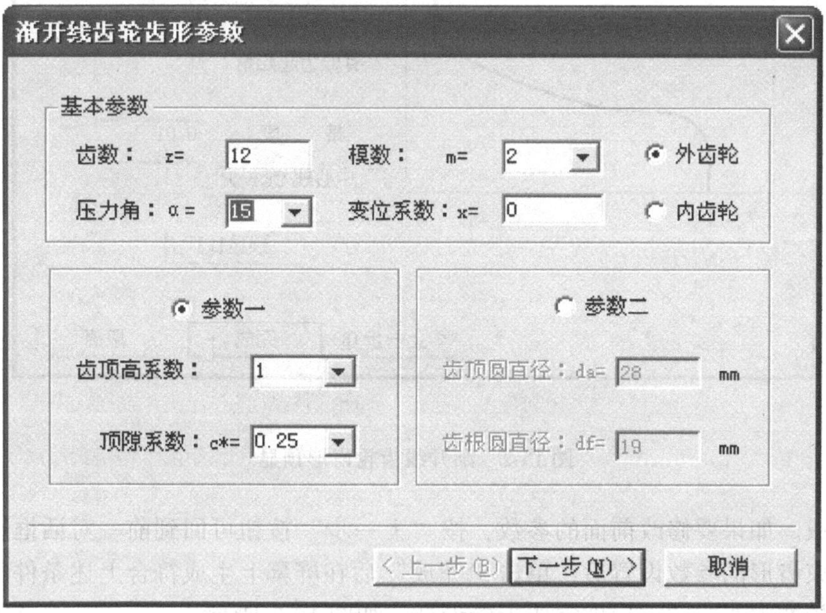

图 15-1　渐开线齿轮齿形参数设置

“渐开线齿轮齿形参数”对话框分为三大区：基本参数区、参数一区、参数二区。

基本参数区包括了齿数（取值范围 5～1000），模数（取值范围 0.1～50mm），压力角，变位系数以及外、内齿轮的单选框。

参数一区包括齿顶高系数和顶隙系数；参数二区包括齿顶圆直径和齿根圆直径。用户在绘制齿轮时，基本参数区中的各项必须确定，参数一区和参数二区可以根据实际情况二择其一。参数输入后程序自动计算中心距。

确定完齿轮的参数后，单击“下一步”按钮，弹出齿轮预显框，如图 15-2 所示。

用户可设置齿形的齿顶过渡圆角的半径和齿根过渡圆弧半径及齿形的精度。

打开“有效齿数”复选框，可以确定生成齿轮的齿数和有效齿的起始角度；如果未被选中，则生成全齿。

确定完参数后单击“预显”按钮观察生成的齿形。单击“完成”按钮结束齿

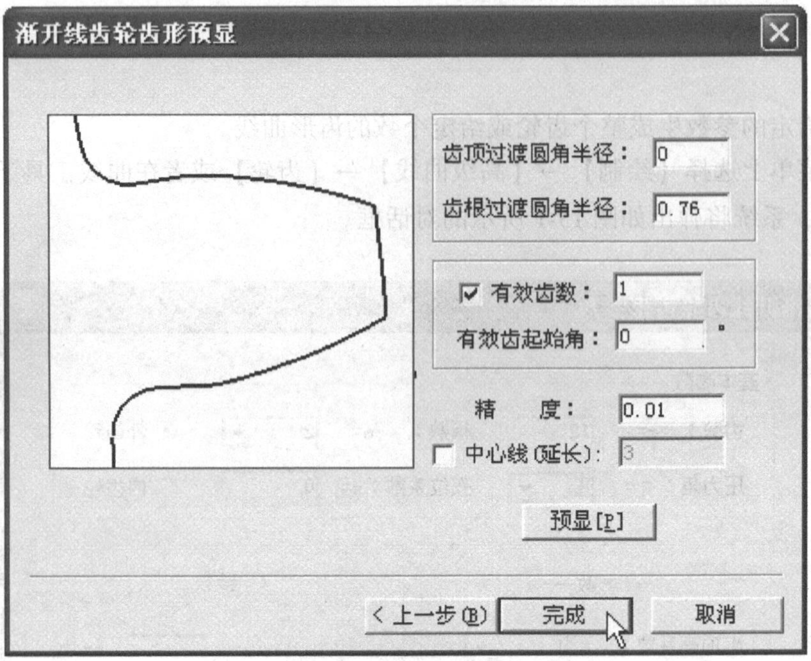

图 15-2　渐开线齿轮齿形预显

形的生成。如果要修改前面的参数，按“上一步”按钮可回到前一对话框。

结束齿形的参数设置后，单击“完成”后在屏幕上生成符合上述条件的齿轮，指定齿轮的中心定位点后即完成齿轮设计，如图 15-3 所示。

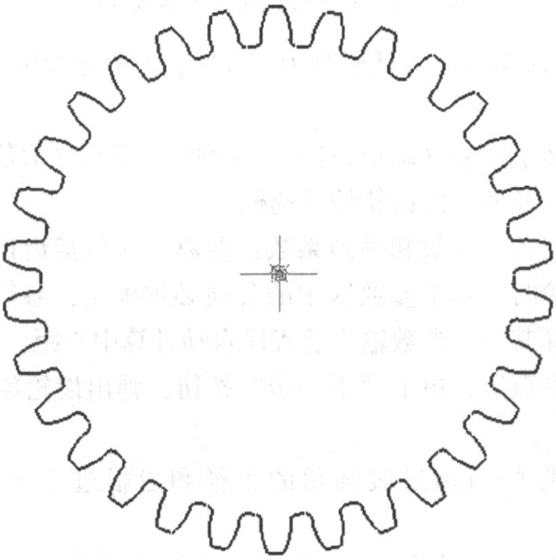

图 15-3　绘制齿轮

15.2　花键

在菜单上选择【绘制】→【高级曲线】→【花键】或者在曲线工具条上选择图标，系统将弹出如图 15-4 所示的对话框。

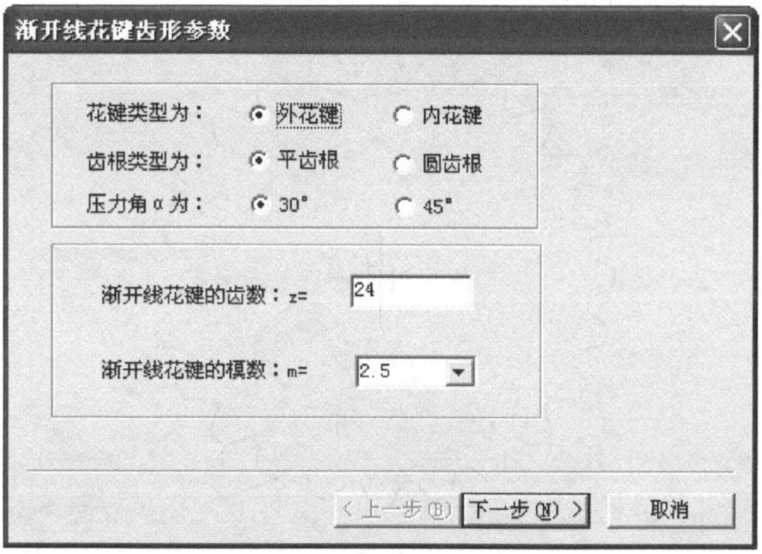

图 15-4　“渐开线花键齿形参数”对话框

在此对话框中可设置花键的类型、齿根的类型和压力角，还可根据需要输入花键的齿数和模数。

参数设置完毕后，单击“下一步”，系统弹出如图 15-5 所示对话框。

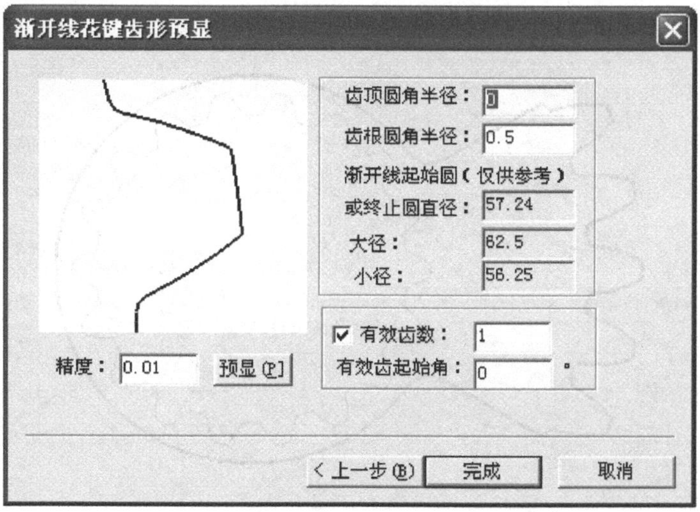

图 15-5　“渐开线花键齿形预显”对话框

在“渐开线花键齿形预显”对话框中可设置齿顶圆角半径、齿根圆角半径以及齿形的精度。打开“有效齿数”复选框，可以确定生成花键的齿数和有效齿的起始角度；如果未被选中，则生成全齿。单击“预显”按钮，可以预览所生成的花键。

单击“完成”后屏幕上生成符合上述要求的花键，指定花键的中心定位点后即完成花键设计，如图 15-6 所示。

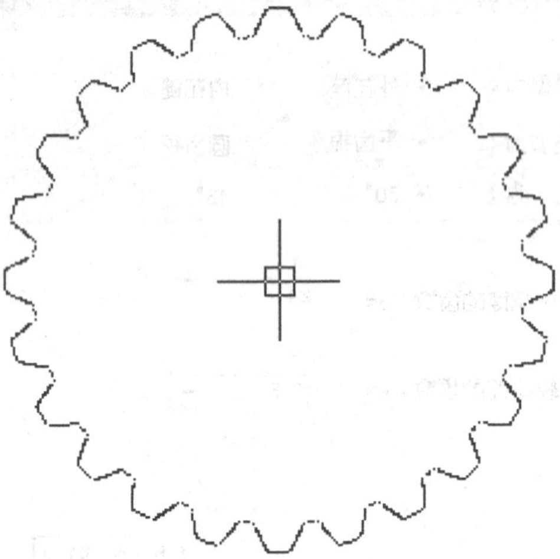

图 15-6 绘制花键

15.3 齿轮与花键应用示例

完成如图 15-7 所示图形的绘制，并生成线切割加工程序。该零件图形上部为 5 个齿，下部为内花键（本书图形旋转 90°）。

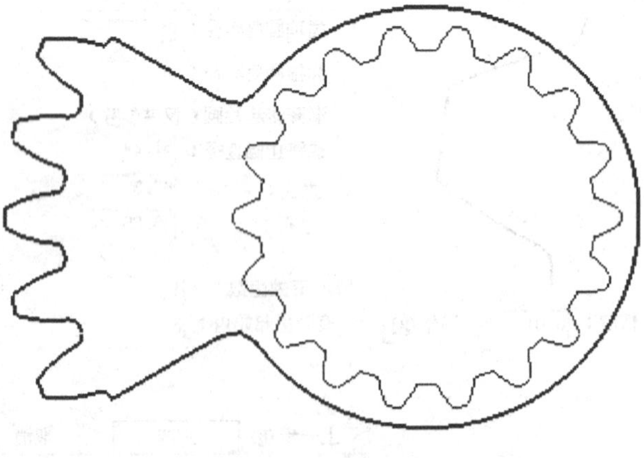

图 15-7 示例

步骤 1　启动 CAXA 线切割

在桌面上双击 CAXA 线切割的快捷方式图标，启动 CAXA 线切割。

步骤 2　绘制圆

单击主菜单的【绘制】→【基本曲线】→【圆】指令。

在立即菜单上更改第 1 个选项为“圆心_半径”。拾取原点为圆心，用键盘输入半径为“8”，单击鼠标右键完成绘制圆，如图 15-8 所示。

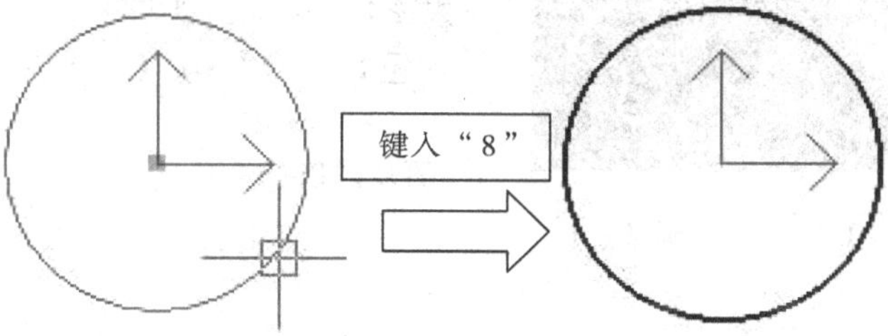

图 15-8　绘制圆

步骤 3　绘制花键

在菜单上选择【绘制】→【高级曲线】→【花键】，系统将弹出“渐开线花键齿形参数”对话框，设置参数如图 15-9 所示。参数设置完毕后，单击“下一步”，显示“渐开线花键齿形预显”对话框，设置选项如图 15-10 所示。

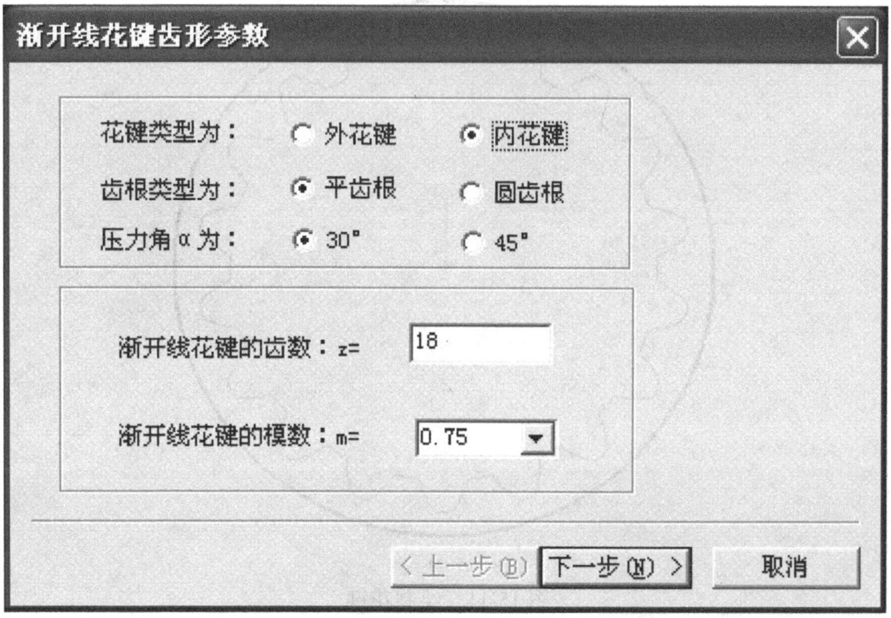

图 15-9　“渐开线花键齿形参数”对话框

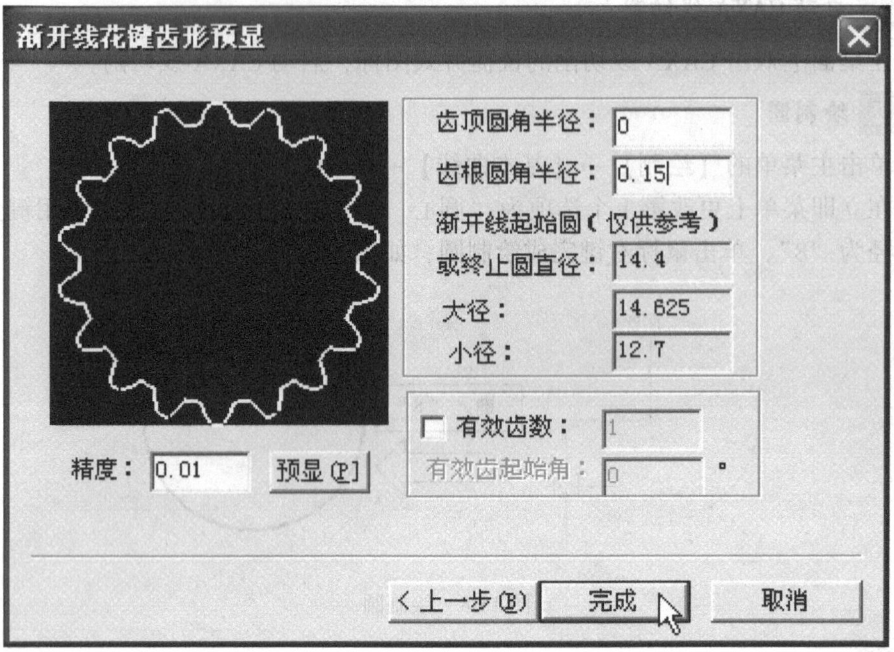

图 15-10 “渐开线花键齿形预显”对话框

单击“完成”按钮后屏幕上生成符合上述条件的花键，拾取原点为花键中心定位点后，完成花键设计，如图 15-11 所示。

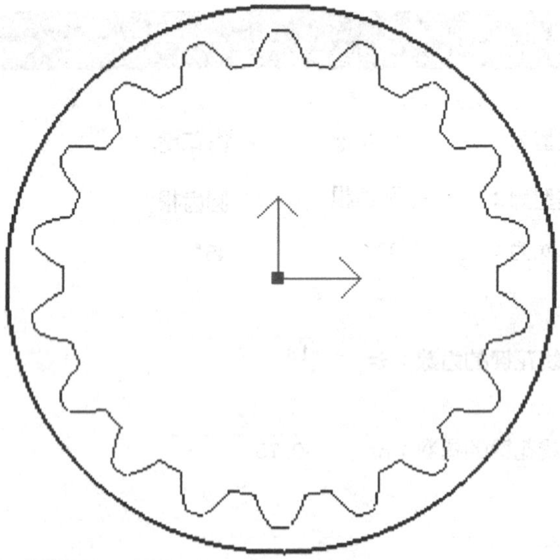

图 15-11 绘制花键

步骤 4 绘制齿轮

在菜单上选择【绘制】→【高级曲线】→【齿轮】，系统将弹出“渐开线齿轮齿形参数”，设置参数如图 15-12 所示。参数设置完毕后，单击“下一步”，显示“渐开线齿轮齿形预显”对话框，设置选项如图 15-13 所示。

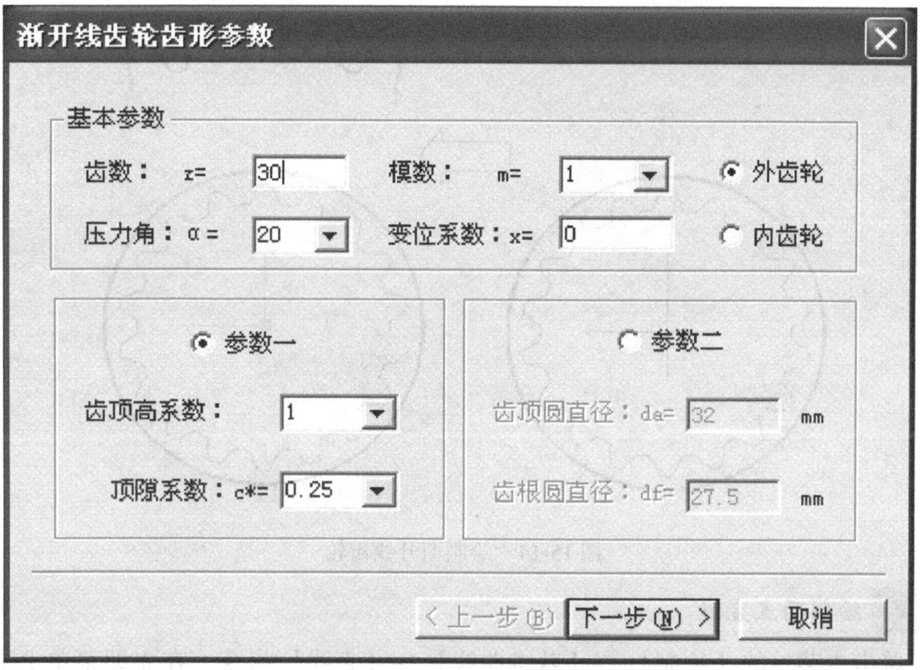

图 15-12　“渐开线齿轮齿形参数”对话框

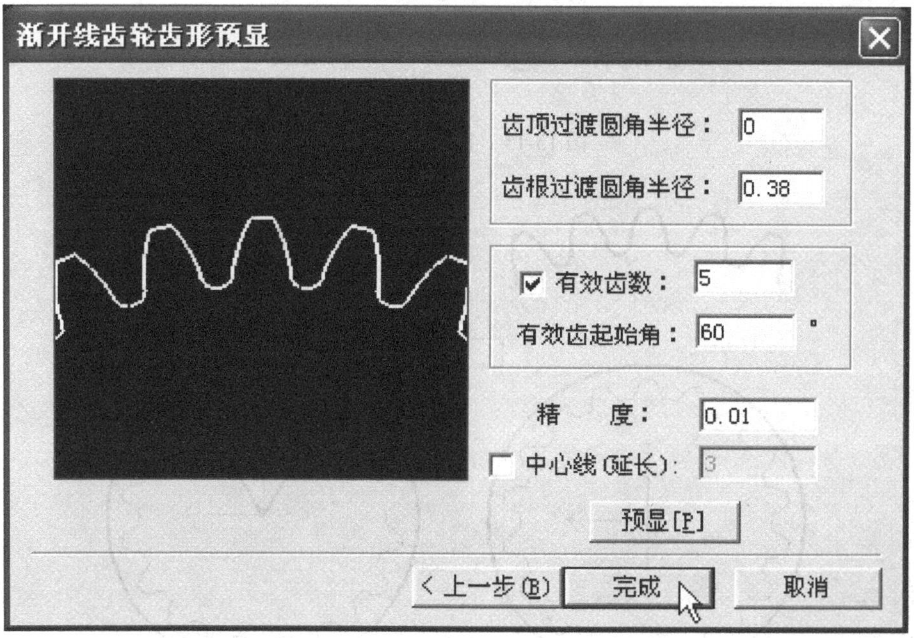

图 15-13　“渐开线齿轮齿形预显”对话框

单击“完成”按钮后屏幕上将预显一个齿轮，拾取原点为齿轮中心定位点后，完成齿轮设计，如图 15-14 所示。

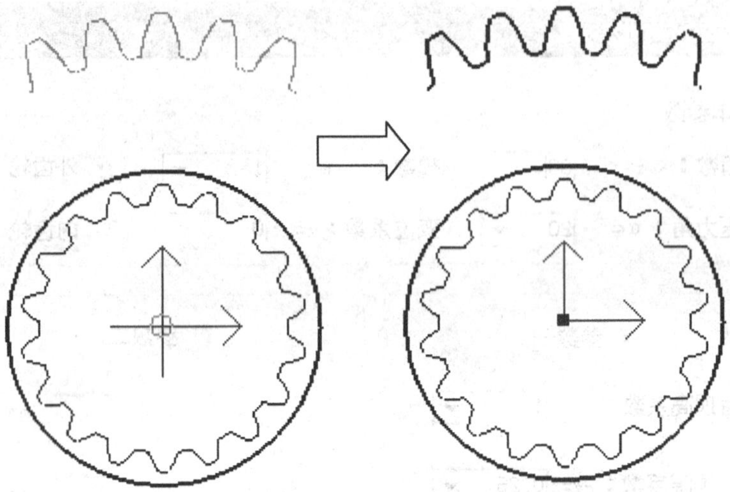

图 15-14　绘制渐开线齿轮

步骤 5　绘制两点直线

单击主菜单的【绘制】→【基本曲线】→【直线】指令。在立即菜单上更改第 1 个选项为“两点线”，再设置选项，如图 15-15 所示。拾取齿轮曲线的端点，再拾取原点，再拾取齿轮的另一个端点，绘制直线，如图 15-16 所示。

图 15-15　直线选项设置

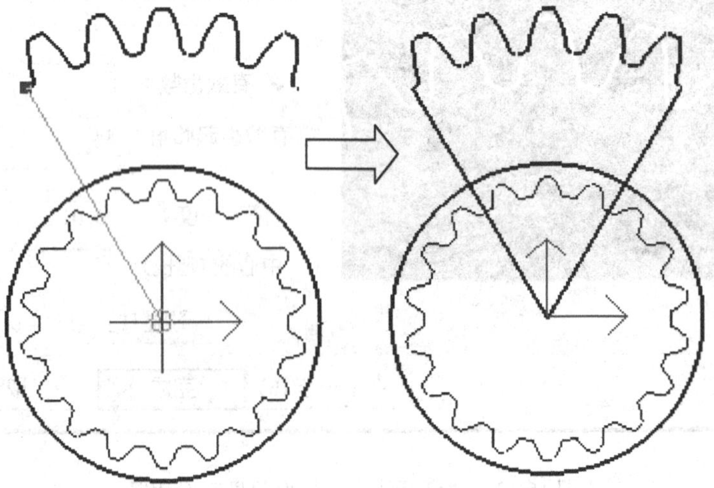

图 15-16　绘制直线

步骤 6 **圆角**

单击主菜单的【绘制】→【曲线编辑】→【过渡】指令。在立即菜单上更改第 1 个选项为“圆角”，再设置半径为“1”，如图 15-17 所示。拾取直线与圆倒圆角，再拾取另一侧的直线与圆倒圆角，如图 15-18 所示。

图 15-17　圆角选项

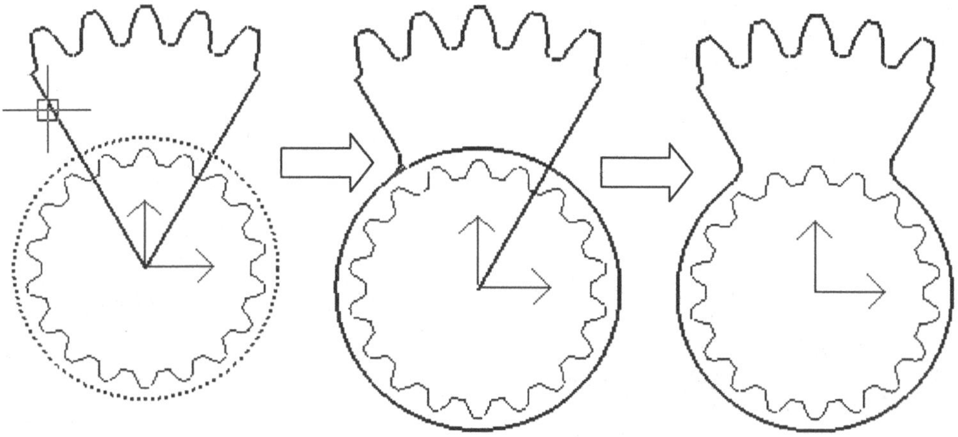

图 15-18　圆角

步骤 7 **保存文件**

单击工具栏上的【保存】图标，输入文件名为“T15”，单击“保存”按钮保存文件。

复习与练习

完成如图 15-19 所示图形的绘制与线切割加工程序的生成。

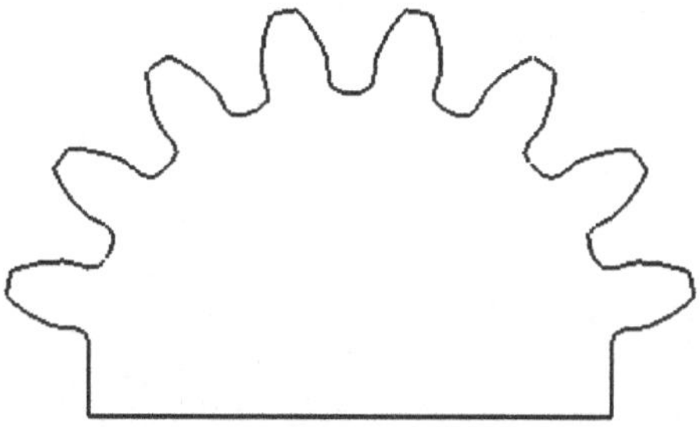

图 15-19　练习题

第16讲 位图矢量化与轮廓文字

本讲要点

- 位图矢量化
- 轮廓文字绘制
- 文字参数设置

对于复杂图案的设计，可使用位图矢量化的方式将其边界变为可用于加工的轨迹。轮廓文字可以直接输入文本生成曲线。

16.1　位图矢量化

位图矢量化可将 BMP、GIF、JPG、PNG、PCX 格式的图形文件进行矢量化处理，生成可用于加工编程的轮廓线。

单击图标，或单击下拉菜单【绘制】→【高级曲线】→【位图矢量化】，系统弹出如图 16-1 所示的选择图像文件对话框。

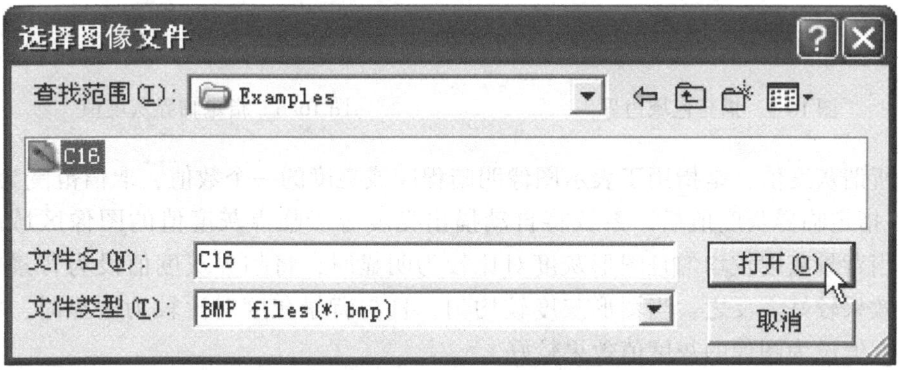

图 16-1　选择图像文件

选择要进行位图矢量化处理的图形文件，单击“打开”按钮，系统弹出如图 16-2 所示的矢量化立即菜单，以下介绍各个选项。

图 16-2　矢量化立即菜单

1. 色域边界

单击选项 1 可以选择背景与图像的边界，有 3 个选项。选择不同选项，产生的轮廓可能会有所差别。图 16-3 所示图形进行矢量化处理。

（1）描暗色域边界　图像颜色较深，背景颜色较浅且均匀，如图 16-4 所示。

图 16-3　示例图形

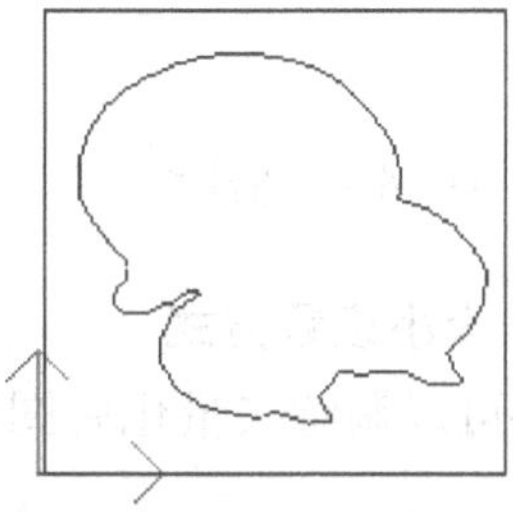

图 16-4　描暗色域边界

（2）描亮色域边界　图像颜色较浅且均匀，背景颜色较深，如图 16-5 所示。

（3）指定临界灰度值　可以指定灰值来区分亮区域与暗区域，在边界部位生成轮廓，如图16-6所示。

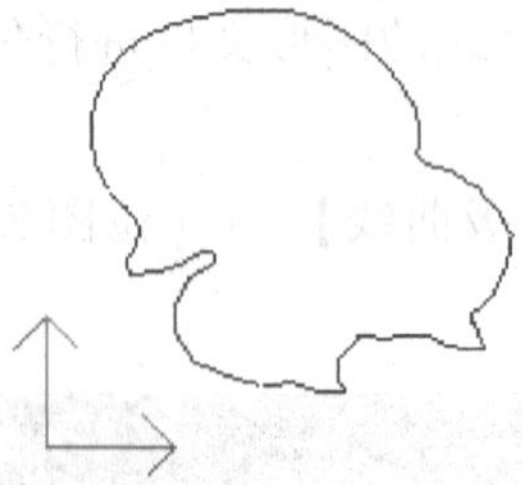

图16-5　描亮色域边界

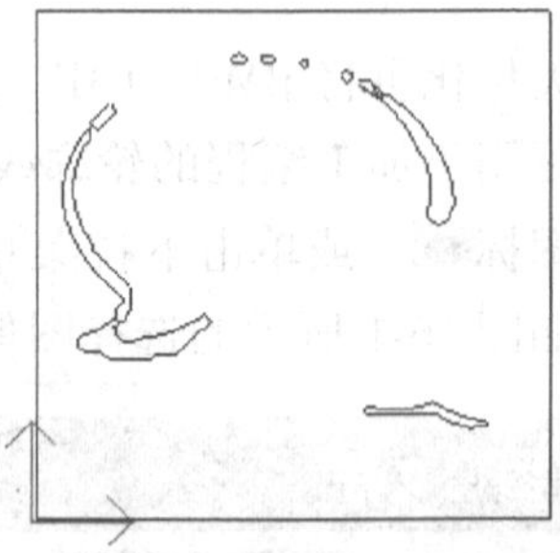

图16-6　指定临界灰度值

所谓灰度值，是指用于表示图像明暗程度或亮度的一个数值，取值范围为0～225。指定临界灰度值后，系统将自动描出亮度等于临界灰度值的图像区域的边界。当背景灰度较均匀且图形灰度对比较为明显时，将临界灰度值设为背景的灰度值效果较好。反之，当图形灰度较均匀，且与背景灰度对比较为明显时，将临界灰度值设为图像的灰度值效果较好。

2. 拟合方式

（1）直线拟合　生成的轮廓只包含直线段，如图16-7所示。

（2）圆弧拟合　生成的轮廓包括直线和圆弧，如图16-8所示。与直线拟合相比，圆弧拟合的优点在于生成的图形比较光滑、线段少，生成的加工代码相应比较少。

图16-7　直线拟合

图16-8　圆弧拟合

3. 图像大小设置方式

选项3可以调整矢量化后图形的大小的设置方式，可以选择指定分辨率或者指定宽度。

（1）指定宽度方式　在随后将需要输入宽度值，单位为“mm”。

（2）指定分辨率方式　需要输入图像分辨率，单位为“dpi”。由图像的实际点数/图像分辨率确定大小。

4. 拟合精度

选项 4 选择拟合精度的级别，有“精细”、“正常”、“较粗略”、“粗略”4 种。级别越高，轮廓形状越精密，但拟合精度要根据使用情况的精度要求等方面来选择。精度过低，轮廓形状会出现较大偏差；精度过高，生成的轮廓可能出现较多的锯齿。

设置完矢量化参数后，单击鼠标右键完成位图矢量化。在默认条件下，屏幕上会显示被矢量化的原图，参照它可以对矢量化后的轮廓进行修改调整。

16.2　轮廓文字

轮廓文本能产生各种文字的轮廓线，用于文字的线切割加工。

单击图标A，或单击下拉菜单中【绘制】→【高级曲线】→【轮廓文字】。

在立即菜单上选择选项 1 为“指定两点”，再在屏幕上指定两点；或者选择“搜索边界”，再拾取一个串连曲线，则选择“搜索边界”方式。矩形区域选择完毕后，系统弹出如图 16-9 对话框。

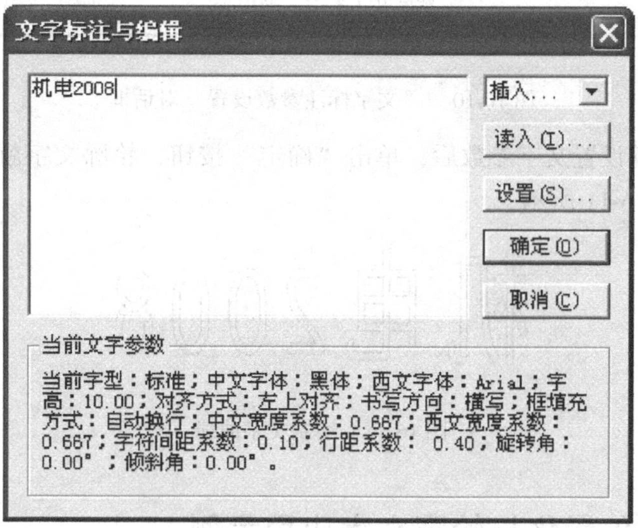

图 16-9　“文字标注与编辑”对话框

如图 16-9 所示，“文字标注与编辑”对话框可分为三个区域：编辑区、当前文字参数区、命令按钮区。

编辑区类似于一块写字板，用于文字的输入。

当前文字参数区记录了当前文字的设置状态，如字型、字高、对齐方式、书写方向、字符间距系数、旋转角和倾斜角等。

命令按钮区由“插入”下拉列表和“读入”、“设置”、“确定”和“取消”四个按钮组成。

“插入”下拉列表列出了编辑区中常用的特殊符号和常用表达式。

单击“读入”按钮，系统弹出读取文件对话框，选择所要读取文本文件。

单击“设置”按钮，系统弹出如图 16-10 所示对话框。在此对话框内设置各种文字参数，完毕后单击“确定”，设置的参数显示在当前文字参数区内。

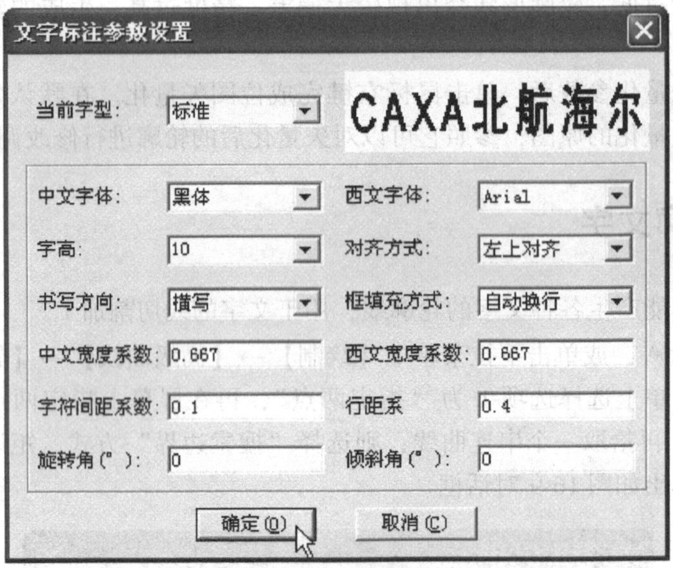

图 16-10 “文字标注参数设置”对话框

输入文字并设置文字参数后，单击“确定”按钮，轮廓文字就显示在绘图功能区内，如图 16-11 所示。

图 16-11 绘制文字曲线

16.3 位图矢量化与轮廓文字应用示例

完成如图 16-12 所示图形的设计。该图形主体由图片直接矢量化得到结果，再输入轮廓文字。

步骤 1 启动 CAXA 线切割

在桌面上双击 CAXA 线切割的快捷方式图标，启动 CAXA 线切割。

步骤 2 位图矢量化

单击主菜单：【绘制】→【高级曲线】→【位图矢量化】→【矢量化】，进入矢量化功能。

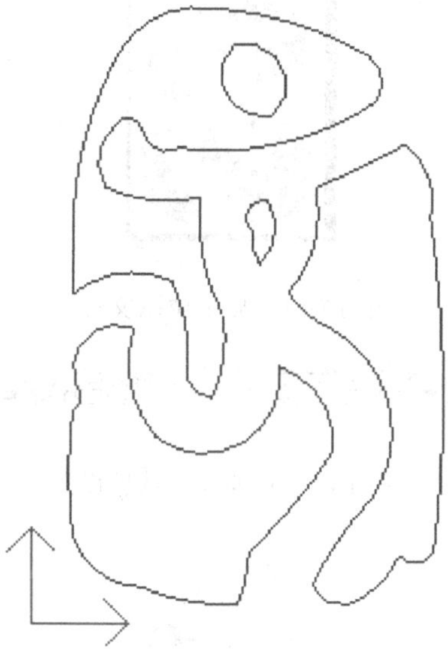

图 16-12　示例

步骤 3　选择图片文件

系统将弹出选择窗口，在相应的文件夹选择文件名为 T16. BMP 的位图文件，单击“打开”按钮，如图 16-13 所示。在图形区将显示位图图形，如图 16-14 所示。

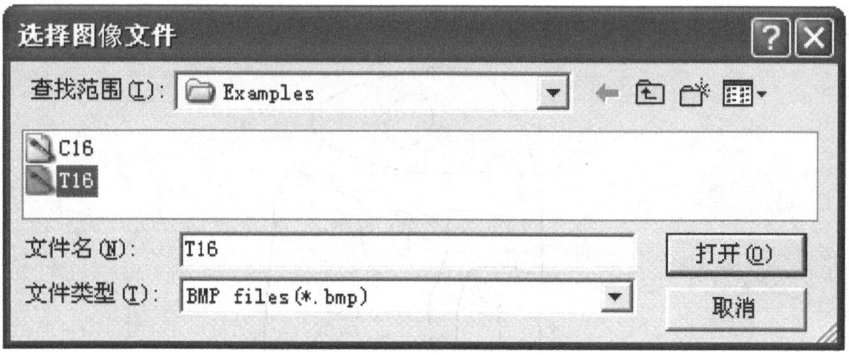

图 16-13　“选择图像文件”对话框

步骤 4　矢量化图形

在立即菜单中设置选项如图 16-15 所示。

单击鼠标右键，设置图像分辨率为“100”，系统对图像进行矢量化处理，生成图形的外形轮廓，如图 16-16 所示。

图 16-14　显示位图文件

图 16-15　立即菜单选项设置

图 16-16　图形矢量化

步骤 5　清除位图

单击主菜单【绘制】→【高级曲线】→【位图矢量化】→【清除位图】，将背景上的位图删除，只显示轮廓线，如图 16-17 所示。

图 16-17　显示轮廓

步骤 6 检查轮廓

将生成的轮廓局部放大进行检查，确保其没有杂线而且连接良好。

步骤 7 选择轮廓文字指令

单击主菜单：【绘制】→【高级曲线】→【轮廓文字】。在弹出的立即菜单中选择［1］“指定两点”方式。

步骤 8 指定文字位置

输入轮廓文字的第 1 角点坐标为“0，0”，并回车；

输入轮廓文字的第 2 角点坐标为“60，－20”，并回车。

步骤 9 输入文字

系统弹出“文字标注与编辑”对话框，在文本框中输入“北京”，如图 16-18 所示。

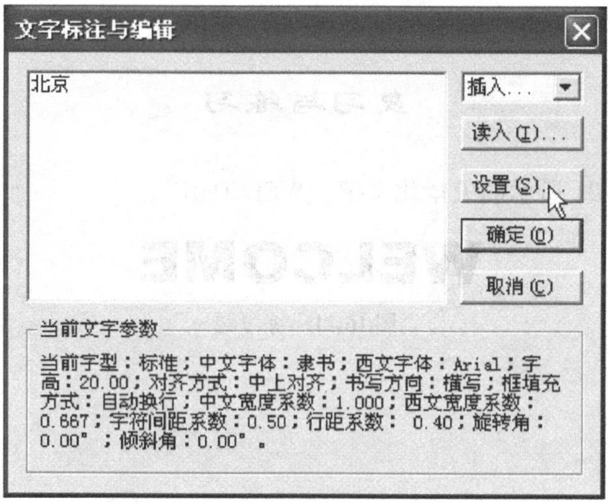

图 16-18 输入文字

步骤 10 文字设置

在“文字标注与编辑”对话框，单击“设置”按钮进入字体设置，如图16-19所示，进行文字参数的设置。

设置完成后单击确定返回“文字标注与编辑”对话框，再单击确定完成文字输入与设置。在图形上将出现文字曲线，如图 16-20 所示。

步骤 11 保存文件

点击工具栏上的【保存】图标，输入文件名为“T16”，单击“保存”按钮保存文件。

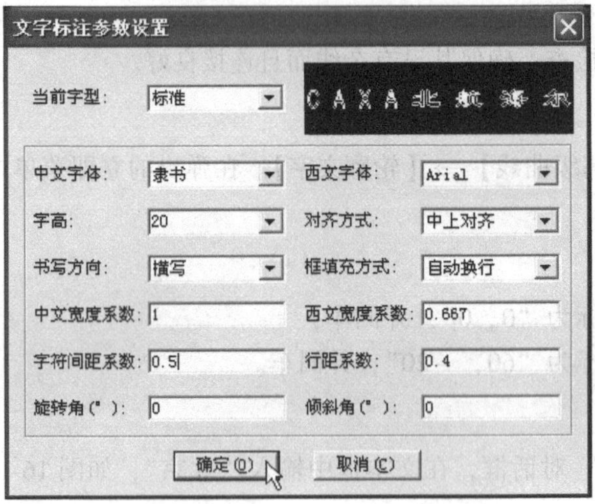

图 16-19　文字标注参数设置

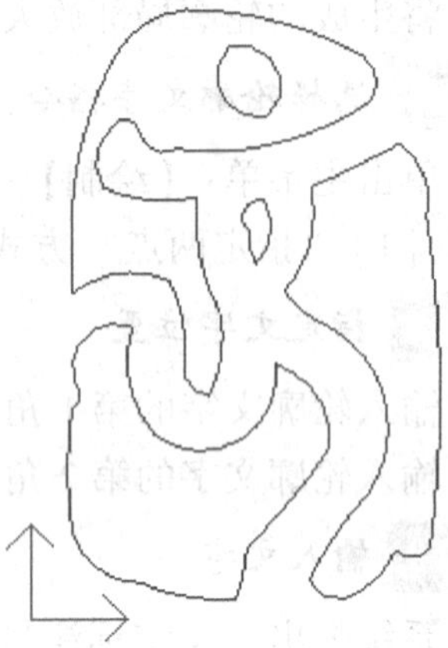

图 16-20　绘制文字曲线

复习与练习

完成如图 16-21 所示的矢量化文字“WELCOME”。

图 16-21　练习题

第17讲 复杂曲线

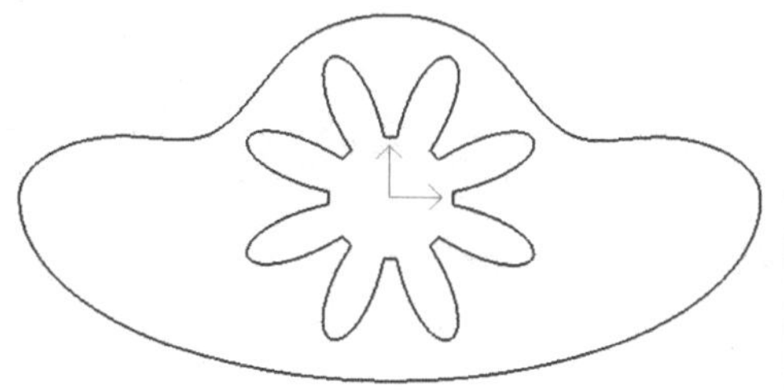

本讲要点

- ➢ 样条线绘制
- ➢ 椭圆绘制
- ➢ 公式曲线

本讲介绍几种多次曲线的绘制，包括样条线、椭圆与公式曲线的绘制。

17.1 样条

通过指定点光滑连接生成样条曲线。在菜单上选择【造型】→【基本曲线】→【样条】或者在工具条上选择图标，系统将出现立即菜单。

立即菜单的选项1可以选择“直接作图”或者“从文件读入”，从文件读入方式可以读入一个样条线的数据文件直接作出样条线。直接作图方式则是手工输入各个插值点连接为一条光滑曲线，如图17-2所示。

单击选项1，选择“直接作图”，立即菜单出现如图17-1所示选项。

图17-1 样条立即菜单

单击选项2，可以选择“缺省切矢”或“给定切矢”。如果选择“缺省切矢”，则系统将根据点的性质，自动确定端点切矢；如果选择“给定切矢”，则用右键结束输入插值点后，用鼠标或键盘输入一点，该点与端点形成的矢量作为给定的端点切矢。

单击选项3，可以选择“闭曲线”或“开曲线”，闭曲线在选择点结束后，系统由最后一个插值点回到第一个插值点，生成闭合的样条线。

选项4可以设置样条线的显示精度。

用鼠标或键盘依次输入各个插值点，用右键结束输入，如果选择了缺省切矢；如果选择了给定切矢，那么右键结束输入插值点后，用鼠标或键盘输入一点，该点与端点形成的矢量作为给定的端点切矢。

图17-2 绘制样条线

17.2 椭圆

单击图标，或单击下拉菜单中【绘制】→【高级曲线】→【椭圆】来调用椭圆命令。CAXA提供了3种绘制椭圆的方法：给定长短轴、轴上两点、中心点_起点。

1. 给定长短轴

单击选项 1 选择“给定长短轴”，立即菜单出现如图 17-3 所示的选项，设置椭圆的长半轴、短半轴、旋转角、起始角与终止角。

图 17-3　椭圆立即菜单

参数设置完毕后，屏幕上显示符合上述条件的椭圆或椭圆弧，拖动鼠标确定拾取中心点即生成一个椭圆，如图 17-4 所示。

2. 轴上两点

选择选项 1 为“轴上两点”，按屏幕提示输入椭圆一个轴上的两个端点，此时，屏幕上生成一轴两端点固定，另一轴的端点随鼠标光标移动的动态的椭圆。拖动鼠标拾取另一轴的端点或者直接输入长度值生成椭圆。图 17-5 所示为使用轴上两点方式绘制椭圆。

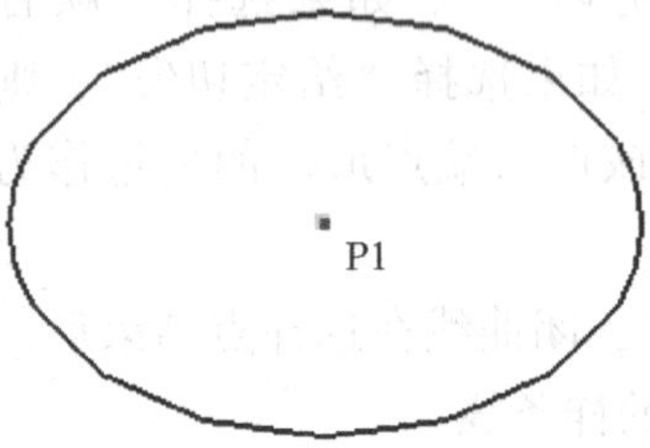

图 17-4　给定长短轴绘制椭圆

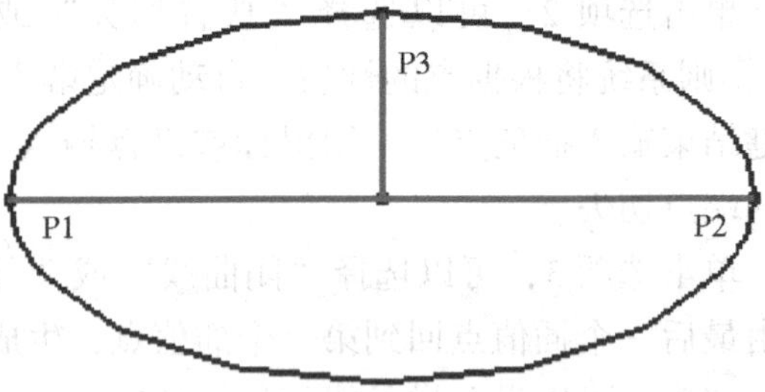

图 17-5　轴上两点绘制椭圆

@提示

未定轴的半轴长度等于光标点到椭圆中心点的距离。

3. 中心点_起点

选择椭圆的立即菜单选项 1 为“中心点_起点”，输入椭圆的中心点和一轴的一个端点，再拾取另一个轴的端点生成一个椭圆，如图 17-6 所示。

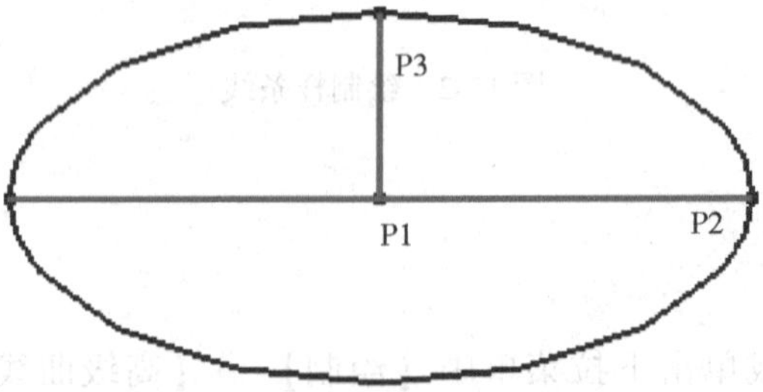

图 17-6　中心点_起点绘制椭圆

17.3　公式曲线

公式曲线即是数学表达式的曲线图形，也就是根据数学公式（或参数表达式）绘制出相应的数学曲线。这种曲线常用于绘制渐开线、抛物线和心形线等。公式的给出既可以是直角坐标形式的，也可以是极坐标形式的。

单击图标，或单击下拉菜单中【绘制】→【高级曲线】→【公式曲线】来调用公式曲线命令，系统将出现如图 17-7 所示的对话框。

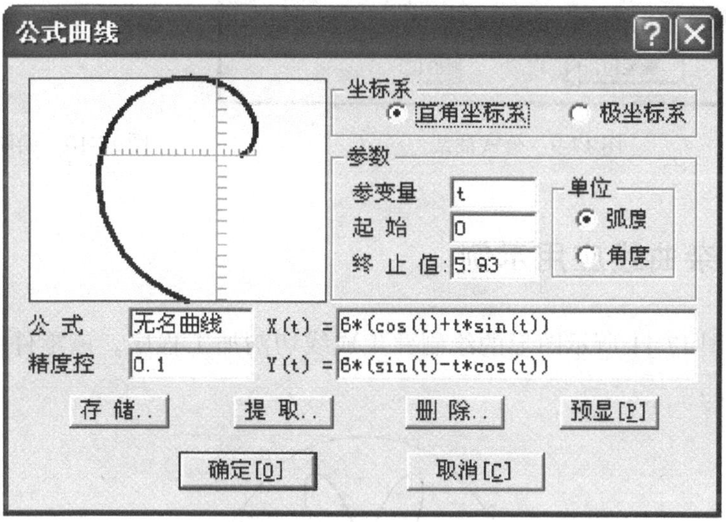

图 17-7　“公式曲线”对话框

在对话框中指定参数变量，再输入 X（t）与 Y（t）（直角坐标系）或者 ρ（t）（极坐标系）的表达式，再在屏幕上拾取点生成公式曲线。

公式可以存储，在再次应用时可以“提取”保存的公式。单击“提取”按钮，在列表中选择公式曲线的表达式，如图 17-8 所示，再修改表达式的参数，如图 17-9 所示，单击“确定”按钮，再拾取点生成公式曲线，如图 17-10 所示。

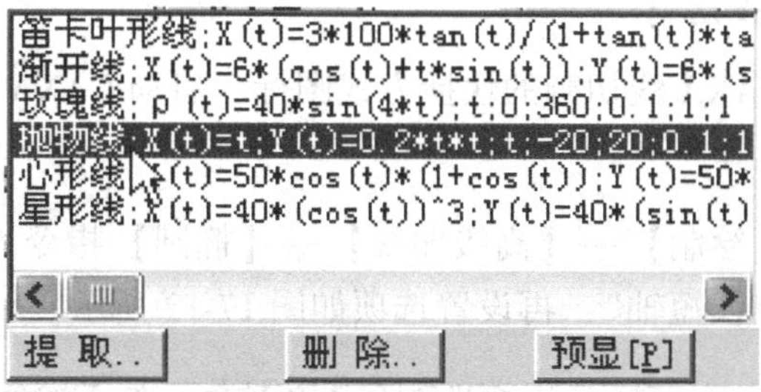

图 17-8　提取

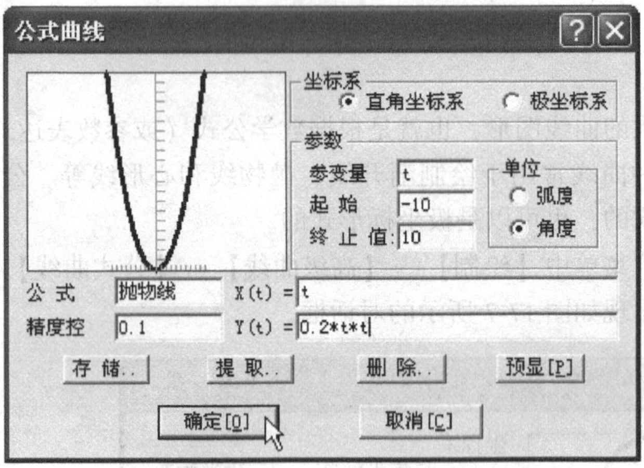

图 17-9　公式曲线

图 17-10　绘制公式曲线

17.4　复杂曲线应用示例

完成如图 17-11 所示图形的绘制并生成线切割加工程序。该零件由多个复杂曲线所组成。

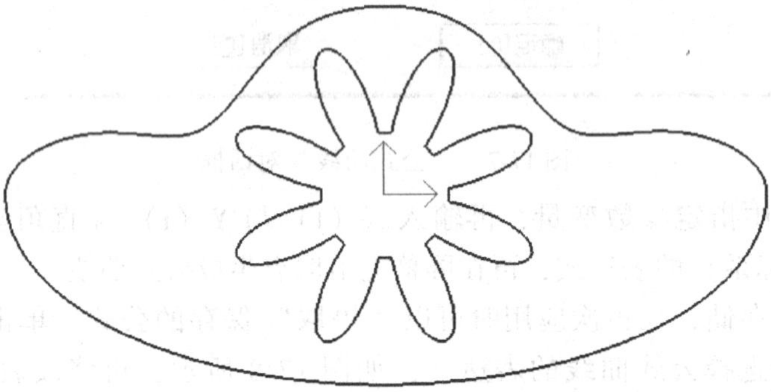

图 17-11　示例

步骤 1　启动 CAXA 线切割

在桌面上双击 CAXA 线切割的快捷方式图标，启动 CAXA 线切割。

步骤 2　绘制椭圆

单击主菜单的【绘制】→【高级曲线】→【椭圆】指令。在立即菜单上确定第 1 个选项为“给定长短轴”，再设置选项如图 17-12 所示。

图 17-12　椭圆选项

在屏幕上拾取原点为椭圆中心，生成半椭圆，如图 17-13 所示。

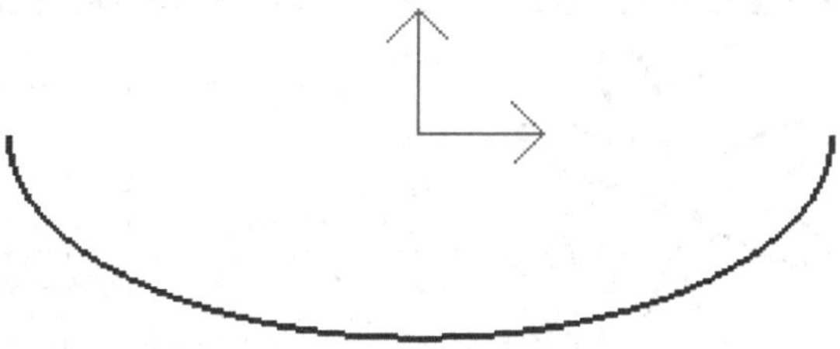

图 17-13　生成半椭圆

步骤 3　绘制样条

单击主菜单的【绘制】→【基本曲线】→【样条】指令。在立即菜单上确定第 1 个选项为“直接作图”，再设置选项如图 17-14 所示。

图 17-14　设置样条选项

拾取椭圆右端点，再用键盘输入坐标“90，20”并回车，再输入坐标点“60，20”、“30，50”、“0，60”、“-30，50”、“-60，20”、“-90，20”，再拾取椭圆的左端点，如图 17-15 所示。按回车键完成插值点的输入。

系统要求指定起始点的切矢方向，输入坐标点“120，10”。再指定终止点的切条，输入坐标点“-120，-10”，生成样条线，如图 17-16 所示。

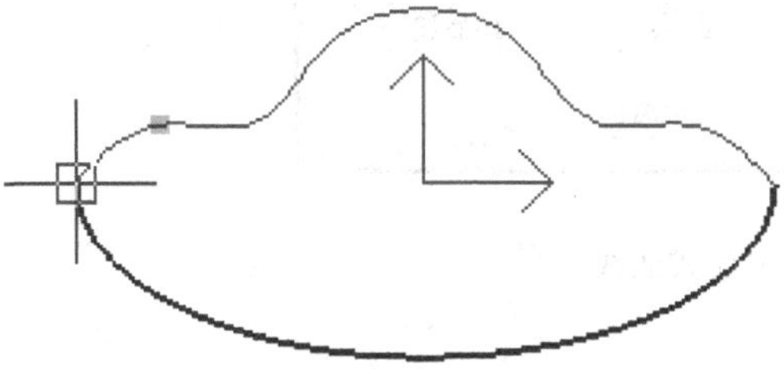

图 17-15　指定插值点

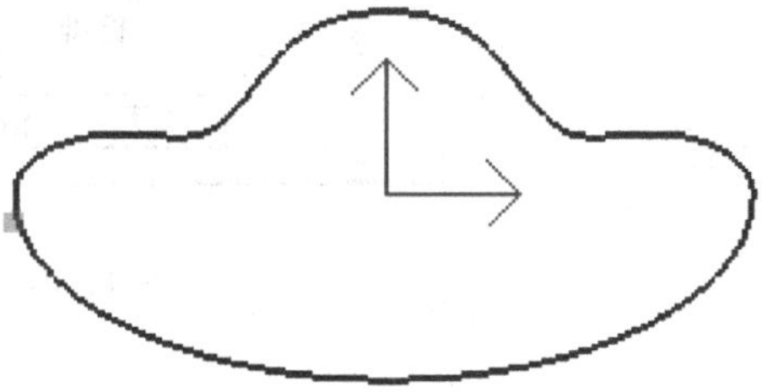

图 17-16　绘制样条

步骤 4　绘制公式曲线

单击主菜单的【绘制】→【高级曲线】→【公式曲线】指令。弹出对话框，单击“提取”按钮，在弹出的公式列表中选择“玫瑰线”，如图 17-17 所示。再设置参数如图 17-18 所示。拾取原点生成玫瑰线，如图 17-19 所示。

步骤 5　绘制圆

单击主菜单的【绘制】→【基本曲线】→【圆】指令。

在立即菜单上更改第 1 个选项为“圆心_半径”。拾取原点为圆心，用键盘输入半径为“20”，单击鼠标右键完成绘制圆，如图 17-20 所示。

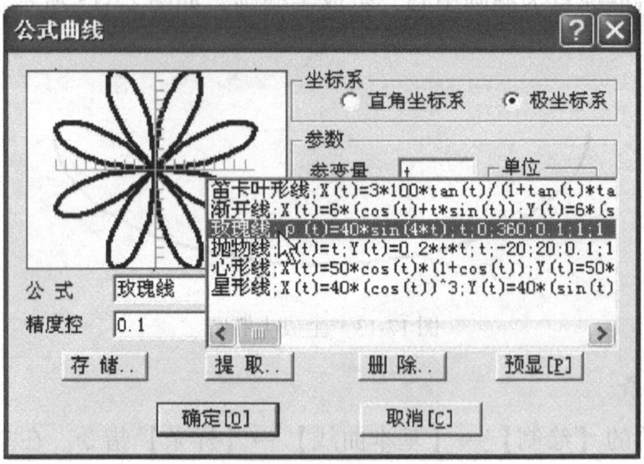

图 17-17　提取公式

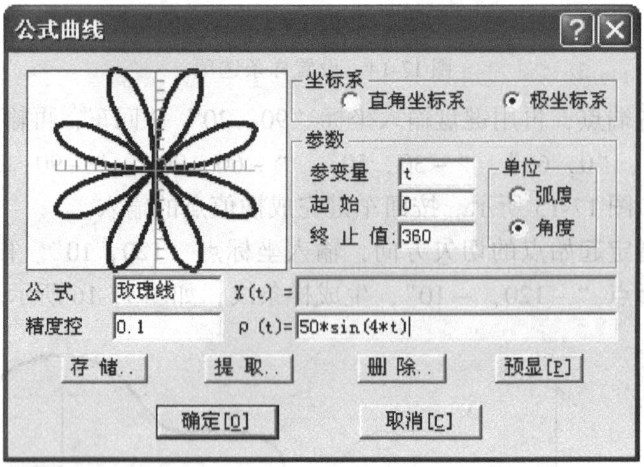

图 17-18　设置公式曲线

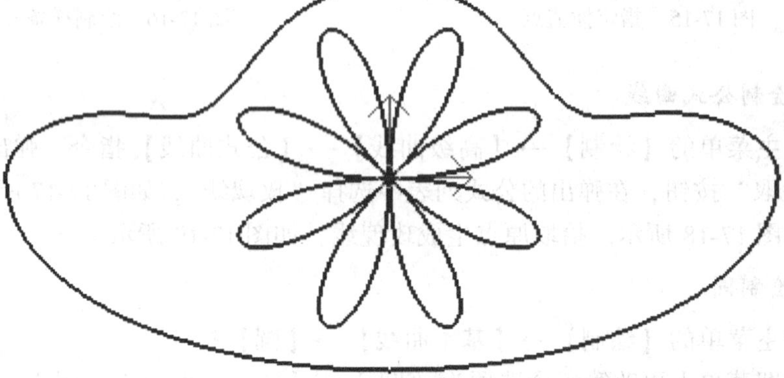

图 17-19　绘制公式曲线

第 17 讲

步骤 6 批量裁剪

单击主菜单【绘制】→【曲线编辑】→【裁剪】，在立即菜单上选择类型为“批量裁剪”。拾取刚绘制的圆为剪刀线，再拾取公式曲线，单击右键完成拾取，再选择指向内部为裁剪侧进行裁剪，如图 17-21 所示。

步骤 7 快速裁剪

在裁剪立即菜单上选择类型为“快速裁剪”，拾取在封闭曲线内的部分，将其裁剪，再依次拾取其他的裁剪部分，如图 17-22 所示。

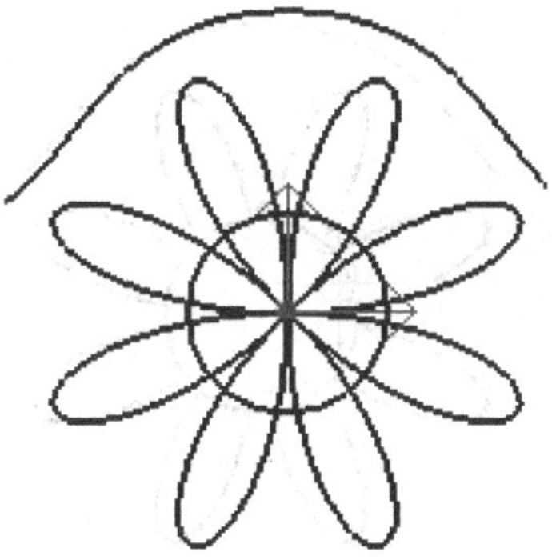

图 17-20 绘制圆

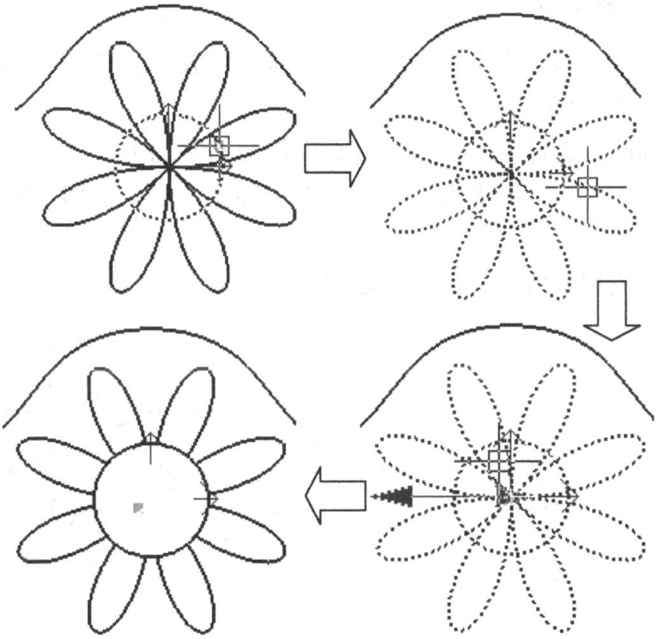

图 17-21 批量裁剪

步骤 8 生成内轮廓轨迹

在主菜单选择【线切割】→【轨迹生成】。系统弹出“线切割轨迹生成参数表”对话框，设置切割参数。

单击“偏移量/补偿值”标签，设置第 1 次加工的偏移量为“0.2”。设置完成后单击“确定”按钮。

拾取中间圆弧并选择逆时针方向的箭头作为切割的方向。选择轮廓内侧的箭头方向作为补偿方向。拾取原点为穿丝点，并按回车键，使退出点与穿丝点重合。

系统通过计算生成切割轨迹，如图 17-23 所示。

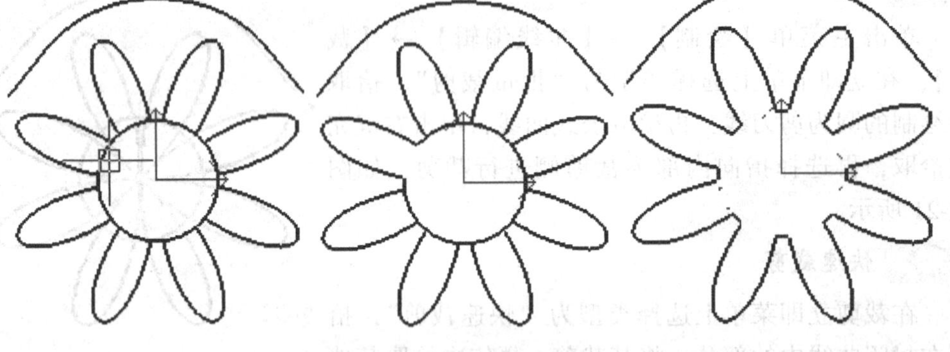

图 17-22　快速裁剪

步骤 9　生成外轮廓轨迹

在主菜单选择【线切割】→【轨迹生成】，设置切割参数与偏移量。设置完成后单击“确定”按钮。

拾取底部椭圆并选择顺时针方向的箭头作为切割的方向。选择轮廓外侧的箭头方向作为补偿方向。拾取中点正下方一点为穿丝点，并按回车键，使退出点与穿丝点重合。

系统计算生成切割轨迹，如图 17-24 所示。

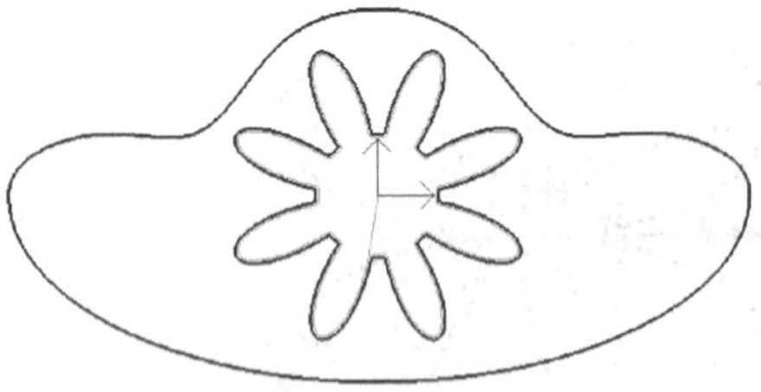

图 17-23　生成轨迹

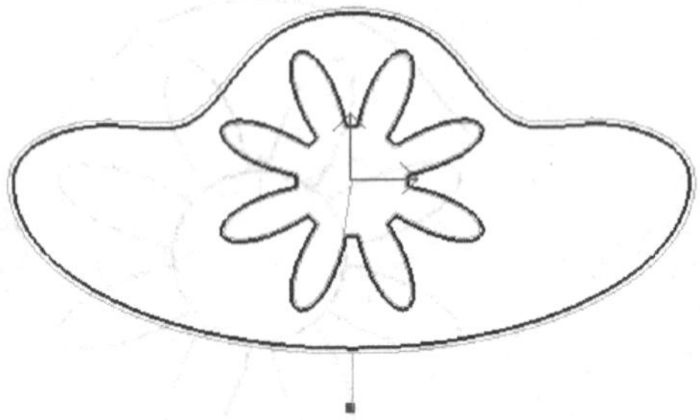

图 17-24　轨迹生成

步骤 10　生成 3B 代码

单击主菜单【线切割】→【生成 3B 代码】，在系统弹出窗口中输入文件名为 T17. 3B，单击“保存”按钮确认文件名。

依次拾取内轮廓切割轨迹与外轮廓切割轨迹，按回车键完成轨迹的选择。系统将生成并保存 3B 格式的文件 T17. 3B。

步骤 11　保存文件

单击工具栏上的【保存】图标，输入文件名为“T17”，单击“保存”按钮保存文件。

复习与练习

绘制如图 17-25 所示大致形状的图形。

图 17-25　练习题

第18讲　CAXA线切割综合应用示例

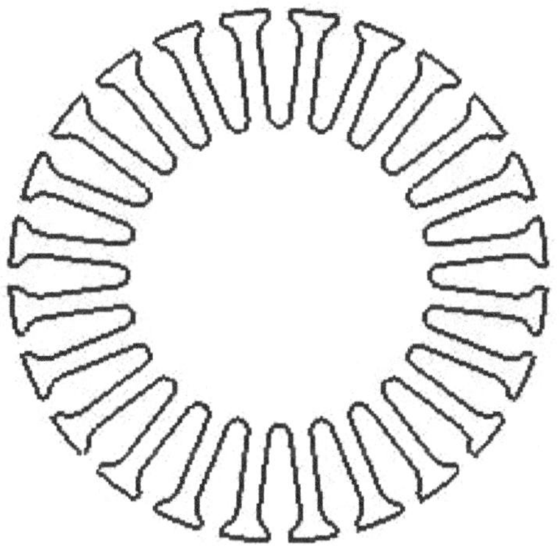

本讲要点

- 曲线绘制
- 曲线编辑
- 轨迹生成
- 代码生成

本讲通过一个综合应用示例来复习CAXA线切割软件的应用。

完成如图 18-1 所示零件的线切割程序创建。本讲将综合应用直线、圆弧、等距线绘制、曲线过渡、曲线裁剪和圆形阵列功能，再生成轨迹并生成 3B 代码。

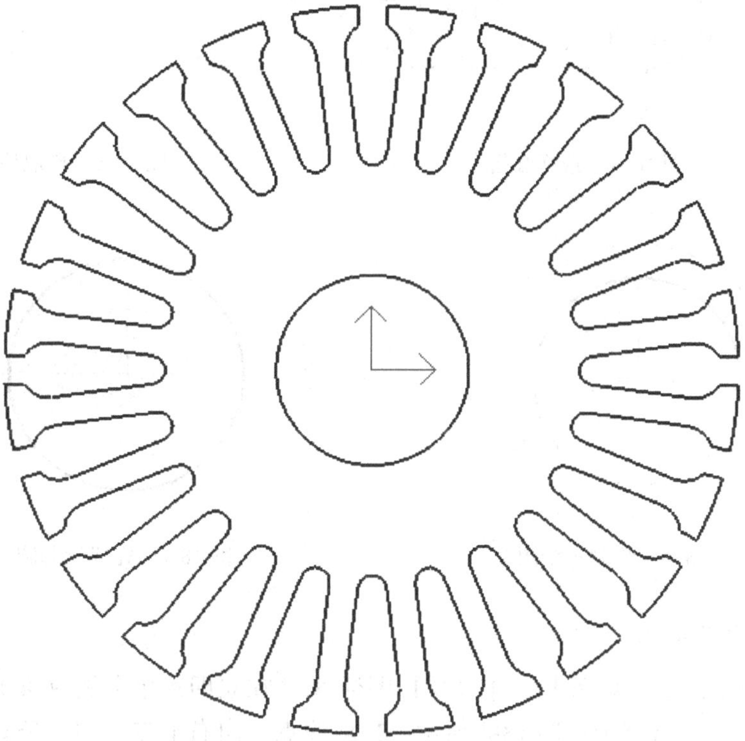

图 18-1 示例

步骤 1 启动 CAXA 线切割

在桌面上双击 CAXA 线切割的快捷方式图标，启动 CAXA 线切割。

步骤 2 显示绘图菜单

在绘制工具条上选择【基本曲线】图标，如图 18-2 所示，则将显示基本曲线工具条，如图 18-3 所示。

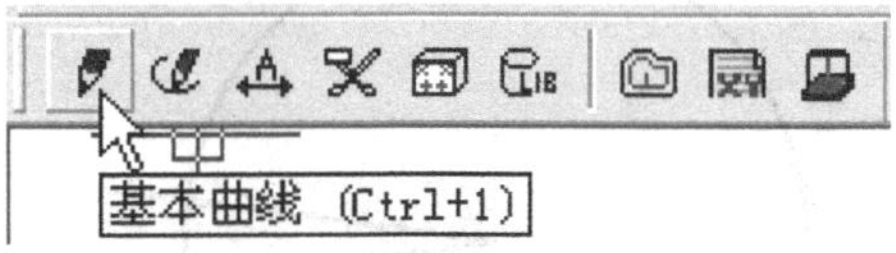

图 18-2 选择基本曲线工具

图 18-3 基本曲线工具条

步骤 3 绘制圆

单击基本曲线工具栏上的【圆】图标，如图 18-4 所示。确认第 1 个选项为“圆心_半径”，选项 2 为“直径”。移动光标拾取原点为圆心，如图 18-5 所示。用键盘输入“38. 2”，生成一个圆，同时自动提示生成下一个圆，如图 18-6 所示。

单击鼠标右键完成圆的绘制，如图 18-7 所示。

图 18-4　选择圆指令

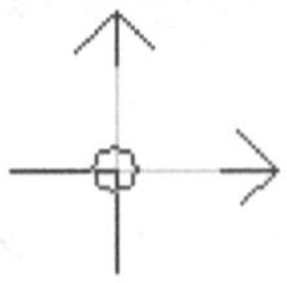

图 18-5　拾取原点

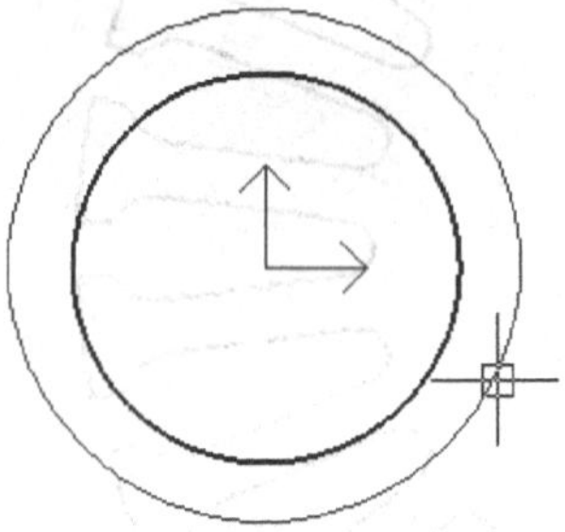

图 18-6　绘制一个圆

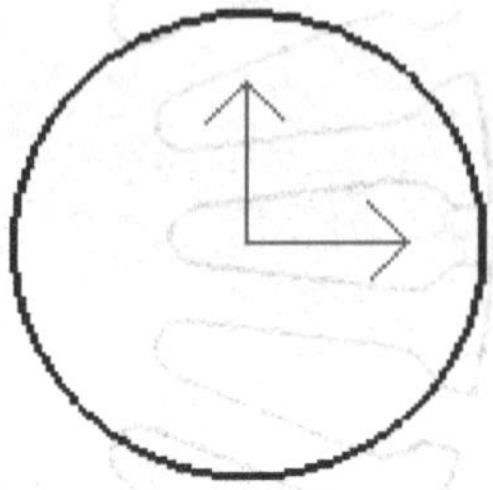

图 18-7　完成绘制圆

步骤 4　绘制角度线

单击基本曲线工具条上的【直线】图标＼。在立即菜单上更改第 1 个选项为“角度线”，再设置选项如图 18-8 所示。拾取原点，向右上方绘制一条直线，如图 18-9 所示。

图 18-8　角度线选项

更改角度为“－7.5”，以原点为起点，向右下方绘制一条直线，如 18-10 所示。

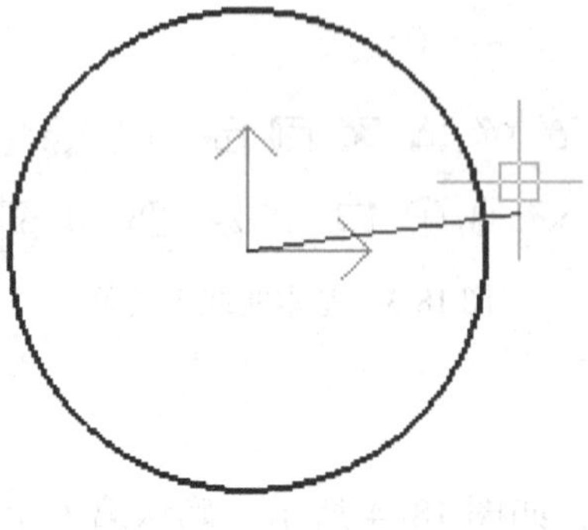

图 18-9　绘制角度线（一）

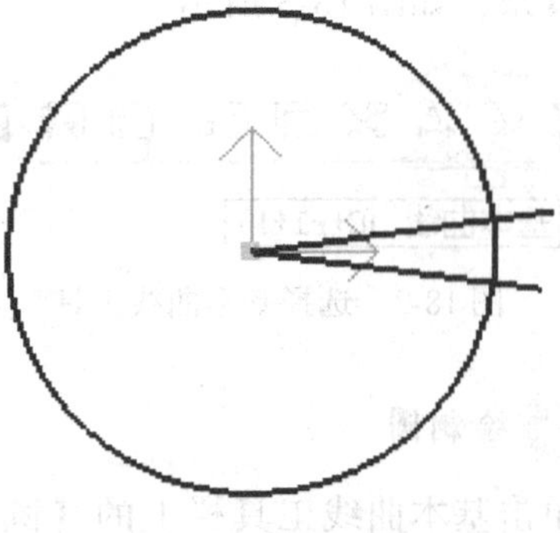

图 18-10　绘制角度线（二）

步骤 5　绘制等距线

单击基本曲线工具条上的【等距线】图标，在立即菜单上更改第 1 个选项为“链拾取”，再设置选项，如图 18-11 所示。

图 18-11　等距线选项

拾取角度线，并指定箭头指向中间，绘制等距线，如图 18-12 所示。

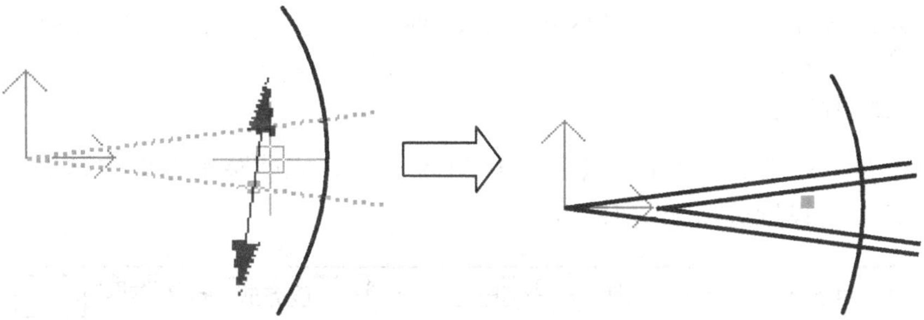

图 18-12　绘制等距线

步骤 6　圆角

单击主菜单的【绘制】→【曲线编辑】→【过渡】指令。在立即菜单上更改第 1 个选项为“圆角”，再设置半径为“0. 75”，如图 18-13 所示。拾取两条等距线，在中间倒圆角，如图 18-14 所示。

图 18-13　圆角选项

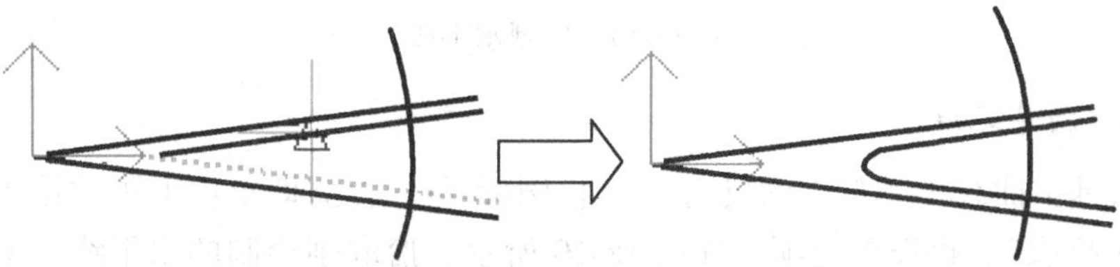

图 18-14　圆角

步骤 7　绘制圆

单击基本曲线工具栏上的【圆】图标。

在立即菜单上更改第 1 个选项为“两点半径”。

按键盘的空格键，在点工具中选择“切点”，如图 18-15 所示。拾取一条等距直线，再一次打开点工具并选择“切点”，拾取另一条等距直线，如图 18-16 所示，再用键盘输入半径值为“1. 5”绘制圆，如图 18-17 所示。

图 18-15　点工具

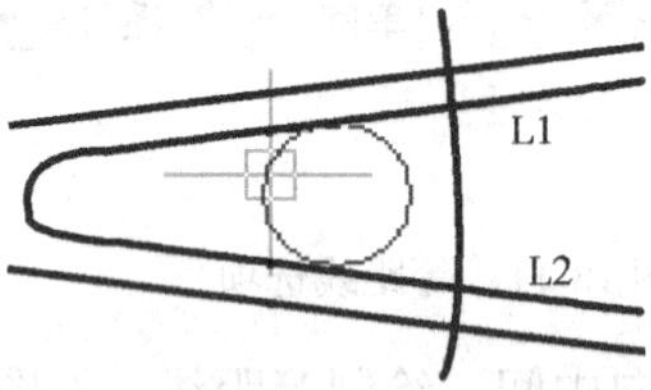

图 18-16　拾取切线

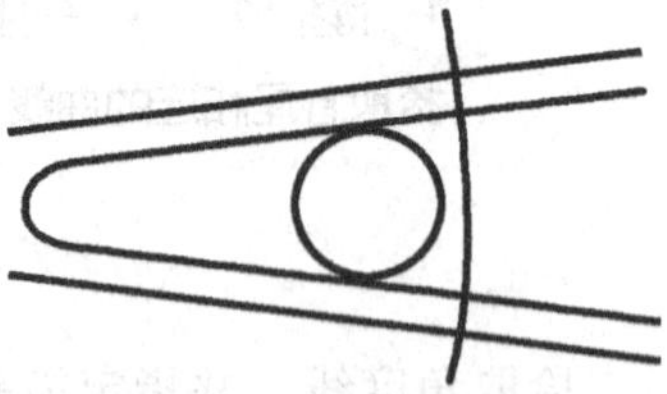

图 18-17　绘制圆

步骤 8　绘制两点线

单击基本曲线工具条上的【直线】图标╲。在立即菜单上更改第 1 个选项为“两点线”，再设置选项如图 18-18 所示。

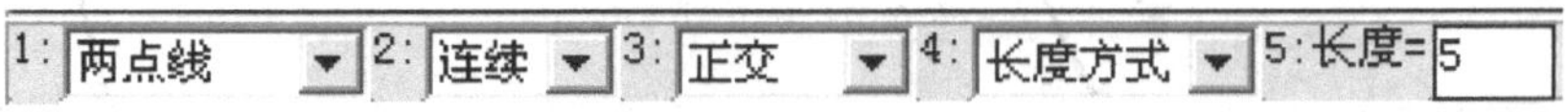

图 18-18　两点线选项

拾取圆的圆心点，再指定右侧方向绘制一条水平线，如图 18-19 所示。

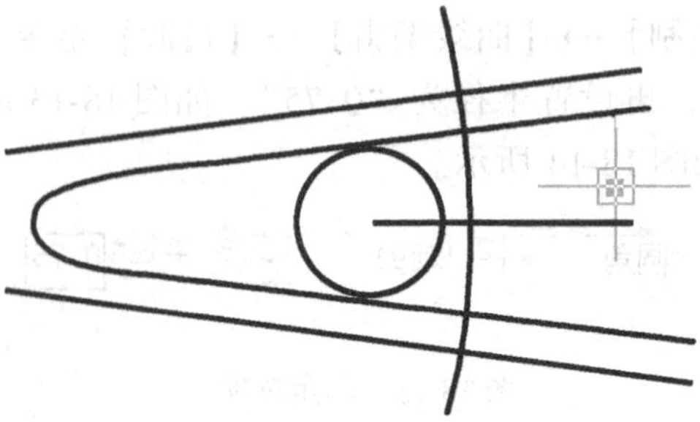

图 18-19　绘制水平线

步骤 9　绘制等距线

单击基本曲线工具条上的【等距线】图标ᄀ。在立即菜单上更改第 1 个选项为“单个拾取”，再设置选项，如图 18-20 所示。拾取刚绘制的水平线，向两边作等距线，如图 18-21 所示。

图 18-20　等距线选项

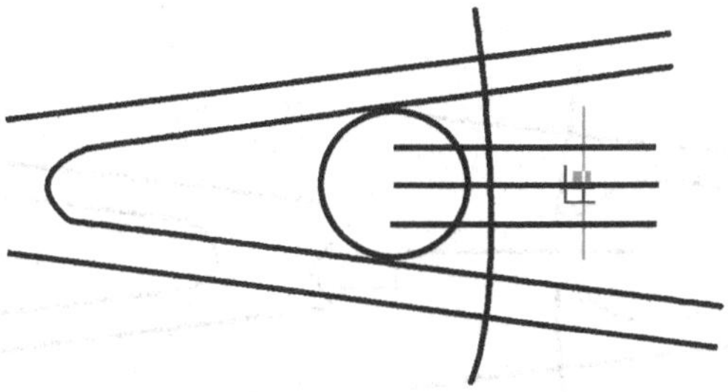

图 18-21　绘制等距线

步骤 10　拾取边界裁剪

单击主菜单【绘制】→【曲线编辑】→【裁剪】，在立即菜单上选择类型为"拾取边界"，拾取等距产生的水平直线与两个圆，如图 18-22 所示，单击鼠标右键完成。

拾取圆在直线之间的部位进行裁剪，拾取直线在圆以外的部位进行裁剪，再拾取切线在圆右侧的部位进行裁剪，拾取位置的示意图如图 18-23 所示。修剪结果如图 18-24 所示。

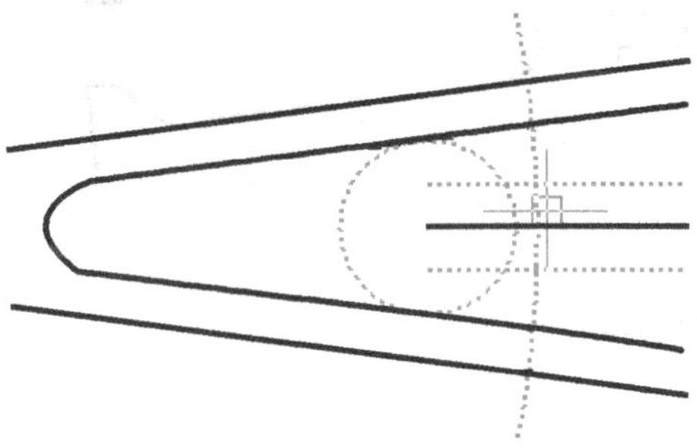

图 18-22　拾取剪刀线

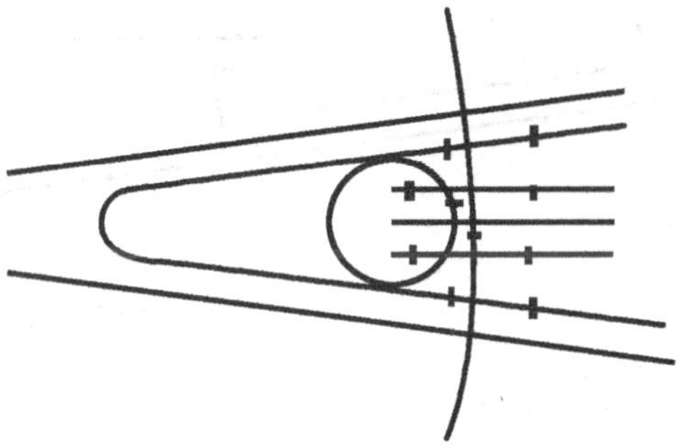

图 18-23　拾取裁剪曲线

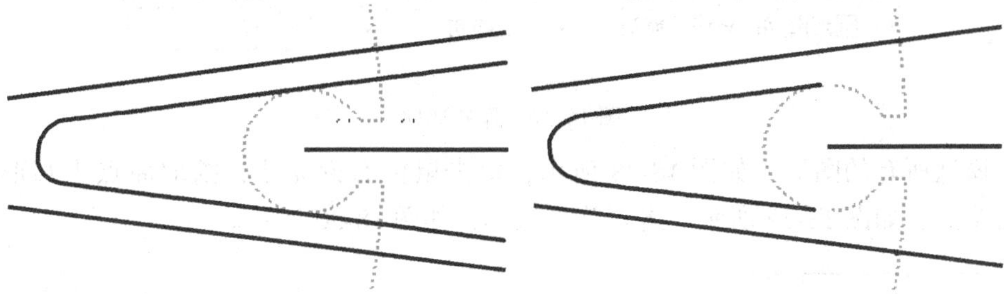

图 18-24　裁剪曲线

步骤 11　快速裁剪

在立即菜单上选择类型为"快速裁剪"，拾取两条切线之间的圆的部分，将其裁剪，再拾取大圆在角度以外的部分进行裁剪，如图 18-25 所示。

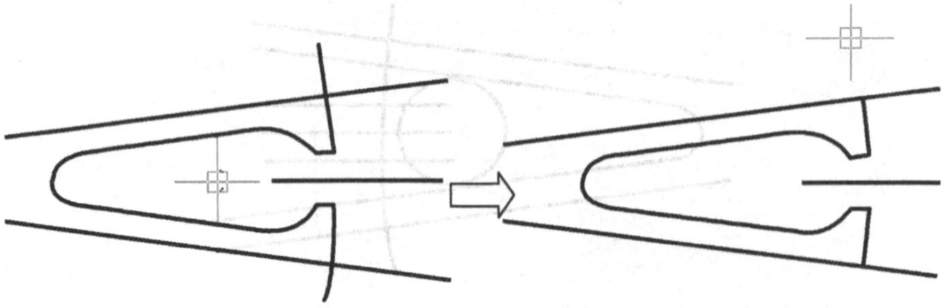

图 18-25 快速裁剪

步骤 12 删除直线

单击常用工具栏上的【删除】图标，从右往左窗选 3 条直线，单击鼠标右键进行删除，如图 18-26 所示。

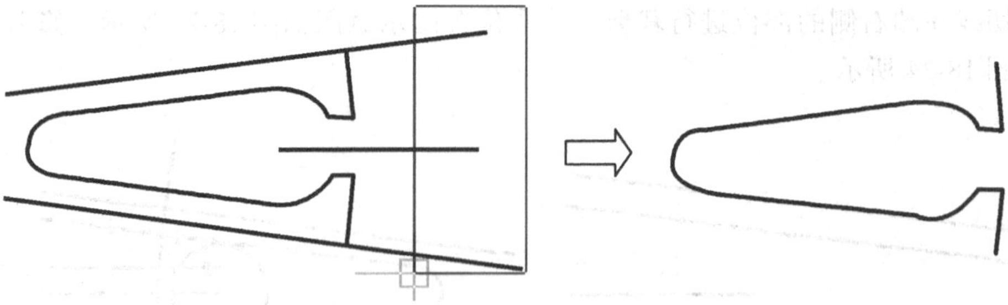

图 18-26 删除直线

步骤 13 阵列

单击主菜单【绘制】→【曲线编辑】→【阵列】，在立即菜单中指定选项 1 为“圆形阵列”，设置阵列选项，如图 18-27 所示。

图 18-27 阵列选项

窗选所有的图形，如图 18-28 所示，单击鼠标右键完成，拾取原点为圆形阵列的基点，如图 18-29 所示。进行阵列操作，如图 18-30 所示。

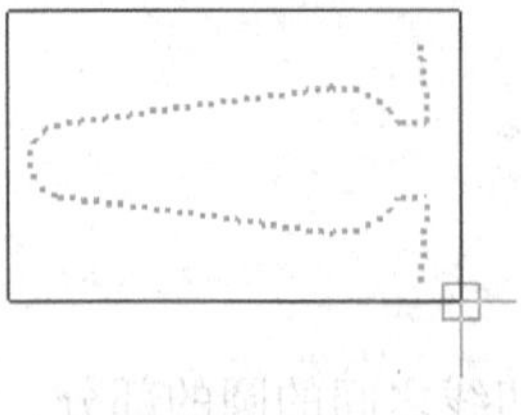

图 18-28 拾取曲线

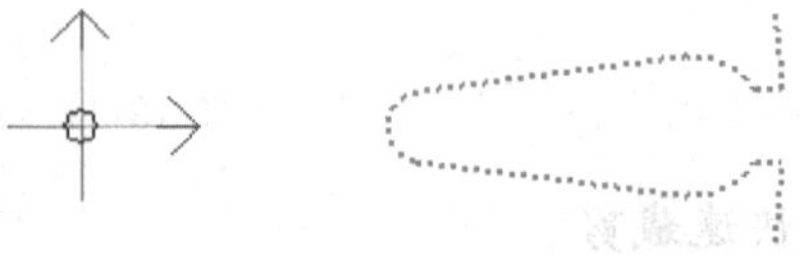

图 18-29 拾取基点

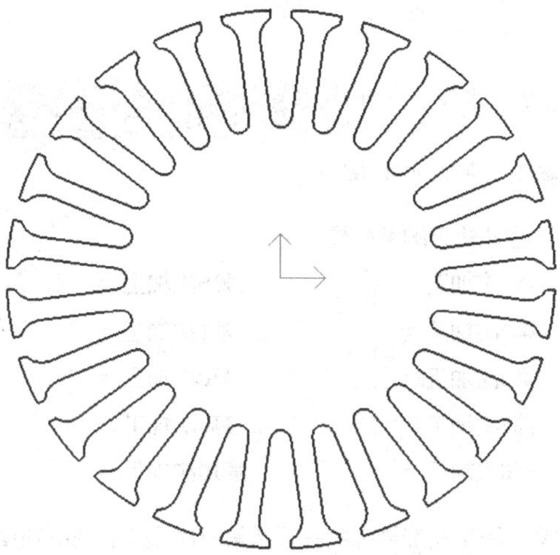

图 18-30　阵列

步骤 14　轨迹生成

在主菜单选择【线切割】→【轨迹生成】。系统弹出“线切割轨迹生成参数表”对话框，如图 18-31 所示。直接单击“确定”按钮使用默认的切割参数。

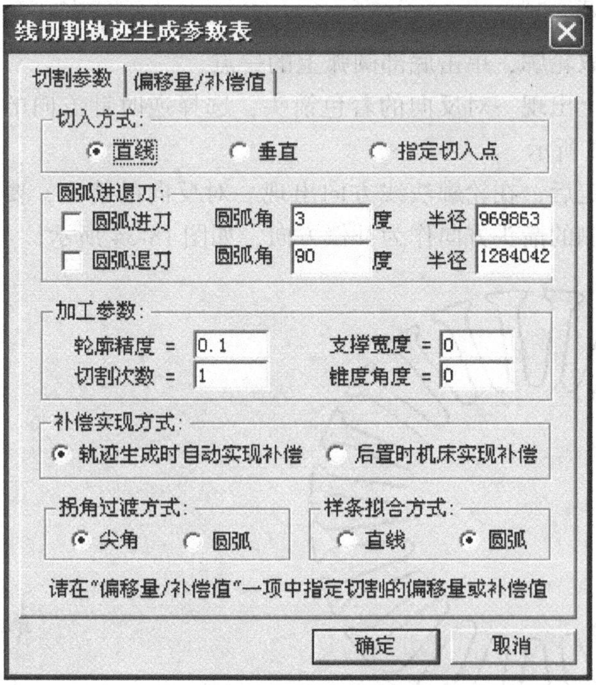

图 18-31　“线切割轨迹生成参数表”对话框

步骤 15　设置偏移量

单击“偏移量/补偿值”标签，设置第 1 次加工的偏移量为“0.2”，如图

18-32所示。设置完成后单击“确定”按钮。

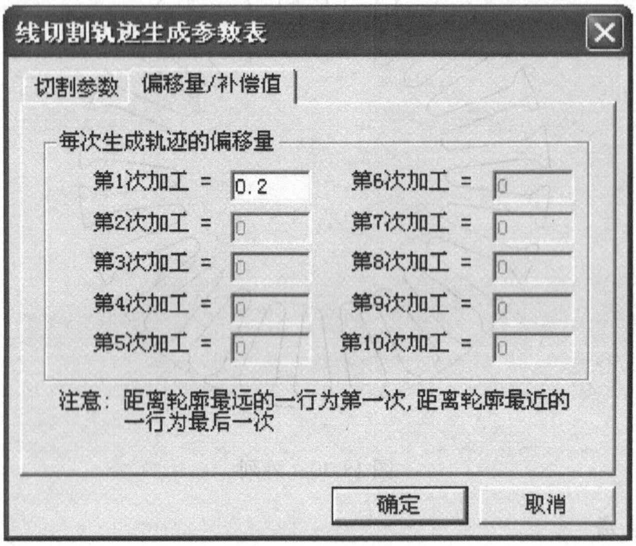

图 18-32　设置偏移量

步骤 16　拾取轮廓

系统提示拾取轮廓，单击底部圆弧上的一点。

此时在轮廓上出现一对反向的着色箭头，选择逆时针方向的箭头作为切割的方向，如图 18-33 所示。

切割方向确定后，在轮廓法线方向出现一对反向的箭头，要求选择补偿的方向，选择轮廓外侧的箭头方向作为补偿方向，如图 18-34 所示。

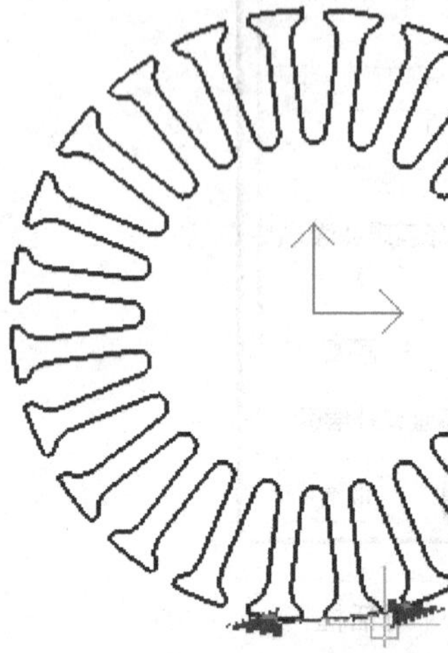

图 18-33　拾取轮廓

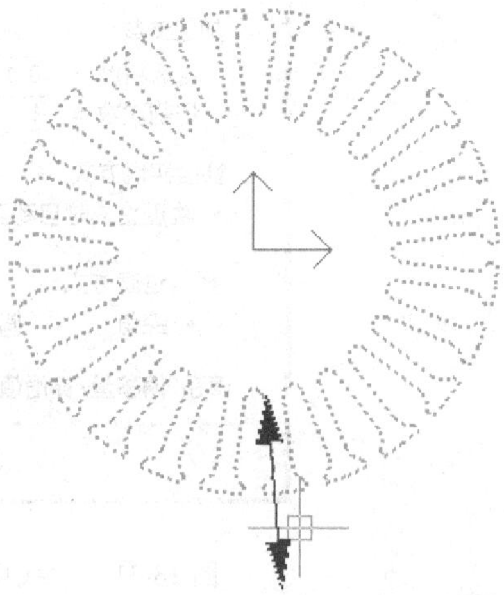

图 18-34　指定补偿方向

步骤 17 指定穿丝点与退出点

系统提示输入穿丝点，移动光标拾取原点正下方的一点，如图 18-35 所示。系统提示输入退出点，按回车键，使退出点与穿丝点重合。

步骤 18 生成轨迹

系统通过计算生成切割轨迹，如图 18-36 所示。

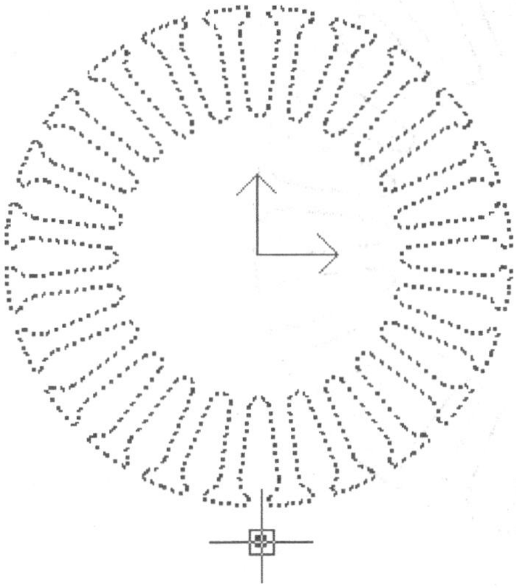

图 18-35 拾取穿丝点

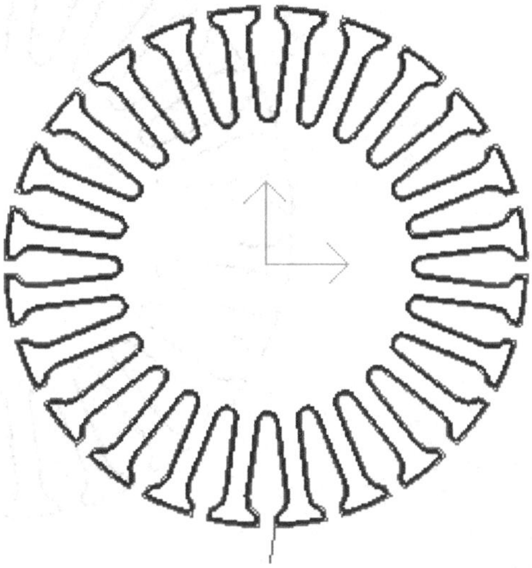

图 18-36 生成轨迹

步骤 19 保存文件

单击工具栏上的【保存】图标，输入文件名为“T18”，单击“保存”按钮保存文件。

步骤 20 查询切割面积

单击下拉菜单中【线切割】→【查询切割面积】，拾取刚生成的加工轨迹，单击右键完成，再在立即菜单中输入厚度为“1.2”后回车，系统弹出如图 18-37 所示结果窗口。

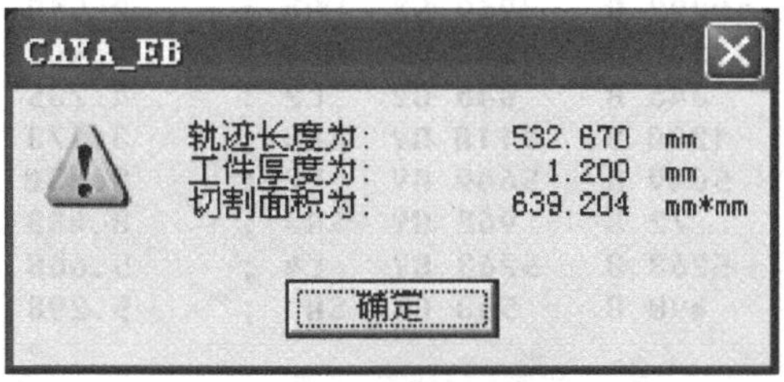

图 18-37 查询切割面积

步骤 21　生成 3B 代码

单击主菜单【线切割】→【生成 3B 代码】，在系统弹出窗口中输入文件名为 T18. 3B，单击“保存”按钮确认文件名。

选取刚生成的切割轨迹，如图 18-38 所示，按回车键完成轨迹的选择。

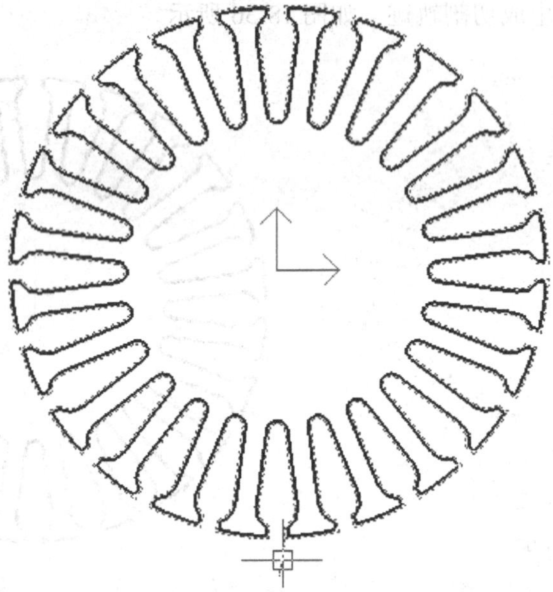

图 18-38　选取轨迹

系统将生成并保存 3B 格式的文件 T18. 3B，并在屏幕上以记事本打开显示文件，如图 18-39 所示。

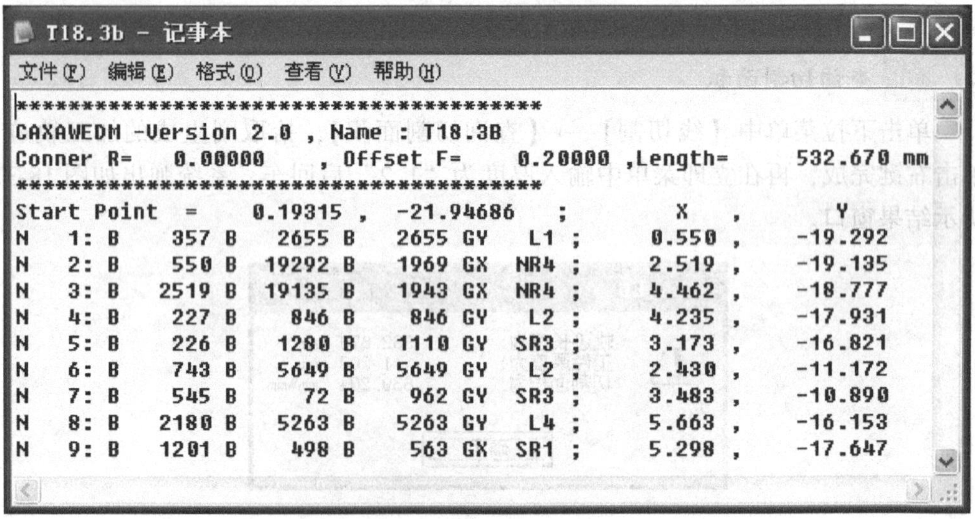

```
T18.3b - 记事本
文件(F) 编辑(E) 格式(O) 查看(V) 帮助(H)
****************************************
CAXAWEDM -Version 2.0 , Name : T18.3B
Conner R=    0.00000    , Offset F=    0.20000 ,Length=      532.670 mm
****************************************
Start Point  =     0.19315 ,   -21.94686    ;        X    ,      Y
N   1: B    357 B   2655 B   2655 GY   L1 ;     0.550 ,    -19.292
N   2: B    550 B  19292 B   1969 GX  NR4 ;     2.519 ,    -19.135
N   3: B   2519 B  19135 B   1943 GX  NR4 ;     4.462 ,    -18.777
N   4: B    227 B    846 B    846 GY   L2 ;     4.235 ,    -17.931
N   5: B    226 B   1280 B   1110 GY  SR3 ;     3.173 ,    -16.821
N   6: B    743 B   5649 B   5649 GY   L2 ;     2.430 ,    -11.172
N   7: B    545 B     72 B    962 GY  SR3 ;     3.483 ,    -10.890
N   8: B   2180 B   5263 B   5263 GY   L4 ;     5.663 ,    -16.153
N   9: B   1201 B    498 B    563 GX  SR1 ;     5.298 ,    -17.647
```

图 18-39　显示 3B 代码

复习与练习

完成如图 18-40 所示图形的设计与线切割程序的生成。

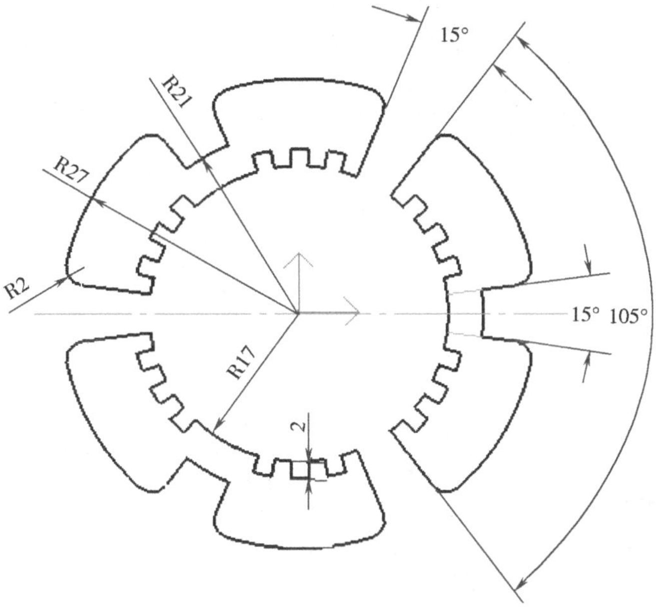

图 18-40 练习题

附　　录

附录 A　CAXA 线切割的常用快捷键

快　捷　键	功　　能	快　捷　键	功　　能
Ctrl + N	新建文件	Alt + BackSpace	取消操作（undo）
Ctrl + O	打开已有文件	Delete	删除
Ctrl + P	绘图输出	Shift + Delete	图形剪切
Ctrl + S	保存文件	Shift + Esc	退出 OLE 对象的在位编辑
Alt + X	退出	Ctrl + Insert	复制
Alt + F4	关闭窗口	Shift + Insert	粘贴
Ctrl + M	显示/隐藏主菜单	Ctrl + X	剪切
Ctrl + B	显示/隐藏标准工具栏	Ctrl + Y	重复操作（redo）
Ctrl + A	显示/隐藏属性工具栏	Ctrl + Z	取消操作（undo）
Ctrl + U	显示/隐藏常用工具栏	F2	切换显示当前坐标/相对移动距离
Ctrl + D	显示/隐藏绘制工具栏	F3	显示全部
Ctrl + R	显示/隐藏绘制工具栏	F4	使用参考点
Ctrl + I	显示/隐藏立即菜单	F5	切换坐标系
Ctrl + T	显示/隐藏状态栏	F6	动态导航
Ctrl + 1	启用基本曲线工具栏	F7	三视图导航
Ctrl + 2	启用高级曲线工具栏	F8	启用/关闭鹰眼
Ctrl + 3	启用曲线编辑工具栏	F9	全屏显示
Ctrl + 4	启用工程标注工具栏	Home	显示还原
Ctrl + 5	启用块操作工具栏	PageUp	显示放大（1.25 倍）
Ctrl + 6	启用库操作工具栏	PageDown	显示缩小（0.8 倍）
Ctrl + C	图形复制	↑	上移
Ctrl + V	图形粘贴	↓	下移
		←	左移
		→	右移

附录 B　CAXA 线切割的键盘命令

表 B-1　普通命令

键盘命令	功　能	说　明
about	关于电子图板	CAXA 电子图板的版本信息
angle	角度查询	查询角度
arc	圆弧	画圆弧
area	面积查询	查询封闭面的面积
array	阵列	将实体按圆形或矩形阵列
arrow	箭头	绘制箭头或为直线、曲线添加箭头
attrib	块属性	显示、修改块属性
atttab	块属性表	制作块属性表
barcen	重心查询	查询封闭面的重心
block	块生成	将一个图形组成块
break	打断	将直线或曲线打断
centerl	中心线	画圆、圆弧的十字中心线，或两平行直线的中心线
circle	圆	画圆
circum	周长查询	查询连续曲（直）线的长度
cmdlist	命令列表	CAXA 电子图板所有命令的列表
color	颜色	为系统设置颜色
condup	双折线	用于表达直线的延伸
conlib	构件库	构件库
contour	轮廓线	画由直线与圆弧构成的首尾相连的封闭或不封闭的曲线
copy	图形拷贝	将当前指定图形拷贝到剪贴板上
corner	过渡	在直线或圆弧间作圆角、倒角过渡
customize	自定义	定制界面
cut	图形剪切	将当前指定图形剪切到剪贴板上

附录

（续）

键盘命令	功　能	说　明
cutarea	查询切割面积	查询切割面积
datin	DAT 文件读入	读入 DAT 文件
datum	基准代号	画出形位公差等基准代号
del	拾取删除	将拾取的实体删除
delall	删除所有	将所有实体删除
delobject	删除对象	将当前激活的 OLE 对象删除
delucs	删除坐标系	删除当前坐标系
dim	尺寸标注	按不同形式标注尺寸
dimch	倒角标注	标注倒角尺寸
dimco	坐标标注	按坐标方式标注尺寸
dimedit	标注编辑	对标注进行编辑
dimpara	标注参数	设定标注的参数数值
dist	两点距离查询	查询两点间的距离及偏移量
drawucs	隐藏/显示坐标系	设置坐标系可见/不可见
drive	尺寸驱动	对当前拾取的实体组（已经标注尺寸）进行尺寸驱动
dwgin/dwgout	DWG 读入/输出	读入/输出 AutoCAD 的 DWG 文件
dxfin/dxfout	DXF 读入/输出	读入/输出 DXF 文件
dynscale	动态缩放	使用鼠标拖动进行动态缩放
dyntrans	动态平移	使用鼠标拖动进行动态平移
ebamng	应用程序管理器	应用程序管理器
edge	齐边	将一系列线段按某边界齐边或延伸
ellipse	椭圆	画椭圆
enlarge	局部放大	将实体的局部进行放大
explode	块打散	将块打散成图形元素
eye	鹰眼	通过鹰眼可以概览图样整体，便于迅速定位和放大
fcs	形位公差	标注形位公差

（续）

键盘命令	功　能	说　明
fomul	公式曲线	可以绘制出用数学公式表达的曲线
frmdef	定义图框	将一个图形定义成图框文件
frmload	调入图框	调入图框模板文件
frmsave	存储图框	将定义好的图框文件存盘
fullview	全屏显示	切换全屏显示和窗口显示
guide	三视图导航	根据两个视图生成第三个视图
hatch	剖面线	画剖面线
hatchpos	剖切符号	标出剖面的剖切位置
headdef	定义标题栏	将一个图形定义为标题栏文件
headerfill	填写标题栏	填写标题栏的内容
headload	调入标题栏	调入标题栏模板文件
headsave	存储标题栏	将定义好的标题栏文件存盘
help	帮助索引	CAXA 电子图板的帮助
hide	块消隐	作消隐处理
hole	孔/轴	画孔或轴并同时画出它们的中心线
home	显示复原	恢复图形的初始状态
hpat	剖面图案	设定剖面图案的样式
id	点查询	查询一个点的坐标
idx	图样检索	按给定条件检索图样
igesin/igesout	IGES 读入/输出	读入/输出 IGES 文件
iner	惯性矩查询	查询选中实体的惯性矩
info	服务信息	服务信息
insertobject	插入对象	插入 OLE 对象到当前文件中
layer	层控制	通过层控制对话框对层进行操作
ldtext	引出说明	画出引出线
line	直线	画直线

附录

（续）

键盘命令	功　能	说　明
link	轨迹跳步	将多个轨迹按顺序进行连接
list	元素属性查询	查询图形元素的属性
ltype	线型	为系统定制线型
mcolor	改变颜色	将拾取到的实体改变颜色
merge	并入文件	将原有文件并入当前文件中
mirror	镜像	将实体作对称镜像和拷贝
mlayer	改变图层	改变实体所在的图层
mltype	改变线型	将拾取到的实体改变线型
move	平移	将实体平移或拷贝
new	新文件	调出模板文件
newhpglin	新版 HPGL 读入	读入新版本 HPGL 格式的文件
newold	切换新老界面	切换新老界面
next	显示向后	显示后一幅图形
objectatt	对象属性	编辑当前激活的 OLE 对象的属性
objectset	拾取设置	设定拾取图形元素及拾取盒大小
offset	等距线	画直线、圆或圆弧的等距离的线
oldhpglin	老版 HPGL 读入	读入老版本 HPGL 格式的文件
open	打开文件	读取原有文件
pan	显示平移	指定屏幕显示中心，将图形平移
partnoset	序号设置	设置零件序号的标注形式
partsave	部分存储	将图形的一部分存储为一个文件
paste	图形粘贴	将剪贴板上的图形粘贴到当前文件
plot	绘图输出	输出图形文件
point	点	画一个孤立的点
polygon	正多边形	画正多边形
post4B	生成 4B/R3B 代码	输出 4B/R3B 代码文件

（续）

键盘命令	功　能	说　明
potset	屏幕点设置	设置屏幕上点的捕获方式
prev	显示回溯	显示前一幅图形
ptno	生成序号	生成零件序号并填写其属性
ptnodel	删除序号	删除零件序号，同时删除其属性
ptnoedit	编辑序号	修改零件序号的位置
quit	退出	退出 CAXA 电子图板系统
rect	矩形	画矩形
redo	重复操作	取消一个“取消操作”命令
redraw	重画	刷新屏幕
rotate	旋转	将实体旋转或拷贝
rough	表面粗糙度	标注表面粗糙度
save	存储文件	存储当前文件
saveas	另存文件	用另一文件名再次存储文件
scale	比例缩放	将实体按给定比例缩放
setucs	设置坐标系	设置用户坐标系
setup	图纸幅面	调用或自定义图幅
smlt	轨迹仿真	进行轨迹仿真验证刀轨
solid	填充	对封闭区域的填充
specialpaste	选择性粘贴	将剪贴板上的图形选择一种方式粘贴到当前文件中
speclib	技术要求库	技术要求库
spline	样条	画样条曲线
syn3b	同步传输	传输代码文件到机床进行加工
status	系统状态	查询当前系统状态
stretch	拉伸	将直线或曲线拉伸
switch	切换坐标系	世界坐标系与用户坐标系切换
sym	提取图符	从图库中提取图符

附录

（续）

键盘命令	功　　能	说　　明
symdef	定义图符	定义图符
symdrv	驱动图符	对图库中提取的图符进行参数驱动
symman	图库管理	对图库进行增、减、合并等管理
syscfg	系统配置	配置一些系统参数
tableexport	输出数据	将明细表的内容输出到文件
tableinput	读入数据	从文件中读入数据到明细表中
tblbrk	表格折行	将明细表的表格折行
tbldef	定制表头	定制明细表表头
tbldel	删除表项	删除明细表的表项
tbledit	填写表项	填写明细表的表项内容
text	文字标注	标注文字
textin	文本读入	读取文本文件并插入到当前文件中
textpara	文字参数	设定文字参数数值
trim	裁剪	将多余线段进行裁剪
undo	取消操作	取消上一项的操作
unlink	取消跳步	取消轨迹跳步分离为多个独立轨迹
vattribbar	属性条	显示/隐藏属性条
vcommonbar	常用工具箱	显示/隐藏常用工具箱
vpulldownbar	右侧菜单条	显示/隐藏右侧菜单条
vscale	显示比例	按给定比例将图形缩放
vtoolbar	工具条	显示/隐藏工具条
wavel	波浪线	画波浪线，即断裂线
wcheck	校核 B 代码	反读 3B/4B/R3B 代码文件生成轨迹
wedm	轨迹生成	创建线切割加工轨迹
weld	焊接符号	用于各种焊接符号的标注
wmfin	WMF 文件读入	读入 WMF 文件

附录

（续）

键盘命令	功能	说明
wpost	生成3B代码	将加工轨迹输出为3B代码
zoom	显示窗口	用窗口将图形放大
zoomall	显示全部	显示全部图形
zoomin	显示放大	按固定比例（1.25倍）将图形放大
zoomout	显示缩小	按固定比例（0.8倍）将图形缩小

表B-2　透明命令

键盘命令	功能	说明
'about	关于电子图板	CAXA电子图板的版本信息
'cmdlist	命令列表	CAXA电子图板所有命令的列表
'color	颜色	为系统设置颜色
'copy	图形拷贝	将当前指定图形拷贝到剪贴板上
'customize	自定义	定制界面
'cut	图形剪切	将当前指定图形剪切到剪贴板上
'delobject	删除对象	将当前激活的OLE对象删除
'dimpara	标注参数	设定标注的参数数值
'dynscale	动态缩放	使用鼠标拖动进行动态缩放
'dyntrans	动态平移	使用鼠标拖动进行动态平移
'eye	鹰眼	通过鹰眼可以概览图样整体，便于迅速定位和放大
'fullview	全屏显示	切换全屏显示和窗口显示
'guide	三视图导航	根据两个视图生成第三个视图
'help	帮助索引	CAXA电子图板的帮助
'hideucs	删除坐标系	删除当前坐标系
'home	显示复原	恢复图形的初始状态
'hpat	剖面图案	设定剖面图案的样式
'info	服务信息	服务信息
'insertobject	插入对象	插入OLE对象到当前文件中

附录

（续）

键盘命令	功　能	说　明
'layer	层控制	通过层控制对话框对层进行操作
'ltype	线型	为系统定制线型
'newold	切换新老界面	切换新老界面
'next	显示向后	显示后一幅图形
'objectatt	对象属性	编辑当前激活的 OLE 对象的属性
'objectset	拾取设置	设定拾取图形元素及拾取盒大小
'pan	显示平移	指定屏幕显示中心，将图形平移
'paste	图形粘贴	将剪贴板上的图形粘贴到当前文件
'potset	屏幕点设置	设置屏幕上点的捕获方式
'prev	显示回溯	显示前一幅图形
'redraw	重画	刷新屏幕
'reset	隐藏/显示坐标系	设置坐标系可见/不可见
'save	存储文件	存储当前文件
'saveas	另存文件	用另一文件名再次存储文件
'setucs	设置坐标系	设置用户坐标系
'specialpaste	选择性粘贴	将剪贴板上的图形选择一种方式粘贴到当前文件中
'switch	切换坐标系	世界坐标系与用户坐标系切换
'syscfg	系统配置	配置一些系统参数
'textpara	文字参数	设定文字参数数值
'vattribbar	属性条	显示/隐藏属性条
'vcommonbar	常用工具箱	显示/隐藏常用工具箱
'vpulldownbar	右侧菜单条	显示/隐藏右侧菜单条
'vscale	显示比例	按给定比例将图形缩放
'vtoolbar	工具条	显示/隐藏工具条
'zoom	显示窗口	用窗口将图形放大
'zoomall	显示全部	显示全部图形
'zoomin	显示放大	按固定比例（1.25 倍）将图形放大
'zoomout	显示缩小	按固定比例（0.8 倍）将图形缩小

附录

参考文献

[1] 邱建忠 . CAXA 线切割 V2 实例教程 [M]. 北京：北京航空航天大学出版社，2002.

[2] 单岩，夏天 . 数控线切割加工 [M]. 北京：机械工业出版社，2004.

[3] 张学仁 . 电火花线切割加工技术工人培训自学教材 [M]. 2 版 . 哈尔滨：哈尔滨工业大学出版社，2001.

[4] 王卫兵 . 数控编程 100 例 [M]. 北京：机械工业出版社，2003. 7.

[5] 刘晋春，赵家齐 . 特种加工 [M]. 3 版 . 北京：机械工业出版社，1999.

[6] 李军 . CAXA 电子图板 V2 实例教程 [M]. 北京：北京航空航天大学出版社，2001.

[7] 单岩，王卫兵 . 实用数控编程技术与应用实例 [M]. 北京：机械工业出版社，2003.

[8] 王爱玲 . 现代数控机床实用操作技术 [M]. 北京：国防工业出版社，2002.